明日科技 · 编著

零基础学 Python网络爬虫

電子工業出版社
Publishing House of Electronics Industry
北京•BEIJING

内 容 简 介

《零基础学 Python 网络爬虫》（升级版）从学习与应用的角度出发，帮助读者快速掌握网络爬虫的各项技能。全书共 15 章，包括初识网络爬虫、请求模块 Urllib、请求模块 requests、高级网络请求模块、正则表达式、XPath 解析、解析数据的 Beautiful Soup 模块、多线程与多进程爬虫、数据处理与存储、App 抓包工具、识别验证码、Scrapy 爬虫框架、爬取编程 e 学网视频、爬取某网站的手机数据，以及爬取北、上、广、深租房信息。书中所有知识都结合具体实例进行讲解，设计的程序代码给出了详细的注释，可以使读者轻松领会 Python 网络爬虫程序开发的精髓，快速提高开发技能。

图书在版编目（CIP）数据

零基础学 Python 网络爬虫：升级版 / 明日科技编著．—北京：电子工业出版社，2024.5

ISBN 978-7-121-47792-8

Ⅰ．①零… Ⅱ．①明… Ⅲ．①软件工具－程序设计Ⅳ．① TP311.561

中国国家版本馆 CIP 数据核字（2024）第 088753 号

责任编辑：张彦红

文字编辑：李秀梅

印　　刷：中国电影出版社印刷厂

装　　订：三河市良远印务有限公司

出版发行：电子工业出版社

北京市海淀区万寿路 173 信箱　　邮编：100036

开　　本：880×1230 1/16　　印张：14.25　　字数：444.6 千字

版　　次：2024 年 5 月第 1 版

印　　次：2024 年 5 月第 1 次印刷

定　　价：99.00 元

凡所购买电子工业出版社图书有缺损问题，请向购买书店调换。若书店售缺，请与本社发行部联系，联系及邮购电话：（010）88254888，88258888。

质量投诉请发邮件至 zlts@phei.com.cn，盗版侵权举报请发邮件至 dbqq@phei.com.cn。

本书咨询联系方式：faq@phei.com.cn。

前言

“零基础学”系列图书于2017年8月首次面世，该系列图书是国内全彩印刷的软件开发类图书的先行者，书中的代码颜色及程序效果与开发环境基本保持一致，真正做到让读者在看书学习与实际编码间无缝切换；而且因编写细致、易学实用及配备海量学习资源，在软件开发类图书市场上产生了很大反响。自出版以来，系列图书迄今已加印百余次，累计销量达50多万册，不仅深受广大程序员的喜爱，还被百余所高校选为计算机、软件等相关专业的教学参考用书。

“零基础学”系列图书升级版在继承前一版优点的基础上，将开发环境和工具更新为目前最新版本，并结合当今的市场需要，进一步对图书品种进行了增补，对相关内容进行了更新、优化，更适合读者学习。同时，为了方便教学使用，本系列图书全部提供配套教学PPT课件。另外，针对AI技术在软件开发领域，特别是在自动化测试、代码生成和优化等方面的应用，我们专门为本系列图书开发了一个微视频课程——“AI辅助编程”，以帮助读者更好地学习编程。

随着5G技术的应用，网速得到了大幅度的提升，因此网络中的大量数据将会成倍地增加。随着大数据时代的来临，数据的收集与统计占据了重要的地位，而数据的收集工作在很大程度上需要通过网络爬虫来爬取。爬虫是一门有趣、易学、可以让人产生成就感的技术。学会了爬虫，可以爬取自己感兴趣的电影、图片、小说，也可以通过自动化执行模拟人工进行网页的操作。

可以制作爬虫的编程语言有多种，其中最受欢迎的便是Python，该语言简单、易学，并且支持多种第三方模块，应用范围越来越广。本书将使用Python 3编写网络爬虫，并在书中通过基础知识的实例与爬虫案例，由浅入深地讲解Python爬虫的核心技术，可以让读者真正地从入门学习迈向实践应用！

本书内容

全书共15章，主要通过“知识讲解＋快速示例＋爬虫案例＋实战项目”4大维度一体化的讲解方式进行介绍，具体的学习结构如下图所示。

知识讲解	快速示例	爬虫案例	实战项目
详细介绍每个技术模块的优势与劣势，并对模块内函数中常用参数进行详细讲解，帮助读者完全理解。	根据知识点举例，帮助读者快速理解与快速应用。	运用所学的爬虫技术，实现知识点所对应的爬虫案例。	通过爬虫的综合技术，实现可视化数据爬虫。

本书特色

☑ 书网合一——扫描书中的二维码，学习线上视频课程及拓展内容

本章 e 学码：关键知识点拓展阅读

Fidder	SSL 代理
HTTPS	SSL 证书
IPv4 地址	无线局域适配器

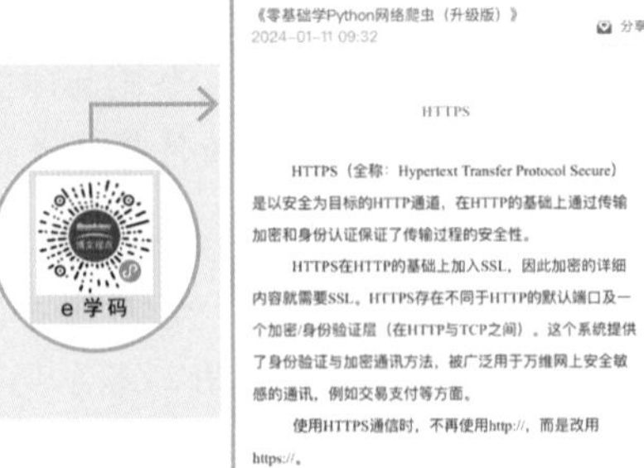

☑ 源码提供——配套资源包提供书中实例源码

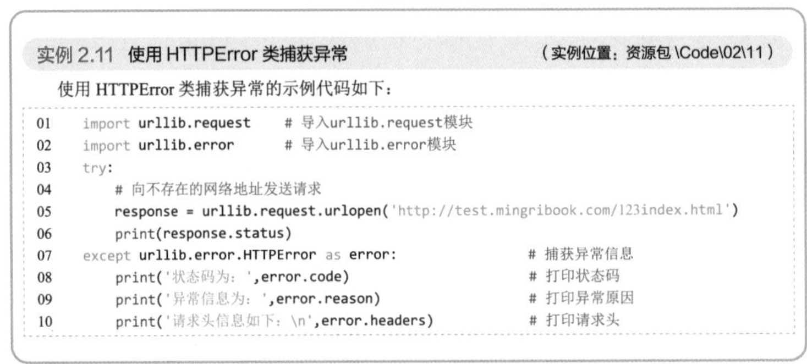

实例 2.11　使用 HTTPError 类捕获异常　（实例位置：资源包 \Code\02\11）

使用 HTTPError 类捕获异常的示例代码如下：

```
import urllib.request     # 导入urllib.request模块
import urllib.error       # 导入urllib.error模块
try:
    # 向不存在的网络地址发送请求
    response = urllib.request.urlopen('http://test.mingribook.com/123index.html')
    print(response.status)
except urllib.error.HTTPError as error:                    # 捕获异常信息
    print('状态码为：',error.code)                          # 打印状态码
    print('异常信息为：',error.reason)                      # 打印异常原因
    print('请求头信息如下：\n',error.headers)               # 打印请求头
```

☑ AI 辅助编程——独家微视频课程，助你利用 AI 辅助编程

近几年，AI 技术已经被广泛应用于软件开发领域，特别是在自动化测试、代码生成和优化等方面。例如，AI 可以通过分析大量的代码库来识别常见的模式和结构，并根据这些模式和结构生成新的代码。此外，AI 还可以通过学习程序员的编程习惯和风格，提供更加个性化的建议。尽管 AI 尚不能完全取代程序员，但利用 AI 辅助编程，可以帮助程序员提高工作效率。本系列图书配套的“AI 辅助编程”微视频课程可以给读者一些启发。

☑ 全彩印刷——还原真实开发环境，让编程学习更轻松

```
            'https': 'https://117.88.176.38:3000'}  # 设置代理IP地址与对应的端口号
    try:
        # 对需要爬取的网页发送请求,verify=False不验证服务器的SSL证书
        response = requests.get('http://2023.ip138.com', headers= headers,proxies=proxy,verify=False,timeout=3)
        print(response.status_code)   # 打印响应状态码
    except Exception as e:
        print('错误异常信息为: ',e)    # 打印异常信息
```

注意：由于示例中代理 IP 地址是免费的，所以使用的时间不固定，超出使用的时间范围时，该地址将失效。在地址失效或者地址错误时，控制台将显示如图 3.17 所示的异常信息。如果需要获取可用的代理 IP 地址可以参考 3.3.2 与 3.3.3 节中的内容。

☑ 作者答疑——每本书均配有“读者服务”微信群，作者会在群里解答读者的问题

☑ 海量资源——配有实例源码文件、PPT 课件、Python 网络爬虫专属魔卡等，即查即练，方便拓展学习

特别声明

本书仅讨论网络爬虫技术，请勿作非法用途。严禁利用书中提到的技术从事非法行为，否则后果自负，编者和出版商不承担任何责任！

如何获得答疑支持和配套资源包

微信扫码回复：47792

- 加入读者交流群，获得作者答疑支持；
- 获得本书配套海量资源包。

读者对象

☑ 热爱 Python 语言的初学者及初、中级程序员
☑ 大中专院校及相关培训机构的老师和学生
☑ 制作毕业设计的学生
☑ 迈入数据分析师门槛的人员
☑ 从事数据相关工作及对数据感兴趣的人员
☑ 想要掌握数据采集、分析技能的职场人员
☑ 需要进行查阅和参考资料的开发人员

在编写本书的过程中，编者本着科学、严谨的态度，力求精益求精，但疏漏之处在所难免，敬请广大读者批评指正。

感谢您阅读本书，希望本书能成为您编程路上的领航者。

编者
2024 年 4 月

目录

第7章 解析数据的Beautiful Soup模块 .. 82

精彩实例：13 个

e 学码：3 个

第8章 多线程与多进程爬虫 100

精彩实例：11 个

e 学码：6 个

第 9 章 数据处理与存储........... 119

精彩实例：8 个

e 学码：7 个

第 10 章 App 抓包工具............. 156

e 学码：6 个

第 11 章 识别验证码............... 167

精彩实例：4 个

e 学码：5 个

第 12 章 Scrapy 爬虫框架........ 178

精彩实例：8 个

e 学码：8 个

扫码看视频，三大系统轻松学 Python

在 Windows 系统中安装 Python

在 Linux 系统中安装 Python

在 macOS 系统中安装 Python

第1章 初识网络爬虫

本章概览

在这个大数据的时代里，网络信息量变得越来越大，此时如果通过人工方式筛选自己感兴趣的信息，会是一件很麻烦的事情，爬虫技术却可以自动高效地获取互联网中的指定信息，因此网络爬虫在互联网中的地位变得越来越重要。

本章将介绍什么是网络爬虫、网络爬虫都有哪些分类、网络爬虫的基本原理及爬虫环境的搭建工作。

知识框架

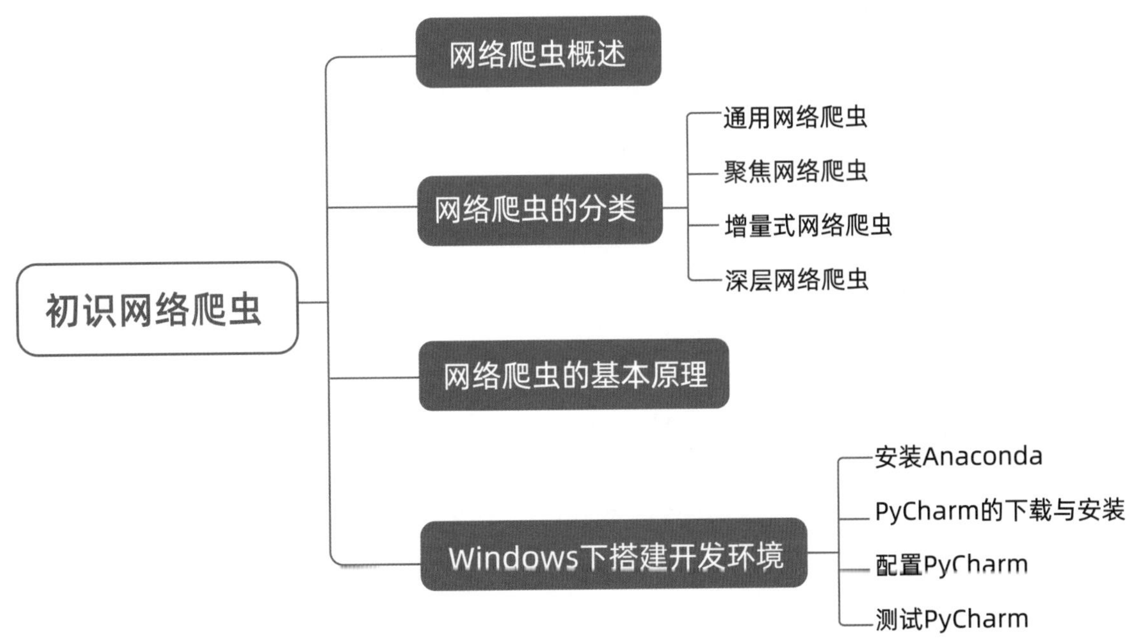

1.1 网络爬虫概述

网络爬虫（又被称作网络蜘蛛、网络机器人，在某社区中经常被称为网页追逐者），指可以按照指定的规则（网络爬虫的算法）自动浏览或抓取网络中的信息，通过 Python 可以轻松地编写爬虫程序或者脚本。

在生活中，网络爬虫经常出现，搜索引擎就离不开网络爬虫。例如，百度搜索引擎的爬虫名字叫作百度蜘蛛（Baiduspider）。百度蜘蛛，是百度搜索引擎的一个自动程序。它每天都会在海量的互联网信息中进行爬取，收集并整理互联网上的网页、图片、视频等信息。当用户在百度搜索引擎中输入对应的关键词时，百度将从收集的网络信息中找出相关的内容，按照一定的顺序将信息呈现给用户。在百度蜘蛛工作的过程中，搜索引擎会构建一个调度程序，来调度百度蜘蛛的工作，这些调度程序都需要通过一定的算法来实现，采用的算法不同，爬虫的工作效率会有所不同，爬取的结果也会有所差异。所以，在学习爬虫的时候，不仅要了解爬虫的实现过程，还要了解一些常见的爬虫算法。在特定的情况下，还需要开发者自己制定相应的算法。

1.2 网络爬虫的分类

按照实现的技术和结构，网络爬虫可以分为以下几种类型：通用网络爬虫、聚焦网络爬虫、增量式网络爬虫、深层网络爬虫等。在实际的网络爬虫中，通常是这几类爬虫的组合体。

1. 通用网络爬虫

通用网络爬虫又叫作全网爬虫（Scalable Web Crawler），通用网络爬虫的爬行范围和数量巨大，正由于其爬取的数据是海量数据，所以对于爬行速度和存储空间要求较高。通用网络爬虫在爬行页面的顺序上要求相对较低，同时由于待刷新的页面太多，通常采用并行工作方式，需要较长时间才可以刷新一次页面，所以存在一定的缺陷，这种网络爬虫主要应用于大型搜索引擎中，有非常高的应用价值。通用网络爬虫主要由初始 URL 集合、URL 队列、页面爬行模块、页面分析模块、页面数据库、链接过滤模块等构成。

2. 聚焦网络爬虫

聚焦网络爬虫（Focused Crawler）又叫作主题网络爬虫（Topical Crawler），是指按照预先定义好的主题，有选择地进行相关网页爬取的一种爬虫。和通用网络爬虫相比，它不会将目标资源定位在整个互联网中，而是将爬取的目标网页定位在与主题相关的页面中，极大地节省了硬件和网络资源，保存页面的速度也由于数量少而更快。聚焦网络爬虫主要应用在对特定信息的爬取，为某一类特定的人群提供服务。

3. 增量式网络爬虫

增量式网络爬虫（Incremental Web Crawler）对应着增量式更新。增量式更新指在更新的时候只更新改变的地方，而未改变的地方则不更新，所以，在爬取网页的时候，增量式网络爬虫只会在需要的时候爬取新产生或发生更新的页面 ，对于没有发生变化的页面，则不会爬取。这样可有效减少数据下载量，减小时间和空间上的耗费，但是在爬行算法上则需要增加一些难度。

4. 深层网络爬虫

在互联网中，Web 页面按存在方式可以分为表层网页（Surface Web）和深层网页（Deep Web）。表层网页指的是不需要提交表单，使用静态链接就可以直接访问的静态页面。深层网页指的是那些大部分内容不能通过静态链接获取的、隐藏在搜索表单后面的，需要用户提交一些关键词才能获得的

Web 页面。深层页面需要访问的信息数量是表层页面信息数量的几百倍，所以深层页面是主要的爬取对象。

深层网络爬虫主要由 6 个基本功能模块（爬行控制器、解析器、表单分析器、表单处理器、响应分析器、LVS 控制器）和两个爬虫内部数据结构（URL 列表、LVS 表）构成。其中 LVS（Label Value Set）表示标签 / 数值集合，用来表示填充表单的数据源。

1.3 网络爬虫的基本原理

一个通用的网络爬虫基本工作流程如图 1.1 所示。

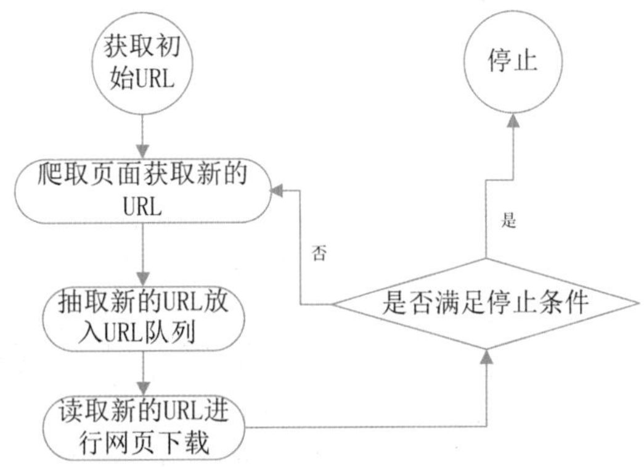

图 1.1　通用的网络爬虫基本工作流程

网络爬虫的基本工作流程如下：

（1）获取初始的 URL，该 URL 地址是用户自己制定的初始爬取的网页。

（2）爬取对应 URL 地址的网页时，获取新的 URL 地址。

（3）将新的 URL 地址放入 URL 队列。

（4）从 URL 队列中读取新的 URL，然后依据新的 URL 爬取网页，同时从新的网页中获取新的 URL 地址，重复上述爬取过程。

（5）设置停止条件，如果没有设置停止条件，则爬虫会一直爬取下去，直到无法获取新的 URL 地址。设置停止条件后，爬虫将会在满足停止条件时停止爬取。

1.4 Windows 下搭建开发环境

1.4.1 安装 Anaconda

Anaconda 是一个完全免费的大规模数据处理、预测分析和科学计算工具。该工具不仅集成了 Python 解析器，还有很多用于数据处理和科学计算的第三方模块，其中包含许多网络爬虫所需要使用的模块，如 requests 模块、Beautiful Soup 模块、lxml 模块等。

在 Windows 下安装 Anaconda 的具体步骤如下：

（1）在浏览器中打开 Anaconda 首页地址，然后单击“Free Download”按钮，如图 1.2 所示。

图 1.2 打开 Anaconda 首页

（2）在下载页面中，选择系统对应的版本进行下载，如图 1.3 所示。

图 1.3 下载 Anaconda

说明 下载完成后，浏览器会自动提示“此类型的文件可能会损害您的计算机。您仍然要保留 Anaconda3-2023.09….exe 吗？”，此时，单击“保留”按钮，保留该文件即可。

注意 读者需要自己查看一下计算机的系统版本与位数，然后下载系统支持的 Anaconda。

（3）下载完成后，在下载文件的路径下，直接双击运行下载的文件，在“Welcome to Anaconda3（自己下载的版本）”窗口中单击“Next”按钮，如图 1.4 所示。

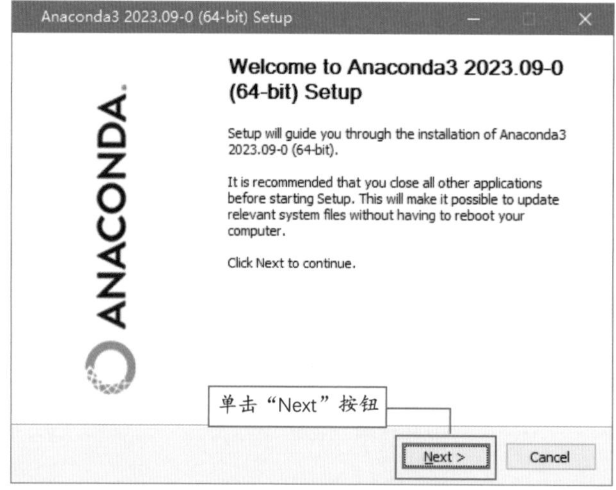

图 1.4 “Welcome to Anaconda3”窗口

（4）在“License Agreement”窗口中单击“I Agree”按钮，如图 1.5 所示。

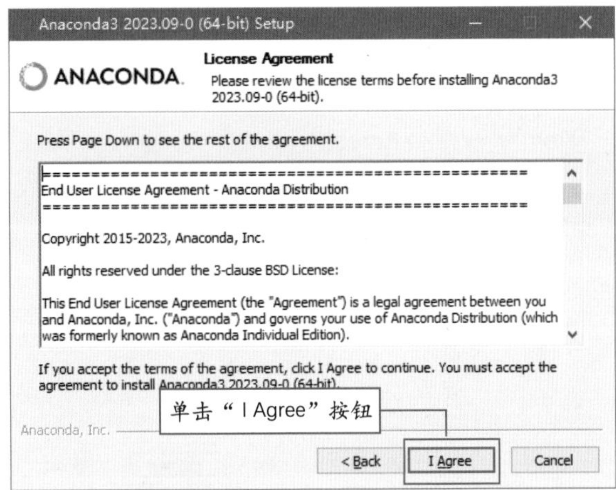

图 1.5“License Agreement”窗口

（5）在“Select Installation Type”窗口选择“All Users”选项，单击“Next”按钮，如图 1.6 所示。

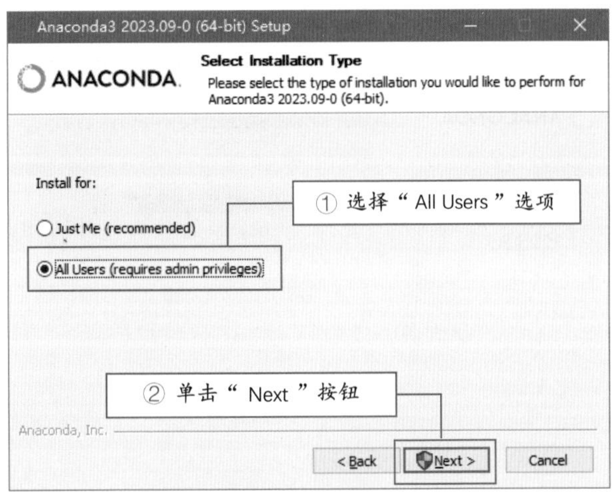

图 1.6 选择“All Users”选项

（6）在“Choose Install Location”窗口中选择自己的安装路径（建议不要使用中文路径），这里笔者选择一个自定义的安装路径，单击“Next”按钮，如图 1.7 所示。

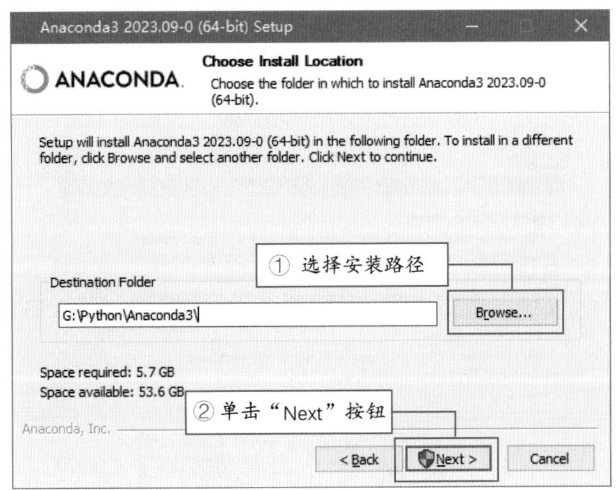

图 1.7 选择安装路径

（7）在“Advanced Installation Options”窗口中，单击“Install”进行安装，如图 1.8 所示。

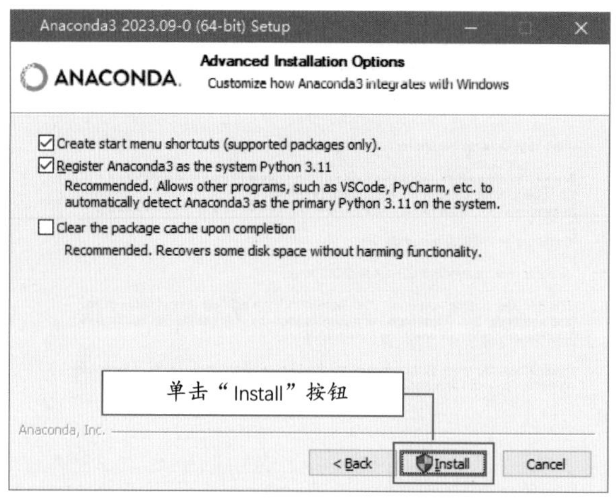

图 1.8 安装 Anaconda

（8）由于 Anaconda 中包含的模块较多，所以在安装过程中需要等待的时间较长，安装进度如图 1.9 所示。

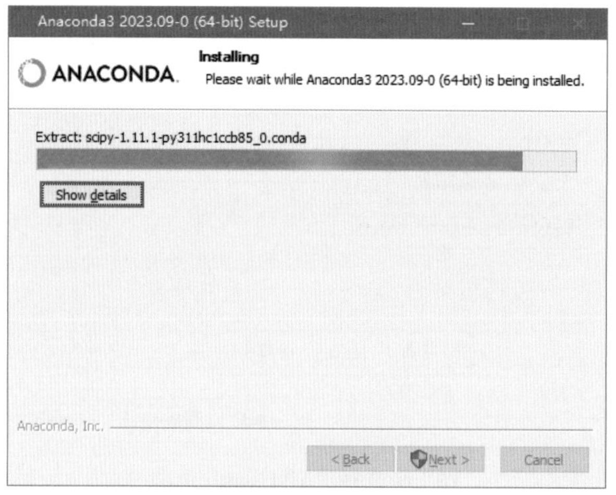

图 1.9 安装进度

（11）安装完成以后，将进入“Installation Complete”窗口，在该窗口中单击“Next”按钮，如图 1.10 所示。

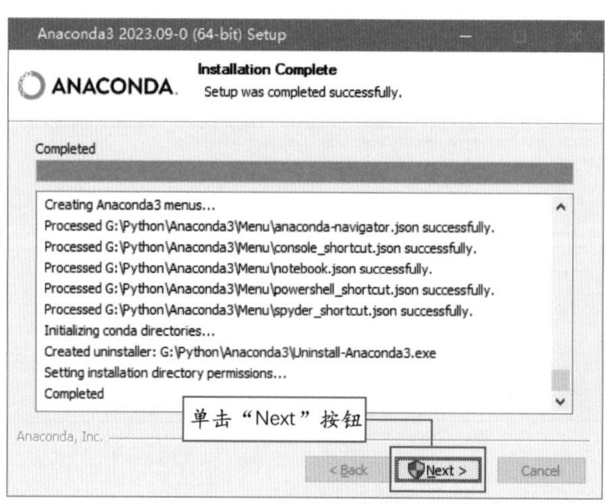

图 1.10 安装完成

（12）在“Code with Anaconda in the Cloud”窗口中单击“Next”按钮，如图 1.11 所示。

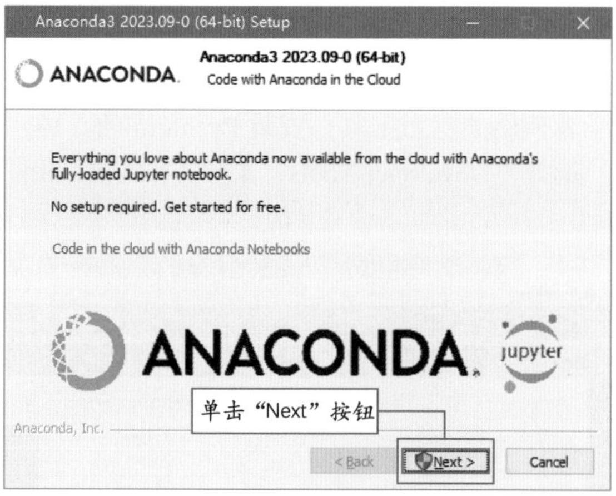

Anaconda3 2023.09-0 (64-bit) Setup
Anaconda3 2023.09-0 (64-bit)
Code with Anaconda in the Cloud
Everything you love about Anaconda now available from the cloud with Anaconda's fully-loaded Jupyter notebook.
No setup required. Get started for free.
Code in the cloud with Anaconda Notebooks
ANACONDA
jupyter
单击“Next”按钮
Anaconda, Inc.
< Back
Next >
Cancel

图 1.11 Pycharm 开发工具提示

（13）最后在“Thank you for installing Anaconda Distribution”窗口中根据个人需求，勾选或取消勾选（笔者选择取消勾选），再单击“Finish”按钮，如图 1.12 所示。

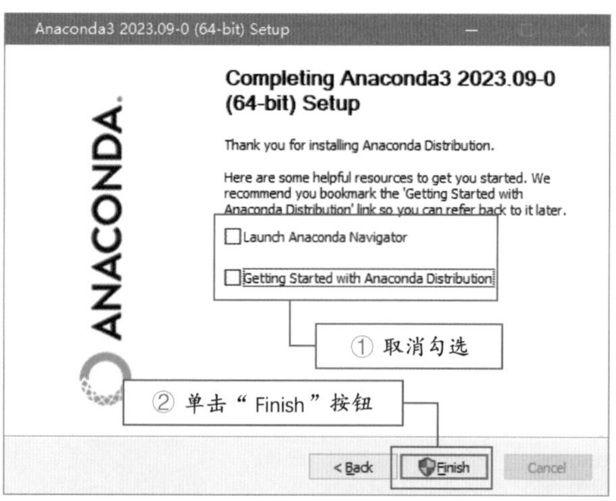

图 1.12 安装结束

（14）在将 Anaconda 安装完成并保证已经添加系统环境变量的情况下，打开 Anaconda Prompt 命令行窗口，输入“conda list”，按下回车键后即可查看当前 Anaconda 已经安装好的所有模块，如图 1.13 所示。

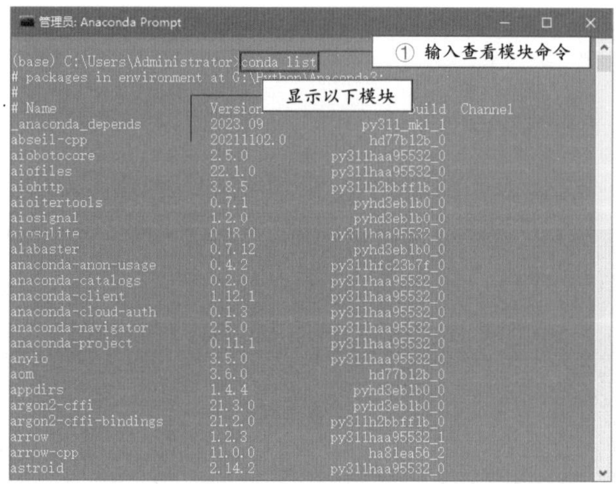

图 1.13 查看当前 Anaconda 已经安装好的所有模块

1.4.2 PyCharm 的下载与安装

PyCharm 是由 Jetbrains 公司开发的 Python 集成开发环境，由于其具有智能代码编辑器，可实现自动代码格式化、代码完成、智能提示、重构、单元测试、自动导入和一键代码导航等功能，目前已成为 Python 专业开发人员和初学者使用的有力工具。安装 Pycharm 的具体步骤如下：

（1）打开 PyCharm 官网，选择“Developer Tools”菜单下的 PyCharm 项，如图 1.14 所示，进入下载 PyCharm 界面。

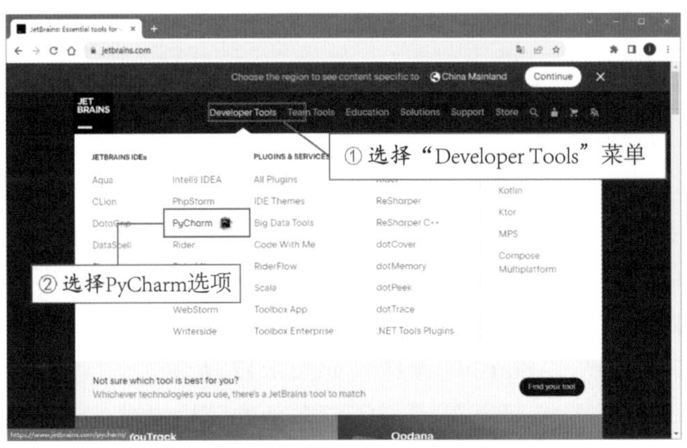

图 1.14 PyCharm 官网页面

（2）在 PyCharm 下载页面，单击“Download”按钮，如图 1.15 所示，进入 PyCharm 环境选择和版本选择界面。

图 1.15 PyCharm 下载页面

（3）选择下载 PyCharm 的操作系统平台为 Windows，单击“Download”下载免费版 PyCharm，如图 1.16 所示。

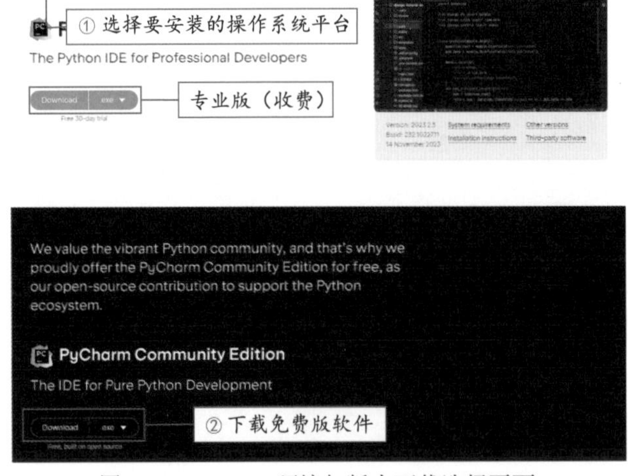

图 1.16 PyCharm 环境与版本下载选择页面

（4）下载完成后，浏览器会自动提示“此类型的文件可能会损害您的计算机。您仍然要保留 pycharm-comm....exe 吗？”，此时，单击“保留”按钮，保留该文件即可。单击“Download”按钮，开始下载。下载完成后在下载路径中查看已经下载的 PyCharm 安装包，如图 1.17 所示。

pycharm-community-2023.2.5.exe　　2023/12/6 13:44　　应用程序

图 1.17　下载完成的 PyCharm 安装包

（6）双击 PyCharm 安装包进行安装，在欢迎界面单击“Next”按钮进入软件安装路径设置界面。

（7）在软件安装路径设置界面，设置合理的安装路径。强烈建议不要把软件安装到操作系统所在的路径，否则当出现操作系统崩溃等特殊情况而必须重做操作系统时，PyCharm 程序路径下的程序将被破坏。PyCharm 默认的安装路径为操作系统所在的路径，建议更改，另外安装路径中建议不要使用中文字符。笔者选择的安装路径为“D:\Program Files\PyCharm Community Edition 2023.2.5”，如图 1.18 所示。单击“Next”按钮，进入创建快捷方式界面。

图 1.18　设置 PyCharm 安装路径

（8）在创建桌面快捷方式界面（Create Desktop Shortcut）中设置 PyCharm 程序的快捷方式。接下来设置关联文件（Create Associations），勾选“.py”左侧的复选框，这样以后再打开 .py（.py 文件是 Python 脚本文件，后面我们编写的很多程序都是 .py 的）文件时，会默认调用 PyCharm 打开，如图 1.19 所示。

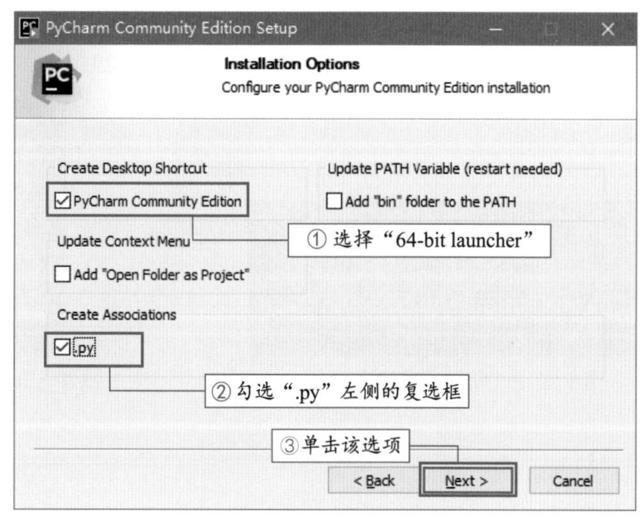

图 1.19　设置快捷方式和关联

（9）单击“Next”按钮，进入选择“开始”菜单文件夹界面，如图 1.20 所示，该界面不用设置，采用默认设置，单击“Install”按钮（安装大概 10 分钟，请耐心等待）即可。

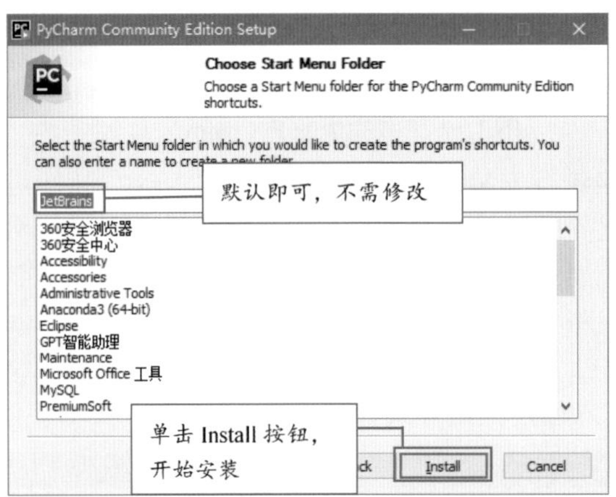

图 1.20 选择“开始”菜单文件夹界面

（10）安装完成后，单击“Finish”按钮，结束安装，如图 1.21 所示。也可以选中“Run PyCharm Community Edition”前面的单选框，单击“Finish”按钮，这样可以直接运行 PyCharm 开发环境。

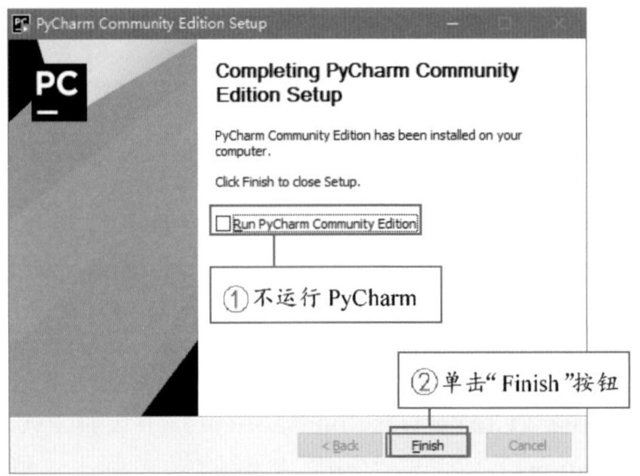

图 1.21 完成安装

（11）PyCharm 安装完成后，会在“开始”菜单中建立一个文件夹，如图 1.22 所示，单击“JetBrains PyCharm Community Edition...”，启动 PyCharm 程序。另外，快捷打开 PyCharm 的方式是单击桌面快捷方式“JetBrains PyCharm Community Edition2023.2.5”，图标如图 1.23 所示。

图 1.22 PyCharm 菜单

图 1.23 PyCharm 桌面快捷方式

1.4.3 配置 PyCharm

配置 PyCharm 的具体步骤如下：

（1）单击 PyCharm 桌面快捷方式，启动 PyCharm 程序。选择是否导入开发环境配置文件，这里选择不导入，单击“OK”按钮，如图 1.24 所示。

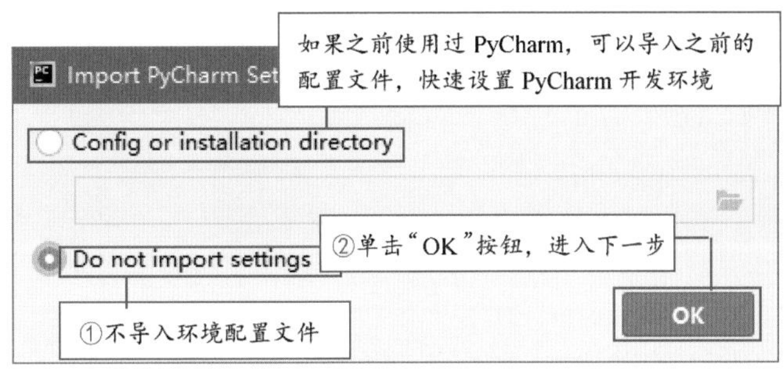

图 1.24 环境配置文件窗体

（2）进入 PyCharm 欢迎页，先在左侧单击“Customize”选项，再在“Color theme”选项中切换主题样式，如图 1.25 所示。

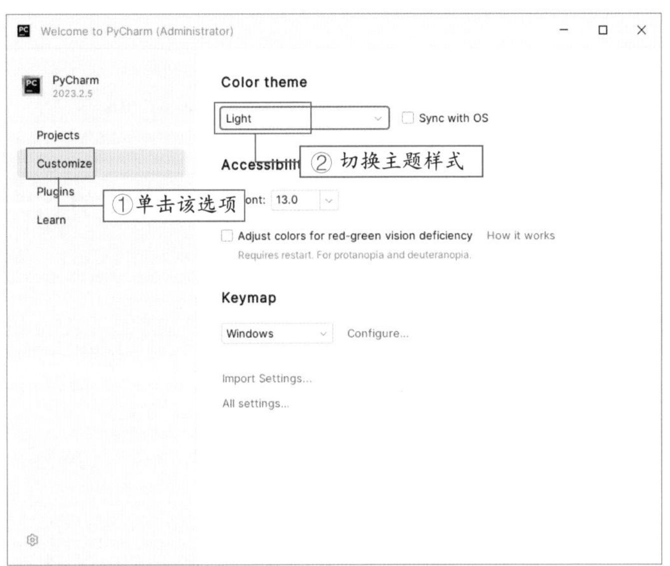

图 1.25 切换主题样式

（3）返回 PyCharm 欢迎页，单击“New Project”，创建新的工程项目，如图 1.26 所示。

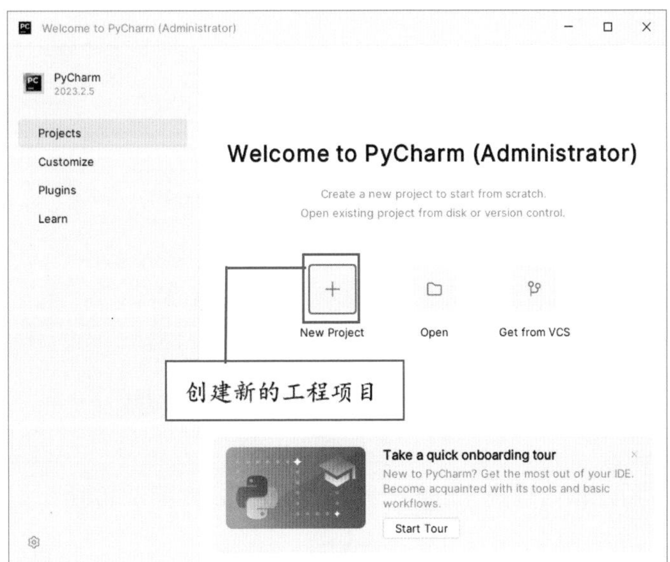

图 1.26 创建新的工程项目

（5）在“New Project”窗口中，首先选择工程文件保存的路径，然后选择“Previously configured interpreter”，接着单击“Add Interpreter”添加解释器路径，如图 1.27 所示。

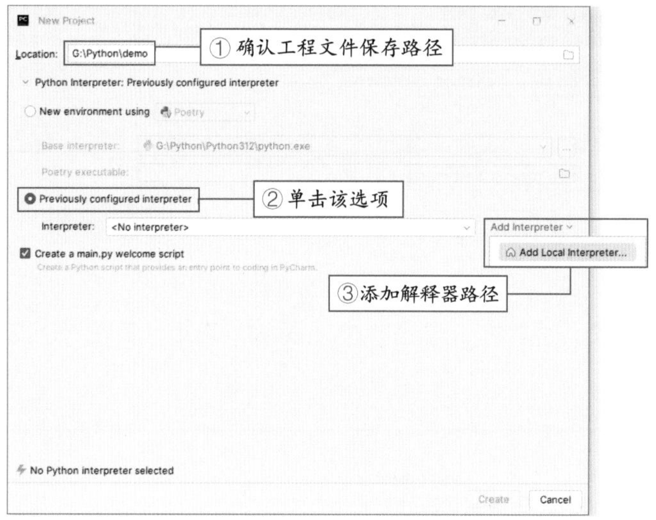

图 1.27 设置 Python 存储路径

（6）在“Add Python lnterpreter”窗口中，在右侧选择 Conda 路径下的 Python，如图 1.28 所示。

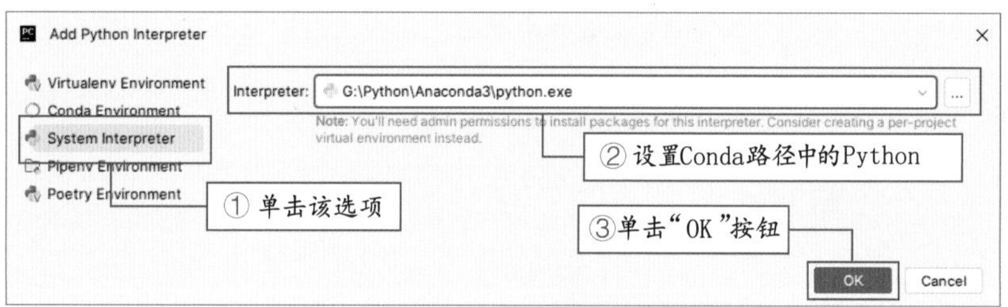

图 1.28 设置 Python 存储路径

（7）在“New Project”窗口中，单击“Create”按钮创建工程项目，如图 1.29 所示。

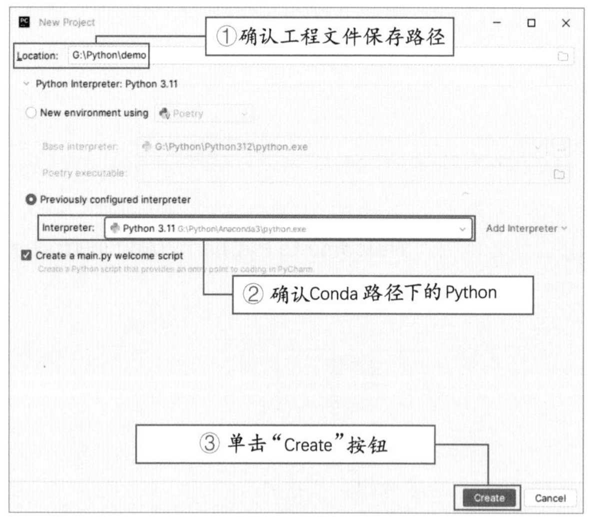

图 1.29 创建工程项目

（8）工程创建完成以后，依次选择“File”→“Settings”，如图 1.30 所示。

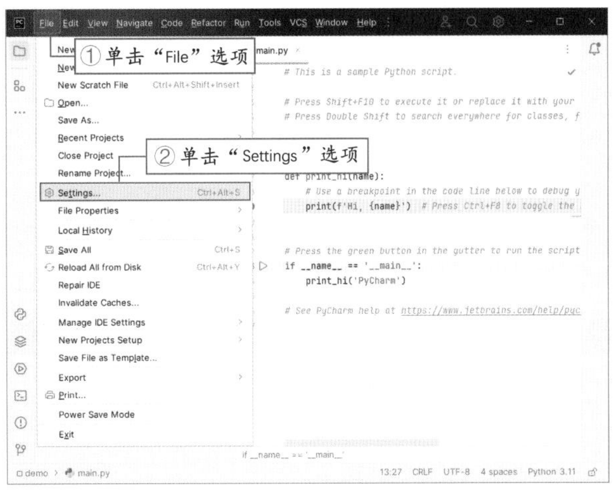

图 1.30　打开 Settings 窗口

（7）在“Settings”窗口中先依次选择“Project：demo”（demo 为自己编写的工程名称）→“Project Interpreter”，再在右侧的下拉列表中查看 Anaconda 内已经安装的所有 python 模块，如图 1.31 所示。

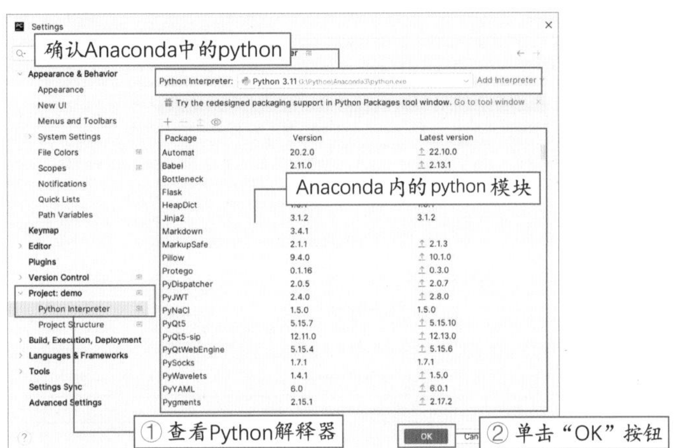

图 1.31　显示 Anaconda 内已经安装的 python 模块

1.4.4 测试 PyCharm

测试 PyCharm 的具体步骤如下：

（1）右键单击新建好的“demo”项目，在弹出的菜单中选择“New”→“Python File”菜单项（一定要选择 Python File 项，这至关重要，否则后续无法学习），如图 1.32 所示。

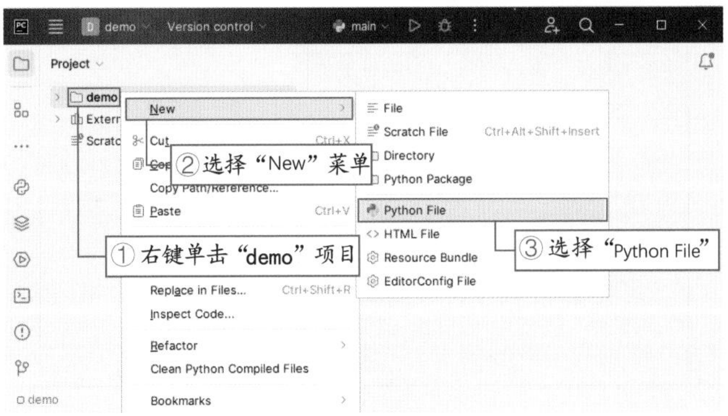

图 1.32　新建 Python 文件

（2）在新建 Python 文件对话框输入要建立的 Python 文件名“hello world”，如图 1.33 所示。按下键盘中的“Enter”键，完成新建 Python 文件的工作。

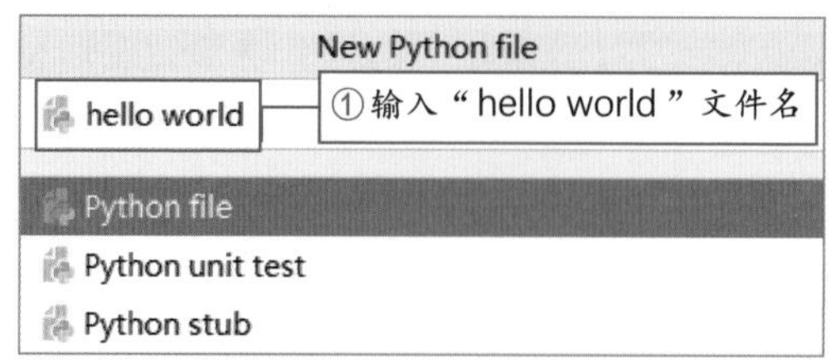

图 1.33 输入新建 python 文件名称

（3）在新建文件的代码编辑区输入代码“print ("hello world!")”。如图 1.34 所示。

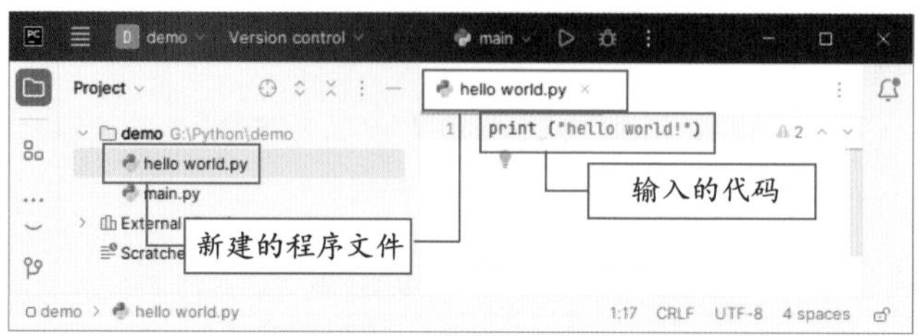

图 1.34 输入代码

（4）在编写代码的区域单击右键，在菜单中选择“Run 'hello world' ”，运行测试代码，如图 1.35 所示。

图 1.35 运行 Python 代码

（5）如果程序代码没有错误，将显示程序运行结果，如图 1.36 所示。

图 1.36 显示程序运行结果

本章 e 学码：关键知识点拓展阅读

JetBrains 公司	脚本
Python Interpreter	算法
URL	

第 2 章

请求模块 Urllib

本章概览

在实现网络爬虫的爬取工作时，必须使用网络请求，只有进行了网络请求才可以对响应结果中的数据进行提取。Urllib 是 Python 自带的网络请求模块，无须安装，导入即可使用。本章将介绍如何使用 Python 3 中的 Urllib 模块实现各种网络请求。

知识框架

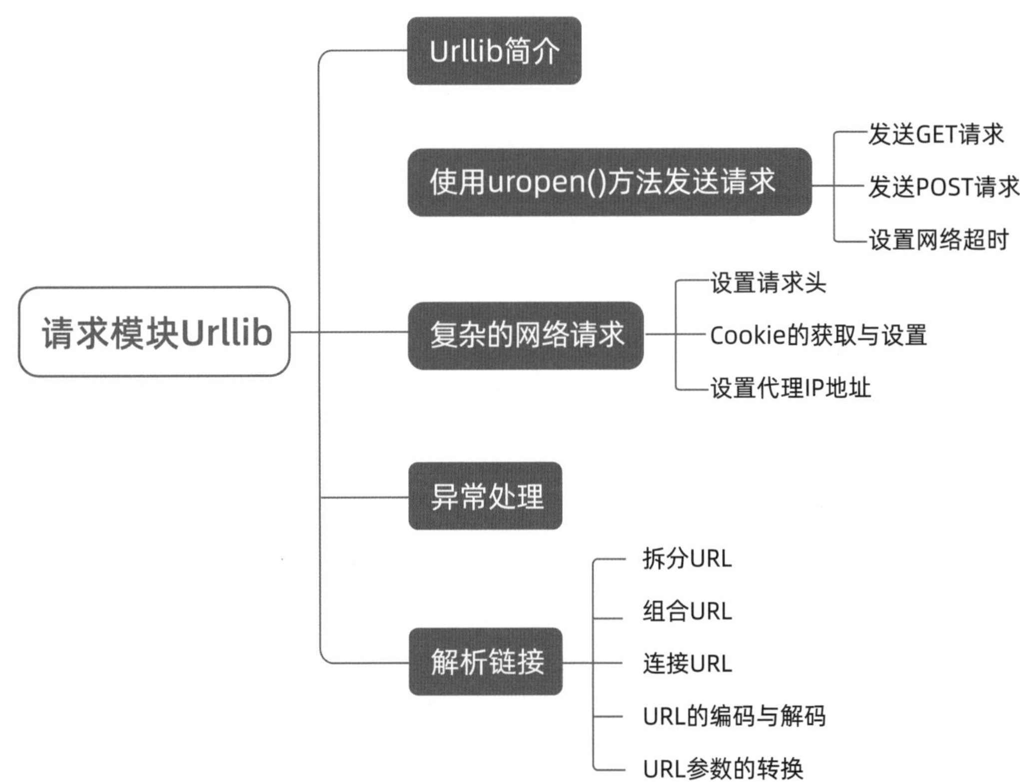

2.1 Urllib 简介

在 Python 2 中，有 Urllib 和 Urllib2 两种模块，都是用来实现网络请求的发送的。其中 Urllib2 可以接收一个 Request 对象，并通过这样的方式来设置一个 URL 的 Headers，而 Urllib 则只接收一个 URL，不能伪装用户代理等字符串操作。而 Python 3 将 Urllib 与 Urllib2 模块的功能组合，并且命名为 Urllib。Python 3 中的 Urllib 模块包含多个功能的子模块，具体内容如下：

☑ urllib.request：用于实现基本的 HTTP 请求。

☑ urllib.error：用于处理异常，如果在发送网络请求时出现错误，则可以捕获异常，进行异常的有效处理。

☑ urllib.parse：用于解析 URL。

☑ urllib. robotparser：用于解析 robots.txt 文件，判断网站是否可以爬取信息。

2.2 使用 urlopen() 方法发送请求

urllib.request 模块首先提供了 urlopen() 方法，用于实现最基本的 HTTP 请求，然后接收服务器端返回的响应数据。urlopen() 方法的语法格式如下：

```
urllib.request.urlopen(url,data=None,[timeout,]*,cafile=None,capath=None,cadefault=False,
context=None)
```

参数说明：

☑ url：需要访问网站的 URL 完整地址。

☑ data：该参数默认为 None，通过该参数确认请求方式，如果是 None，则表示请求方式为 GET，否则请求方式为 POST，在发送 POST 请求时，参数 data 需要以字典类型的数据作为参数值，并且需要将字典类型的参数值转换为字节类型的数据才可以实现 POST 请求。

☑ timeout：以秒为单位，设置超时。

☑ cafile、capath：指定一组 HTTPS 请求受信任的 CA 证书，cafile 指定包含 CA 证书的单个文件，capath 指定证书文件的目录。

☑ cadefault：CA 证书默认值。

☑ context：描述 SSL 选项的实例。

2.2.1 发送 GET 请求

在使用 urlopen() 方法实现一个网络请求时，所返回的是一个“http.client.HTTPResponse”对象。示例代码如下：

```
import urllib.request     # 导入request子模块
response = urllib.request.urlopen('https://www.phei.com.cn/')  # 发送网络请求
print('响应数据类型为：',type(response))
```

程序运行结果如下：

```
响应数据类型为： <class 'http.client.HTTPResponse'>
```

实例 2.1 演示常用的方法与属性 （实例位置：资源包 \Code\02\01）

在 HTTPResponse 对象中包含一些可以获取信息的方法及属性，下面通过几个常用的方法与属性进行演示。代码如下：

```
import urllib.request     # 导入request子模块
url = 'https://www.python.org/'
```

```
response = urllib.request.urlopen(url=url)  # 发送网络请求
print('响应状态码为：',response.status)
print('响应头所有信息为：',response.getheaders())
print('响应头指定信息为：',response.getheader('Accept-Ranges'))
# 读取HTML代码并进行utf-8解码
print('Python官网HTML代码如下：\n',response.read().decode('utf-8'))
```

程序运行结果如图 2.1 所示。

```
响应状态码为： 200
响应头所有信息为： [('Connection', 'close'), ('Content-Length', '48955'), ('Server', 'nginx'),
响应头指定信息为： bytes
Python官网HTML代码如下：
 <!doctype html>
<!--[if lt IE 7]>   <html class="no-js ie6 lt-ie7 lt-ie8 lt-ie9">   <![endif]-->
<!--[if IE 7]>      <html class="no-js ie7 lt-ie8 lt-ie9">          <![endif]-->
<!--[if IE 8]>      <html class="no-js ie8 lt-ie9">                 <![endif]-->
<!--[if gt IE 8]><!--><html class="no-js" lang="en" dir="ltr">  <!--<![endif]-->

<head>
    <meta charset="utf-8">
    <meta http-equiv="X-UA-Compatible" content="IE=edge">
```

图 2.1 HTTPResponse 对象常用的方法及属性

2.2.2 发送 POST 请求

实例 2.2 发送 POST 请求　（实例位置：资源包 \Code\02\02）

urlopen() 方法在默认情况下发送的是 GET 请求，如果需要发送 POST 请求，可以为其设置 data 参数，该参数是 bytes 类型，所以需要使用 bytes() 方法将参数值进行数据类型的转换。示例代码如下：

```
import urllib.request     # 导入urllib.request模块
import urllib.parse       # 导入urllib.parse模块
url = 'https://www.httpbin.org/post'    # POST请求测试地址
# 将表单数据转换为bytes类型，并设置编码方式为utf-8
data = bytes(urllib.parse.urlencode({'hello':'python'}),encoding='utf-8')
response = urllib.request.urlopen(url=url,data=data)  # 发送网络请求
print(response.read().decode('utf-8'))    # 读取HTML代码并进行utf-8解码
```

程序运行结果如图 2.2 所示。

```
{
  "args": {},
  "data": "",
  "files": {},
  "form": {
    "hello": "python"
  },
  "headers": {
    "Accept-Encoding": "identity",
    "Content-Length": "12",
    "Content-Type": "application/x-www-form-urlencoded",
    "Host": "www.httpbin.org",
    "User-Agent": "Python-urllib/3.11",
    "X-Amzn-Trace-Id": "Root=1-6572821f-0f01062559cfc5e62ed11dc7"
  },
  "json": null,
  "origin": "124.235.137.134",
  "url": "https://www.httpbin.org/post"
}
```

表单数据

图 2.2 POST 请求结果

2.2.3 设置网络超时

urlopen() 方法中的 timeout 参数用于设置请求超时，该参数以秒为单位，表示如果在请求时超出了设置的时间还没有得到响应，就抛出异常。示例代码如下：

```
import urllib.request     # 导入urllib.request模块
url = 'https://www.python.org/'               # 请求地址
response = urllib.request.urlopen(url=url,timeout=0.1)# 发送网络请求，设置超时时间为0.1秒
print(response.read().decode('utf-8'))      # 读取HTML代码并进行utf-8解码
```

由于以上示例代码中的超时时间设置为 0.1 秒，时间较快，所以将显示如图 2.3 所示的超时异常。

```
File "G:\Python\Anaconda3\Lib\urllib\request.py", line 496, in _call_chain
  result = func(*args)
           ^^^^^^^^^^^

File "G:\Python\Anaconda3\Lib\urllib\request.py", line 1391, in https_open
  return self.do_open(http.client.HTTPSConnection, req,
         ^^^^^^^^^^^^^^^^^^^^^^^^^^^^^^^^^^^^^^^^^^^^^^

File "G:\Python\Anaconda3\Lib\urllib\request.py", line 1351, in do_open
  raise URLError(err)
urllib.error.URLError: <urlopen error timed out>
```

图 2.3 请求超时异常信息

说明

根据网络环境的不同，可以将超时时间设置为一个合理的时间，如 2 秒、3 秒等。

实例 2.3 处理网络超时 （实例位置：资源包 \Code\02\03）

如果遇到超时异常，爬虫程序将在此处停止。所以在实际开发中，开发者可以先将超时异常捕获，再处理下面的爬虫任务。示例代码如下：

```
import urllib.request  # 导入urllib.request模块
import urllib.error  # 导入urllib.error模块
import socket  # 导入socket模块

url = 'https://www.python.org/'  # 请求地址
try:
    # 发送网络请求，设置超时时间为0.1秒
    response = urllib.request.urlopen(url=url, timeout=0.1)
    print(response.read().decode('utf-8'))  # 读取HTML代码并进行utf-8解码
except urllib.error.URLError as error:  # 处理异常
    if isinstance(error.reason, socket.timeout):  # 判断异常是否为超时异常
        print('当前任务已超时，即将执行下一任务！')
```

程序运行结果如下：

```
当前任务已超时，即将执行下一任务！
```

2.3 复杂的网络请求

通过上一节的学习可知，urlopen() 方法能够发送一个最基本的网络请求，但这并不是一个完整的网络请求。如果要构建一个完整的网络请求，还需要在请求中添加如 Headers、Cookie 及代理 IP 地址等内容，这样才能更好地模拟一个浏览器所发送的网络请求。Request 类则可以构建一个有多种功能的

请求对象，其语法格式如下：

```
urllib.request.Request(url,data=None, headers={}, origin_req_host=None, unverifiable=False,
method=None)
```

参数说明：

☑ url：需要访问网站的 URL 完整地址。

☑ data：该参数默认为 None，通过该参数确认请求方式，如果是 None，则表示请求方式为 GET，否则请求方式为 POST。在发送 POST 请求时，参数 data 需要以字典类型的数据作为参数值，并且需要将字典类型的参数值转换为字节类型的数据才可以实现 POST 请求。

☑ headers：设置请求头部信息，该参数为字典类型。添加请求头信息最常见的用法就是修改 User-Agent 来伪装成浏览器，例如 headers = {'User-Agent':'Mozilla/5.0 (Windows NT 10.0; WOW64) AppleWebKit/537.36 (KHTML, like Gecko) Chrome/83.0.4103.61 Safari/537.36'}，表示伪装成谷歌浏览器进行网络请求。

☑ origin_req_host：用于设置请求方的 host 名称或者 IP 地址。

☑ unverifiable：用于设置网页是否需要验证，默认是 False。

☑ method：用于设置请求方式，如 GET、POST 等，默认为 GET 请求。

2.3.1 设置请求头

设置请求头参数是为了模拟浏览器向网页后台发送网络请求，这样可以绕过服务器的反爬措施。使用 urlopen() 方法发送网络请求时，其本身并没有设置请求头参数，所以向 https://www.httpbin.org/post 请求测试地址发送请求时，返回的信息中 headers 将显示如图 2.4 所示的默认值。

```
"headers": {
  "Accept-Encoding": "identity",
  "Content-Length": "12",
  "Content-Type": "application/x-www-form-urlencoded",
  "Host": "www.httpbin.org",
  "User-Agent": "Python-urllib/3.11",
  "X-Amzn-Trace-Id": "Root=1-65728349-5a1889c27a472ea327de98ca"
},
```

图 2.4 headers 默认值

所以在设置请求头信息前，需要在浏览器中找到一个有效的请求头信息。以谷歌浏览器为例，首先按下“F12”键打开“开发者工具”，然后选择“Network”，接着在浏览器地址栏中打开任意一个网页（如 https://www.python.org/），在请求列表中选择一项请求信息，最后在“Headers”选项中找到请求头信息。具体步骤如图 2.5 所示。

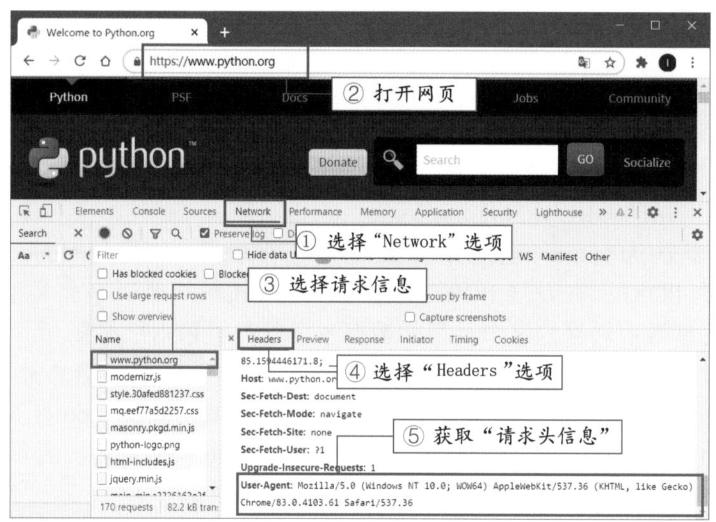

图 2.5 获取请求头信息

实例 2.4 设置请求头 （实例位置：资源包 \Code\02\04）

如果需要设置请求头信息，首先通过 Request 类构造一个带有 headers 请求头信息的 Request 对象，然后为 urlopen() 方法传入 Request 对象，再进行网络请求的发送。示例代码如下：

```
import urllib.request  # 导入urllib.request模块
import urllib.parse    # 导入urllib.parse模块
url = 'https://www.httpbin.org/post'  # 请求地址
# 定义请求头信息
headers = {'User-Agent':'Mozilla/5.0 (Windows NT 10.0; WOW64) AppleWebKit/537.36 (KHTML, like Gecko) Chrome/83.0.4103.61 Safari/537.36'}
# 将表单数据转换为bytes类型，并设置编码方式为utf-8
data = bytes(urllib.parse.urlencode({'hello':'python'}),encoding='utf-8')
# 创建Request对象
r = urllib.request.Request(url=url,data=data,headers=headers,method='POST')
response = urllib.request.urlopen(r)     # 发送网络请求
print(response.read().decode('utf-8'))  # 读取HTML代码并进行utf-8解码
```

程序运行后，返回的 headers 信息如图 2.6 所示。

```
"headers": {
  "Accept-Encoding": "identity",
  "Content-Length": "12",
  "Content-Type": "application/x-www-form-urlencoded",
  "Host": "www.httpbin.org",
  "User-Agent": "Mozilla/5.0 (Windows NT 10.0; WOW64) AppleWebKit/537.36 (KHTML, like Gecko) Chrome/83.0.4103.61 Safari/537.36",
  "X-Amzn-Trace-Id": "Root=1-5ee0929c-b134766834c05e6189b5ab52"
},
```

自定义的请求头信息

图 2.6 设置请求头的运行结果

试一试

从实例 2.4 中并没有直观地看出设置请求头的好处，接下来以请求"百度"为例，测试设置请求头的绝对优势。在没有设置请求头的情况下直接使用 urlopen() 方法向 https://www.baidu.com/ 地址发送网络请求，将返回如图 2.7 所示的 HTML 代码。

```
<html>
<head>
    <script>
        location.replace(location.href.replace("https://","http://"));
    </script>
</head>
<body>
    <noscript><meta http-equiv="refresh" content="0;url=http://www.baidu.com/"></noscript>
</body>
</html>
```

图 2.7 未设置请求头所返回的 HTML 代码

首先创建具有请求头信息的 Request 对象，然后使用 urlopen() 方法向“百度”地址发送一个 GET 请求。关键代码如下：

```
url = 'https://www.baidu.com/'  # 请求地址
# 定义请求头信息
headers = {'User-Agent':'Mozilla/5.0 (Windows NT 10.0; WOW64) AppleWebKit/537.36 (KHTML, like Gecko) Chrome/83.0.4103.61 Safari/537.36'}
# 创建Request对象
r = urllib.request.Request(url=url,headers=headers)
response = urllib.request.urlopen(r)    # 发送网络请求
print(response.read().decode('utf-8'))  # 读取HTML代码并进行utf-8解码
```

程序运行以后，将返回“某度”正常的 HTML 代码，如图 2.8 所示。

```
<!DOCTYPE html><!--STATUS OK-->


    <html><head><meta http-equiv="Content-Type" content="text/html;charset=utf-8">
    <script data-compress=strip>
        function h(obj){
            obj.style.behavior='url(#default#homepage)';
            var a = obj.setHomePage('//www.baidu.com/');
        }
    </script>
    <script>
        _manCard = {
            asynJs : [],
            asynLoad : function(id){
                _manCard.asynJs.push(id);
            }
        };
        window._sp_async = 1;
```

图 2.8 设置请求头所返回的 HTML 代码

2.3.2 Cookie 的获取与设置

Cookie 是服务器向客户端返回响应数据时所留下的标记，当客户端再次访问服务器时，将携带这个标记。一般登录一个页面时，在登录成功后，会在浏览器的 Cookie 中保留一些信息；当浏览器再次访问时会携带 Cookie 中的信息，经过服务器核对后，便可以确认当前用户已经登录过，此时可以直接将登录后的数据返回。

在使用爬虫获取网页登录后的数据时，除了使用模拟登录，还可以获取登录后的 Cookie，然后利用这个 Cookie 再次发送请求时，就能以登录用户的身份获取数据。下面以获取图 2.9 中登录后的用户名信息为例，具体实现步骤如下。

图 2.9 登录后的用户名信息

1. 模拟登录

实例 2.5 模拟登录 （实例位置：资源包 \Code\02\05）

在实现爬虫的模拟登录时，首选需要获取登录验证的请求地址，然后通过 POST 请求的方式将正确的用户名与密码发送至登录验证的后台地址。

（1）在火狐浏览器中打开网页后，单击网页右上角的“登录”按钮，此时将弹出如图 2.10 所示的登录窗口。

图 2.10 登录窗口

（2）按下“F12”键，打开“开发者工具”，接着单击顶部工具栏中的“网络”，再单击右侧的设置按钮，勾选“持续记录”，如图 2.11 所示。

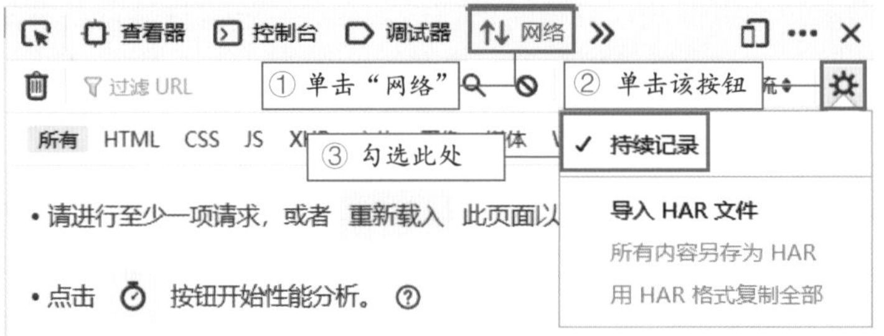

图 2.11 设置网络持续记录

（3）在登录窗口中，首先输入正确的用户名与密码，然后单击“立即登录”按钮，接着在“开发者工具”的网络请求列表中找到文件名为“chklogin.html”的网络请求信息，如图 2.12 所示。

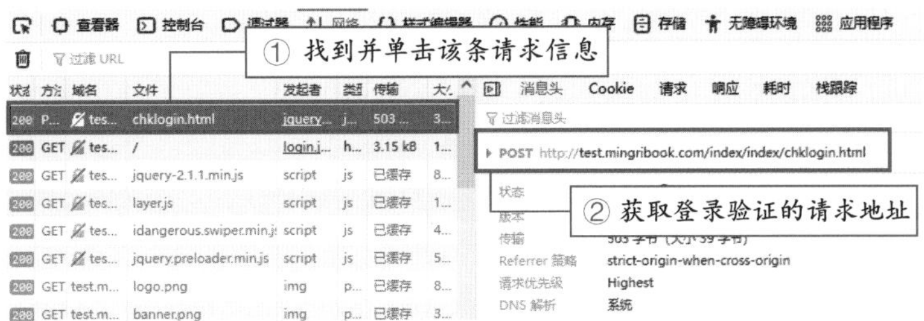

图 2.12　找到文件名为“chklogin.html”的网络请求信息

说明

该步骤中的用户名与密码，可以提前在网页的注册页面中进行注册。

（4）在图 2.12 中已经找到了登录验证的请求地址，接着在“登录验证请求地址”的上方单击“请求”选项，获取登录验证请求所需要的表单数据，如图 2.13 所示。

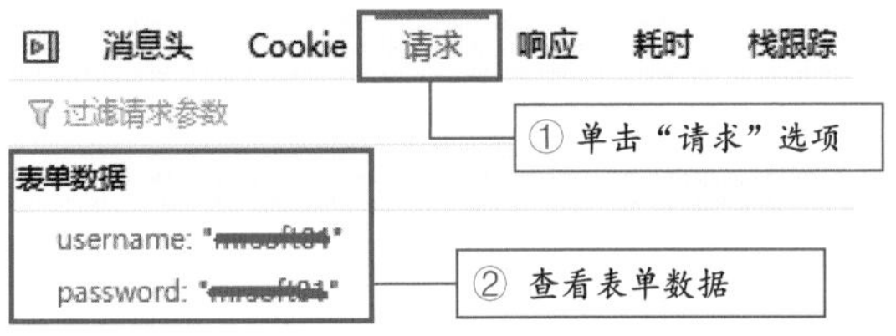

图 2.13　查看表单数据

（5）获取了网页登录验证的请求地址与表单数据后，可通过 urllib.request 子模块中的 POST 请求方式，实现网页的模拟登录。代码如下：

```
import urllib.request     # 导入urllib.request模块
import urllib.parse       # 导入urllib.parse模块
url = 'http://test.mingribook.com/index/index/chklogin.html'   # 登录请求地址
# 将表单数据转换为bytes类型，并设置编码方式为utf-8
data=bytes(urllib.parse.urlencode({'username':'用户名','password':'密码'}),encoding='utf-8')
# 创建Request对象
r = urllib.request.Request(url=url,data=data,method='POST')
response = urllib.request.urlopen(r)  # 发送网络请求
print(response.read().decode('utf-8'))     # 读取HTML代码并进行utf-8解码
```

程序运行结果如下：

```
{“status”:true,“msg”:“登录成功！”}
```

2. 获取 Cookie

实例 2.6　获取 Cookie　　（实例位置：资源包 \Code\02\06）

上一节已经成功地通过爬虫实现了网页的模拟登录，接下来需要实现在模拟登录的过程中获取登录成功所生成的 Cookie 信息。在获取 Cookie 信息时，首先需要创建一个 CookieJar 对象，然后生成 Cookie 处理器，接着创建 opener 对象，再通过 opener.open() 发送登录请求，登录成功后获取 Cookie 内容。代码如下：

```
import urllib.request  # 导入urllib.request模块
import urllib.parse    # 导入urllib.parse模块
```

```
import http.cookiejar  # 导入http.cookiejar子模块
import json            # 导入json模块
url = 'http://test.mingribook.com/index/index/chklogin.html'  # 登录请求地址
# 将表单数据转换为bytes类型，并设置编码方式为utf-8
data = bytes(urllib.parse.urlencode({'username': '用户名', 'password': '密码'}), encoding='utf-8')
cookie = http.cookiejar.CookieJar()                          # 创建CookieJar对象
cookie_processor = urllib.request.HTTPCookieProcessor(cookie)  # 生成Cookie处理器
opener = urllib.request.build_opener(cookie_processor)       # 创建opener对象
response = opener.open(url,data=data)                        # 发送登录请求
response = json.loads(response.read().decode('utf-8'))['msg']
if response=='登录成功！':
    for i in cookie:                                         # 循环遍历Cookie内容
        print(i.name+'='+i.value)                          # 打印登录成功的Cookie信息
```

程序运行结果如下：

```
PHPSESSID=8nar8qefd30o9vcm1ki3kavf76
```

实例 2.7 保存 Cookie 文件 （实例位置：资源包 \Code\02\07）

除了简单地获取登录后的 Cookie 信息，还可以将 Cookie 信息保存成指定的文件格式，下次登录请求时直接读取文件中的 Cookie 信息即可。如果需要将 Cookie 信息保存为 LWP 格式的 Cookie 文件，则需要先创建 LWPCookieJar 对象，再通过 cookie.save() 方法将 Cookie 信息保存成文件。代码如下：

```
import urllib.request  # 导入urllib.request模块
import urllib.parse    # 导入urllib.parse模块
import http.cookiejar  # 导入http.cookiejar子模块
import json            # 导入json模块

url = 'http://test.mingribook.com/index/index/chklogin.html'  # 登录请求地址
# 将表单数据转换为bytes类型，并设置编码方式为utf-8
data = bytes(urllib.parse.urlencode({'username': '用户名', 'password': '密码'}), encoding='utf-8')
cookie_file = 'cookie.txt'  # 保存cookie文件
cookie = http.cookiejar.LWPCookieJar(cookie_file)  # 创建LWPCookieJar对象
# 生成cookie处理器
cookie_processor = urllib.request.HTTPCookieProcessor(cookie)
# 创建opener对象
opener = urllib.request.build_opener(cookie_processor)
response = opener.open(url, data=data)  # 发送网络请求
response = json.loads(response.read().decode('utf-8'))['msg']
if response=='登录成功！':
    cookie.save(ignore_discard=True, ignore_expires=True)   # 保存Cookie文件
```

程序运行完成以后，将自动生成一个 cookie.txt 文件，文件内容如图 2.14 所示。

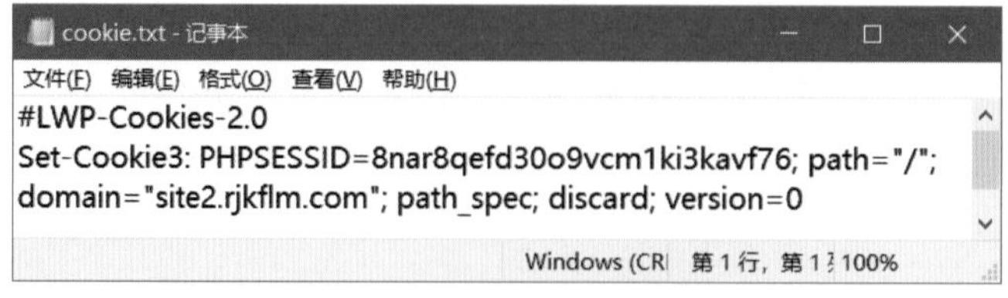

图 2.14 cookie.txt 文件内容

3. 使用 Cookie

有了 Cookie 文件，接下来需要调用 cookie.load() 方法来读取本地的 Cookie 文件，然后再次向登录后的页面发送请求。由“模拟登录”一节中的“网络请求列表”可以看出，登录验证的请求通过后将自动向登录后的页面地址再次发送请求，如图 2.15 所示。

图 2.15　获取再次发送的请求地址

实例 2.8　使用 Cookie 信息登录并获取登录后页面中的信息　（实例位置：资源包 \Code\02\08）

获取登录后页面的请求地址之后，接下来只需要使用 cookie.txt 文件中的 Cookie 信息发送请求，便可以获取登录后页面中的用户名信息。代码如下：

```
import urllib.request  # 导入urllib.request模块
import http.cookiejar  # 导入http.cookiejar子模块
# 登录后页面的请求地址
url = 'http://test.mingribook.com/index/index/index.html'
cookie_file = 'cookie.txt'   # cookie文件
cookie = http.cookiejar.LWPCookieJar()    # 创建LWPCookieJar对象
# 读取Cookie文件内容
cookie.load(cookie_file,ignore_expires=True,ignore_discard=True)
# 生成Cookie处理器
handler = urllib.request.HTTPCookieProcessor(cookie)
# 创建opener对象
opener = urllib.request.build_opener(handler)
response = opener.open(url)          # 发送网络请求
print(response.read().decode('utf-8'))    # 打印登录后页面的HTML代码
```

程序运行完成后，在控制台中搜索自己注册的用户名，将自动定位登录后显示用户名信息所对应的 HTML 代码标签，如图 2.16 所示。

```
<div class="login"> mrsoft01 | <a href="/index/index/logout.html">退出</a> </div>
```

图 2.16　用户名信息所对应的 HTML 代码标签

2.3.3 设置代理 IP 地址

反爬虫技术有很多，其中最为常见的就是通过客户端的 IP 地址判断当前请求是否为爬虫。因为如果在短时间内同一个 IP 地址访问了后台服务器的大量数据，那么服务器会将该客户端视为爬虫。当服务器发现爬虫在访问数据时，就会对当前客户端所使用的 IP 地址进行临时或永久禁用，这样使用已经禁用的 IP 地址是无法获取后台数据的。

解决这样的反爬虫技术就需要对网络请求设置代理 IP 地址，最好是每发送一次请求就设置一个新的代理 IP 地址，让后台服务器永远都无法知道是谁在获取它的数据资源。

实例 2.9　设置代理 IP 地址　　（实例位置：资源包 \Code\02\09）

使用 urllib 模块设置代理 IP 地址是比较简单的，首先需要创建 ProxyHandler 对象，其参数为字典类型的代理 IP 地址，键名为协议类型（如 HTTP 或者 HTTPS），值为代理链接。然后利用 ProxyHandler 对象与 build_opener() 方法构建一个新的 opener 对象，最后发送网络请求即可。代码如下：

```
import urllib.request  # 导入urllib.request模块
url= 'https://www.httpbin.org/get'   # 网络请求地址
# 创建代理IP地址
proxy_handler = urllib.request.ProxyHandler({
    'https':'58.220.95.114:10053'
})
# 创建opener对象
opener = urllib.request.build_opener(proxy_handler)
response = opener.open(url,timeout=2)          # 发送网络请求
print(response.read().decode('utf-8'))         # 打印返回内容
```

程序运行结果如图 2.17 所示。

```
{
  "args": {},
  "headers": {
    "Accept-Encoding": "identity",
    "Host": "www.httpbin.org",
    "User-Agent": "Python-urllib/3.11",
    "X-Amzn-Trace-Id": "Root=1-5ee472f5-4a1852c4d31178ff8223cdfb"
  },
  "origin": "58.220.95.114",
  "url": "https://www.httpbin.org/get"
}
```

服务器将识别你的代理IP地址

图 2.17　返回服务器所识别的代理 IP 地址

注意

免费代理存活的时间比较短，如果失效，读者可以自己上网查找正确有效的代理 IP 地址。或者参考 3.3.2 节与 3.3.3 节来获取免费有效的代理 IP 地址。

2.4 异常处理

在实现网络请求时，可能会出现很多异常错误，urllib 模块中的 urllib.error 子模块包含了 URLError 与 HTTPError 两个比较重要的异常类。

实例 2.10　处理 URLError 异常　　（实例位置：资源包 \Code\02\10）

URLError 类提供了一个 reason 属性，通过这个属性可以了解错误的原因。例如，向一个不存在的网络地址发送请求，然后调用 reason 属性查看错误原因。示例代码如下：

```
import urllib.request     # 导入urllib.request模块
import urllib.error       # 导入urllib.error模块
try:
```

```
    # 向不存在的网络地址发送请求
    response = urllib.request.urlopen(' http://test.mingribook.com/123index.html')
except urllib.error.URLError as error:     # 捕获异常信息
    print(error.reason)                    # 打印异常原因
```

程序运行结果如下：

```
Not Found
```

HTTPError 类是 URLError 类的子类，主要用于处理 HTTP 请求所出现的异常，该类有以下 3 个属性：

- ☑ code：返回 HTTP 状态码。
- ☑ reason：返回错误原因。
- ☑ headers：返回请求头。

实例 2.11　使用 HTTPError 类捕获异常　（实例位置：资源包 \Code\02\11）

使用 HTTPError 类捕获异常的示例代码如下：

```
import urllib.request     # 导入urllib.request模块
import urllib.error       # 导入urllib.error模块
try:
    # 向不存在的网络地址发送请求
    response = urllib.request.urlopen('http://test.mingribook.com/123index.html')
    print(response.status)
except urllib.error.HTTPError as error:                  # 捕获异常信息
    print('状态码为：',error.code)                       # 打印状态码
    print('异常信息为：',error.reason)                   # 打印异常原因
    print('请求头信息如下：\n',error.headers)            # 打印请求头
```

程序运行结果如下：

```
状态码为： 404
异常信息为： Not Found
请求头信息如下：
Date: Fri, 08 Dec 2023 03:13:50 GMT
Server: Apache/2.4.10 (Unix) OpenSSL/1.0.1i PHP/5.4.31 mod_fcgid/2.3.9 mod_perl/2.0.8-dev
Perl/v5.16.3
X-Powered-By: PHP/5.4.31
Vary: Accept-Encoding,User-Agent
Connection: close
Transfer-Encoding: chunked
Content-Type: text/html; charset=utf-8
```

实例 2.12　双重异常的捕获　（实例位置：资源包 \Code\02\12）

由于 HTTPError 是 URLError 的子类，有时 HTTPError 类会有捕获不到的异常，所以可以先捕获子类 HTTPError 的异常，再捕获父类 URLError 的异常，这样可以起到双重保险的作用。示例代码如下：

```
import urllib.request     # 导入urllib.request模块
import urllib.error       # 导入urllib.error模块
try:
```

```
        # 向不存在的网络地址发送请求
        response = urllib.request.urlopen('https://www.python.org/',timeout=0.1)
    except urllib.error.HTTPError as error:                 # HTTPError捕获异常信息
        print('状态码为：',error.code)                      # 打印状态码
        print('HTTPError异常信息为：',error.reason)         # 打印异常原因
        print('请求头信息如下：\n',error.headers)           # 打印请求头
    except urllib.error.URLError as error:                  # URLError捕获异常信息
        print('URLError异常信息为：',error.reason)
```

程序运行结果如下：

```
URLError异常信息为： timed out
```

说明

从以上的运行结果中可以看出，此次超时（timeout）异常是由第二道防线 URLError 所捕获的。

2.5 解析链接

urllib 模块中提供了 parse 子模块，主要用于解析 URL，可以实现 URL 的拆分或者组合。它支持多种协议的 URL 处理，如 file、ftp、gopher、hdl、http、https、imap、mailto、mms、news、nntp、prospero、rsync、rtsp、rtspu、sftp、shttp、sip、sips、snews、svn、svn+ssh、telnet、wais、ws、wss。

2.5.1 拆分 URL

1. urlparse() 方法

parse 子模块中提供了 urlparse() 方法，用于实现将 URL 分解成不同的部分，其语法格式如下：

```
urllib.parse.urlparse (urlstring, scheme ='', allow_fragments = True )
```

参数说明：

☑ urlstring：需要拆分的 URL，该参数为必选参数。

☑ scheme：可选参数，表示需要设置的默认协议。如果需要拆分的 URL 中没有协议（如 HTTPS、HTTP 等），则可以通过该参数设置一个默认的协议，该参数的默认值为空字符串。

☑ allow_fragments：可选参数，如果该参数设置为 False，表示忽略 fragments 这部分内容，默认为 True。

实例 2.13 使用 urlparse() 方法拆分 URL （实例位置：资源包 \Code\02\13）

使用 urlparse() 方法拆分 URL 的示例代码如下：

```
import urllib.parse     #导入urllib.parse模块
parse_result=urllib.parse.urlparse('https://docs.python.org/3/library/urllib.parse.html')
print(type(parse_result))     # 打印类型
print(parse_result)           # 打印拆分后的结果
```

程序运行结果如下：

```
<class 'urllib.parse.ParseResult'>
ParseResult(scheme='https', netloc='docs.python.org', path='/3/library/urllib.parse.html',
params='', query='', fragment='')
```

说明

从以上的运行结果中可以看出，调用 urlparse() 方法将返回一个 ParseResult 对象。该对象由 6 部分组成，scheme 表示协议，netloc 表示域名，path 表示访问的路径，params 表示参数，query 表示查询条件，fragment 表示片段标识符。

除了直接获取返回的 ParseResult 对象，还可以直接获取 ParseResult 对象中的每个属性值。关键代码如下：

```
print('scheme值为：',parse_result.scheme)
print('netloc值为：',parse_result.netloc)
print('path值为：',parse_result.path)
print('params值为：',parse_result.params)
print('query值为：',parse_result.query)
print('fragment值为：',parse_result.fragment)
```

2. urlsplit() 方法

实例 2.14　使用 urlsplit() 方法拆分 URL　　（实例位置：资源包 \Code\02\14）

urlsplit() 方法与 urlparse() 方法类似，都可以实现 URL 的拆分，只是 urlsplit() 方法不再单独拆分 params 这部分内容，而是将 params 合并到 path，所以返回的结果中只有 5 部分内容，并且返回的数据类型为 SplitResult。示例代码如下：

```
import urllib.parse     #导入urllib.parse模块
# 需要拆分的URL
url = 'https://docs.python.org/3/library/urllib.parse.html'
print(urllib.parse.urlsplit(url))      # 使用urlsplit()方法拆分URL
print(urllib.parse.urlparse(url))      # 使用urlparse()方法拆分URL
```

程序运行结果如下：

```
SplitResult(scheme='https', netloc='docs.python.org', path='/3/library/urllib.parse.html',
query='', fragment='')
ParseResult(scheme='https', netloc='docs.python.org', path='/3/library/urllib.parse.html',
params='', query='', fragment='')
```

从以上的运行结果中可以看出，使用 urlsplit() 方法拆分后的 URL 将以 SplitResult 类型返回，该类型的数据既可以使用属性获取对应的值，也可以使用索引获取对应的值。示例代码如下：

```
import urllib.parse     #导入urllib.parse模块
# 需要拆分的URL
url = 'https://docs.python.org/3/library/urllib.parse.html'
urlsplit = urllib.parse.urlsplit(url)   #拆分URL
print(urlsplit.scheme)                  #使用属性获取拆分后的协议值
print(urlsplit[0])                      #使用索引获取拆分后的协议值
```

2.5.2 组合 URL

1. urlunparse() 方法

parse 子模块提供了拆分 URL 的方法，也提供了 urlunparse() 方法来实现 URL 的组合。其语法格式如下：

```
urllib.parse.urlunparse(parts)
```

参数说明：

☑ parts：表示用于组合 URL 的可迭代对象。

实例 2.15 使用 urlunparse() 方法组合 URL （实例位置：资源包 \Code\02\15）

使用 urlunparse() 方法组合 URL 的示例代码如下：

```
import urllib.parse      #导入urllib.parse模块
list_url = ['https','docs.python.org','/3/library/urllib.parse.html','','','']
tuple_url = ('https','docs.python.org','/3/library/urllib.parse.html','','','')
dict_url = {'scheme':'https','netloc':'docs.python.org','path':'/3/library/urllib.parse.html','params':'','query':'','fragment':''}
print('组合列表类型的URL：',urllib.parse.urlunparse(list_url))
print('组合元组类型的URL：',urllib.parse.urlunparse(tuple_url))
print('组合字典类型的URL：',urllib.parse.urlunparse(dict_url.values()))
```

程序运行结果如下：

```
组合列表类型的URL： https://docs.python.org/3/library/urllib.parse.html
组合元组类型的URL： https://docs.python.org/3/library/urllib.parse.html
组合字典类型的URL： https://docs.python.org/3/library/urllib.parse.html
```

注意

在使用 urlunparse() 方法组合 URL 时，需要注意可迭代对象中的元素必须是 6 个，如果元素不足 6 个，则将出现如图 2.18 所示的错误信息。

```
Traceback (most recent call last):
  File "G:\Code\02\15\demo.py", line 5, in <module>
    print('组合列表类型的URL：',urllib.parse.urlunparse(list_url))
          ^^^^^^^^^^^^^^^^^^^^^^^^^^^^^^^^^^^

  File "G:\Python\Anaconda3\Lib\urllib\parse.py", line 514, in urlunparse
    scheme, netloc, url, params, query, fragment, _coerce_result = (
    ^^^^^^^^^^^^^^^^^^^^^^^^^^^^^^^^^^^^^^^^^^^^^^^^^^^^^^^^^^^^

ValueError: not enough values to unpack (expected 7, got 6)
```

图 2.18 元素不足 6 个的错误提示

2. urlunsplit() 方法

实例 2.16 使用 urlunsplit() 方法组合 URL （实例位置：资源包 \Code\02\16）

urlunsplit() 方法与 urlunparse() 方法类似，同样是用于实现 URL 的组合，其参数也同样是一个可迭代对象，不过其元素必须是 5 个。示例代码如下：

```
import urllib.parse      #导入urllib.parse模块
list_url = ['https','docs.python.org','/3/library/urllib.parse.html','','']
tuple_url = ('https','docs.python.org','/3/library/urllib.parse.html','','')
dict_url = {'scheme':'https','netloc':'docs.python.org','path':'/3/library/urllib.parse.html','query':'','fragment':''}
print('组合列表类型的URL：',urllib.parse.urlunsplit(list_url))
print('组合元组类型的URL：',urllib.parse.urlunsplit(tuple_url))
print('组合字典类型的URL：',urllib.parse.urlunsplit(dict_url.values()))
```

程序运行结果如下：

```
组合列表类型的URL：  https://docs.python.org/3/library/urllib.parse.html
组合元组类型的URL：  https://docs.python.org/3/library/urllib.parse.html
组合字典类型的URL：  https://docs.python.org/3/library/urllib.parse.html
```

2.5.3 连接 URL

urlunparse() 方法与 urlunsplit() 方法可以实现 URL 的组合，而 parse 子模块还提供了一个 urljoin() 方法来实现 URL 的连接。其语法格式如下：

```
urllib.parse.urljoin（base，url，allow_fragments = True ）
```

参数说明：

☑ base：表示基础链接。

☑ url：表示新的链接。

☑ allow_fragments：可选参数，如果该参数设置为 False，表示忽略 fragments 这部分内容，默认为 True。

实例 2.17　使用 urljoin() 方法连接 URL　　（实例位置：资源包 \Code\02\17）

urljoin() 方法在实现 URL 连接时，base 参数只可以设置 scheme、netloc 及 path，如果第二个参数（url）是一个不完整的 URL，那么第二个参数的值会添加至第一个参数（base）的后面，并自动添加斜杠（/）。如果第二个参数是一个完整的 URL，将直接返回第二个参数所对应的值。示例代码如下：

```
import urllib.parse     #导入urllib.parse模块
base_url = 'https://docs.python.org'    # 定义基础链接
# 第二个参数不完整时
print(urllib.parse.urljoin(base_url,'3/library/urllib.parse.html'))
# 第二个参数完整时，直接返回第二个参数的链接
print(urllib.parse.urljoin(base_url,'https://docs.python.org/3/library/urllib.parse.html#url-parsing'))
```

程序运行结果如下：

```
https://docs.python.org/3/library/urllib.parse.html
https://docs.python.org/3/library/urllib.parse.html#url-parsing
```

2.5.4 URL 的编码与解码

URL 编码是 GET 请求中比较常见的，是对请求地址中的参数进行编码，尤其是中文参数。parse 子模块提供了 urlencode() 方法与 quote() 方法，用于实现 URL 的编码，而 unquote() 方法可以对加密后的 URL 进行解码。

1. urlencode() 方法

实例 2.18　使用 urlencode() 方法编码请求参数　　（实例位置：资源包 \Code\02\18）

urlencode() 方法接收一个字典类型的值，所以要想将 URL 进行编码，需要先将请求参数定义为字典类型，再调用 urlencode() 方法进行请求参数的编码。示例代码如下：

```
import urllib.parse                                  # 导入urllib.parse模块
base_url = 'http://httpbin.org/get?'                 # 定义基础链接
params = {'name':'Jack','country':'中国','age':30}   # 定义字典类型的请求参数
url = base_url+urllib.parse.urlencode(params)        # 连接请求地址
```

```
print('编码后的请求地址为：',url)
```

程序运行结果如下：

```
编码后的请求地址为： http://httpbin.org/get?name=Jack&country=%E4%B8%AD%E5%9B%BD&age=30
```

说明

地址中的“%E4%B8%AD%E5%9B%BD&”内容为中文转码后的效果。

2. quote() 方法

实例 2.19 使用 quote() 方法编码字符串参数 （实例位置：资源包 \Code\02\19）

quote() 方法与 urlencode() 方法所实现的功能类似，但是 urlencode() 方法中只接收字典类型的参数，而 quote() 方法则可以将一个字符串进行编码。示例代码如下：

```
import urllib.parse                                  # 导入urllib.parse模块
base_url = 'http://httpbin.org/get?country='         # 定义基础链接
url = base_url+urllib.parse.quote('中国')             # 字符串编码
print('编码后的请求地址为：',url)
```

程序运行结果如下：

```
编码后的请求地址为：http://httpbin.org/get?country=%E4%B8%AD%E5%9B%BD
```

3. unquote() 方法

实例 2.20 使用 unquote() 方法解码请求参数 （实例位置：资源包 \Code\02\20）

unquote() 方法可以将编码后的 URL 字符串逆向解码，无论通过 urlencode() 方法还是 quote() 方法，所编码的 URL 字符串都可以使用 unquote() 方法进行解码。示例代码如下：

```
import urllib.parse                                  # 导入urllib.parse模块
u = urllib.parse.urlencode({'country':'中国'})        # 使用urlencode编码
q=urllib.parse.quote('country=中国')                  # 使用quote编码
print('urlencode编码后结果为：',u)
print('quote编码后结果为：',q)
print('对urlencode解码：',urllib.parse.unquote(u))
print('对quote解码：',urllib.parse.unquote(q))
```

程序运行结果如下：

```
urlencode编码后结果为： country=%E4%B8%AD%E5%9B%BD
quote编码后结果为： country%3D%E4%B8%AD%E5%9B%BD
对urlencode解码： country=中国
对quote解码： country=中国
```

2.5.5 URL 参数的转换

实例 2.21 使用 parse_qs() 方法将参数转换为字典类型 （实例位置：资源包 \Code\02\21）

请求地址的 URL 是一个字符串，如果需要将其中的参数转换为字典类型，那么可以先使用 urlsplit() 方法拆分 URL，再调用 query 属性获取 URL 中的参数，最后使用 parse_qs() 方法将参数转换为字典类型的数据。示例代码如下：

```
import urllib.parse                        # 导入urllib.parse模块
# 定义一个请求地址
url = 'http://httpbin.org/get?name=Jack&country=%E4%B8%AD%E5%9B%BD&age=30'
q = urllib.parse.urlsplit(url).query    # 获取参数
q_dict = urllib.parse.parse_qs(q)       # 将参数转换为字典类型的数据
print('数据类型为：',type(q_dict))
print('转换后的数据：',q_dict)
```

程序运行结果如下：

```
数据类型为： <class 'dict'>
转换后的数据： {'name': ['Jack'], 'country': ['中国'], 'age': ['30']}
```

实例 2.22 使用 parse_qsl() 方法将参数转换为元组所组成的列表 （实例位置：资源包\Code\02\22）

除了 parse_qs() 方法，还有 parse_qsl() 方法可以将 URL 参数进行转换，不过 parse_qsl() 方法会将字符串参数转换为元组所组成的列表。示例代码如下：

```
import urllib.parse                        # 导入urllib.parse模块
str_params = 'name=Jack&country=%E4%B8%AD%E5%9B%BD&age=30'  # 字符串参数
list_params = urllib.parse.parse_qsl(str_params)    # 将字符串参数转换为元组所组成的列表
print('数据类型为：',type(list_params))
print('转换后的数据：',list_params)
```

程序运行结果如下：

```
数据类型为： <class 'list'>
转换后的数据： [('name', 'Jack'), ('country', '中国'), ('age', '30')]
```

本章 e 学码：关键知识点拓展阅读

CA 证书
Cookie
Headers
代理 IP 地址
网络请求

第 3 章

请求模块 requests

本章概览

requests 是 Python 中实现 HTTP 请求的一种方式，requests 是第三方模块，该模块在实现 HTTP 请求时要比 Urllib 模块简化很多，操作也更加人性化。本章将主要介绍如何使用 requests 模块实现 GET、POST 请求、复杂网络请求设置及请求中所使用的代理服务。

知识框架

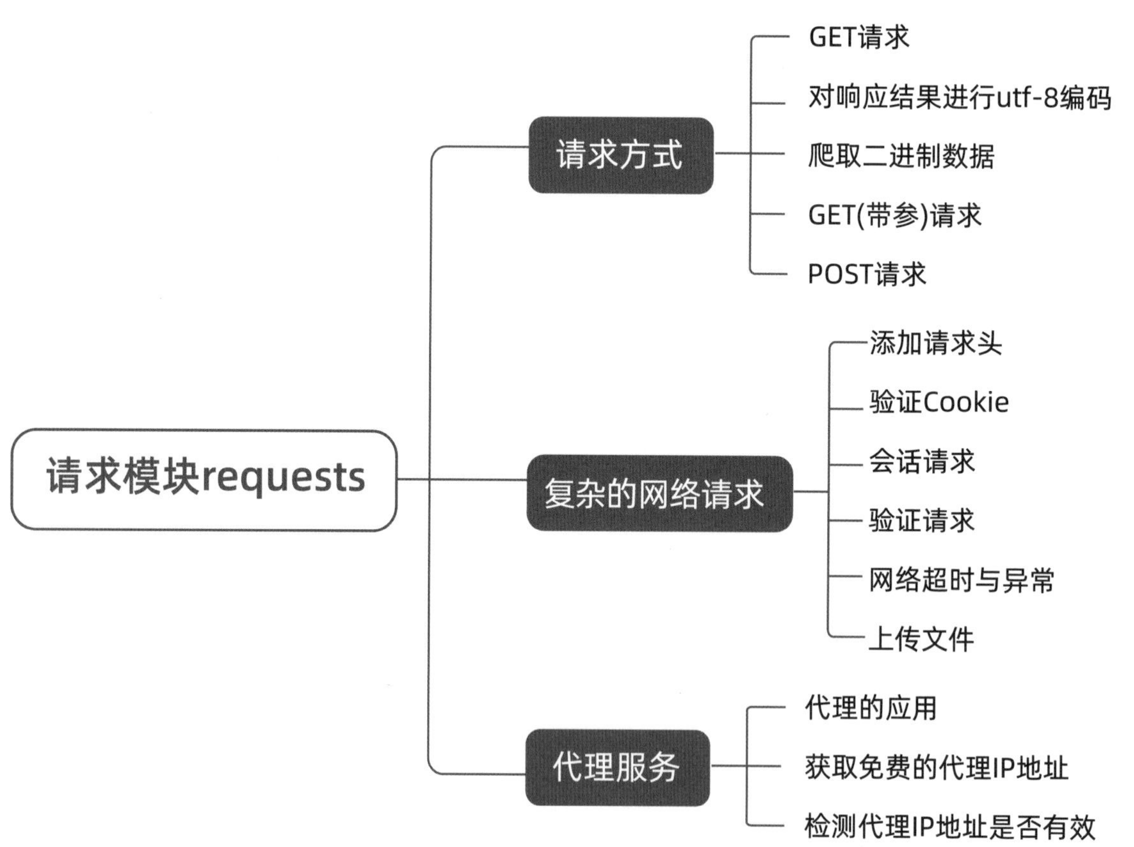

3.1 请求方式

由于 requests 模块为第三方模块，因此在使用 requests 模块时，需要通过执行 pip install requests 代码进行该模块的安装。如果使用了 Anaconda，则不需要单独安装 requests 模块。requests 的功能特性如下：

- ☑ Keep-Alive & 连接池
- ☑ Unicode 响应体
- ☑ 国际化域名和 URL
- ☑ HTTP(S) 代理支持
- ☑ 带持久 Cookie 的会话
- ☑ 文件分块上传
- ☑ 浏览器式的 SSL 认证
- ☑ 流下载
- ☑ 自动内容解码
- ☑ 连接超时
- ☑ 基本 / 摘要式的身份认证
- ☑ 分块请求
- ☑ 优雅的 key/value Cookie
- ☑ 支持 .netrc
- ☑ 自动解压

3.1.1 GET 请求

实例 3.1　实现不带参数的 GET 网络请求　（实例位置：资源包 \Code\03\01）

最常用的 HTTP 请求方式分别为 GET 和 POST，可以通过两种方式来使用 requests 模块实现 GET 请求，一种是带参数的，另一种是不带参数的。下面以某度为例实现不带参数的网络请求，代码如下：

```
import requests     # 导入网络请求模块requests

# 发送网络请求
response = requests.get('https://www.phei.com.cn')
print('响应状态码为：',response.status_code)    # 打印状态码
print('请求的网络地址为：',response.url)          # 打印请求url
print('头部信息为：',response.headers)           # 打印头部信息
print('cookie信息为：',response.cookies)        # 打印cookie信息
```

程序运行结果如图 3.1 所示。

```
响应状态码为： 200
请求的网络地址为： https://www.phei.com.cn/
头部信息为： {'Date': 'Sat, 20 Apr 2024 05:14:55 GMT', 'Server': 'Apache/2.4.33 (Win64)
 OpenSSL/1.1.0h', 'X-Frame-Options': 'SAMEORIGIN', 'Accept-Ranges': 'bytes', 'Keep-Alive':
 'timeout=5, max=100', 'Connection': 'Keep-Alive', 'Transfer-Encoding': 'chunked',
 'Content-Type': 'text/html'}
cookie信息为： <RequestsCookieJar[]>
```

图 3.1　实现不带参数的网络请求

3.1.2 对响应结果进行 utf-8 编码

实例 3.2　获取请求地址所对应的网页源码　（实例位置：资源包 \Code\03\02）

当响应状态码为 200 时，说明本次网络请求已经成功，此时可以获取请求地址所对应的网页源码，代码如下：

```
import requests     # 导入网络请求模块requests

# 发送网络请求
response = requests.get('http://www.phei.com.cn/')
```

```
response.encoding='utf-8'        # 对响应结果进行utf-8编码
print(response.text)             # 以文本形式打印网页源码
```

程序运行结果如图 3.2 所示。

```
<!DOCTYPE HTML>
<html ng-app="topDivApp"  ng-controller="topDivCtrl">
<head>
<meta http-equiv="Content-Type" content="text/html; charset=utf-8">
<meta http-equiv = "X-UA-Compatible" content = "IE=edge,chrome=1" />
<title>电子工业出版社有限公司</title>
<meta name="keywords" content="" />
<meta name="description" content="" />
<link rel="shortcut icon" href="#" />
<link href="/templates/stylesheets/global.css" rel="stylesheet" />
<link href="/templates/stylesheets/web_base1.css" rel="stylesheet" />
<link href="/templates/stylesheets/web_base2.css" rel="stylesheet" />
<link href="/templates/stylesheets/web_base.css" rel="stylesheet" />
<link href="/templates/stylesheets/web_base4.css" rel="stylesheet" />
<script src="/templates/javascript/jquery-3.2.1.min.js" type="text/javascript"></script>
<script src="/templates/javascript/ajax.js" type="text/javascript"></script>
<script src="/templates/javascript/page_script.js" type="text/javascript"></script>
```

图 3.2 获取请求地址所对应的网页源码

注意

在没有对响应内容进行 utf-8 编码时，网页源码中的中文信息可能会出现如图 3.3 所示的乱码。

```
<!DOCTYPE html>
<!--STATUS OK--><html> <head><meta http-equiv=content-type content=text/html;charset=utf-8><meta http-equiv=X-UA-Compatible
 content=IE=Edge><meta content=always name=referrer><link rel=stylesheet type=text/css href=https://ss1.bdstatic
 .com/5eN1bjq8AAUYm2zgoY3K/r/www/cache/bdorz/baidu.min.css><title>ç ¾åº¦ä¸ä¸ï¼ ä½ å°±ç¥é</title></head> <body
 link=#0000cc> <div id=wrapper> <div id=head> <div class=head_wrapper> <div class=s_form> <div class=s_form_wrapper> <div
```

图 3.3 中文乱码

3.1.3 爬取二进制数据

实例 3.3 下载某网站首页中的 logo 图片（实例位置：资源包 \Code\03\03）

使用 requests 模块中的 get 函数不仅可以获取网页中的源码信息，还可以获取二进制文件。但是在获取二进制文件时，首先需要使用 response.content 属性获取 bytes 类型的数据，然后将数据保存在本地文件中。例如，下载某网站首页中的 logo 图片即可使用如下代码：

```
import requests                            # 导入网络请求模块requests

# 发送网络请求
response = requests.get('https://www.phei.com.cn/templates/images/img_logo.jpg')
print(response.content)                    # 打印二进制数据
with open('电子logo.jpg','wb')as f:        # 通过open函数将二进制数据写入本地文件
    f.write(response.content)              # 写入
```

程序运行后打印的二进制数据如图 3.4 所示。程序运行后，当前目录下将自动生成如图 3.5 所示的“电子 logo”图片。

```
b'\xff\xd8\xff\xe1\x00\x18Exif\x00\x00II*\x00\x08\x00\x00\x00\x00\x00\x00\x00\x00\x00\x00\x00\xff
\xec\x00\x11Ducky\x00\x01\x00\x04\x00\x00\x00P\x00\x00\xff\xe1\x03/http://ns.adobe.com/xap/1
.0/\x00<?xpacket begin="\xef\xbb\xbf" id="W5M0MpCehiHzreSzNTczkc9d"?> <x:xmpmeta
xmlns:x="adobe:ns:meta/" x:xmptk="Adobe XMP Core 5.5-c021 79.155772, 2014/01/13-19:44:00
"> <rdf:RDF xmlns:rdf="http://www.w3.org/1999/02/22-rdf-syntax-ns#"> <rdf:Description
```


图 3.4　打印的二进制数据

图 3.5 “电子 logo” 图片

3.1.4 GET（带参）请求

1. 实现请求地址带参

如果需要为 GET 请求指定参数，可以直接将参数添加在请求地址 URL 的后面，然后用“?”进行分隔，如果一个 URL 地址中有多个参数，则参数之间用“&”进行连接。GET（带参）请求的代码如下：

```
import requests     # 导入网络请求模块requests

# 发送网络请求
response = requests.get('http://httpbin.org/get?name=Jack&age=30')
print(response.text)              # 打印响应结果
```

程序运行结果如图 3.6 所示。

```
{
  "args": {
    "age": "30",
    "name": "Jack"
  },
  "headers": {
    "Accept": "*/*",
    "Accept-Encoding": "gzip, deflate",
    "Host": "httpbin.org",
    "User-Agent": "python-requests/2.20.1",
    "X-Amzn-Trace-Id": "Root=1-5e68a400-d84b38d07031a2c5bcdacef7"
  },
  "origin": "42.101.67.234",
  "url": "http://httpbin.org/get?name=Jack&age=30"
}
```

图 3.6　响应结果

说明

这里通过 http://httpbin.org/get 网站进行演示，该网站可以作为练习网络请求的一个站点使用，模拟各种请求操作。

2. 配置 params 参数

requests 模块提供了传递参数的方法，允许使用 params 关键字参数，以一个字符串字典来提供这些参数。例如，想传递 key1=value1 和 key2=value2 到 httpbin.org/get，那么可以使用如下代码：

```
import requests                          # 导入网络请求模块requests

data = {'name':'Michael','age':'36'}     # 定义请求参数
# 发送网络请求
response = requests.get('http://httpbin.org/get',params=data)
print(response.text)                     # 打印响应结果
```

程序运行结果如图 3.7 所示。

```
{
  "args": {
    "age": "36",
    "name": "Michael"
  },
  "headers": {
    "Accept": "*/*",
    "Accept-Encoding": "gzip, deflate",
    "Host": "httpbin.org",
    "User-Agent": "python-requests/2.20.1",
    "X-Amzn-Trace-Id": "Root=1-5e6988c8-0e03e2fa94fa7b9357bd083d"
  },
  "origin": "139.215.226.29",
  "url": "http://httpbin.org/get?name=Michael&age=36"
}
```

图 3.7 响应结果

3.1.5 POST 请求

实例 3.4 实现 POST 请求 （实例位置：资源包 \Code\03\04）

POST 请求方式也被叫作提交表单，表单中的数据内容就是对应的请求参数。使用 requests 模块实现 POST 请求时，需要设置请求参数 data。POST 请求的代码如下：

```
import requests         # 导入网络请求模块requests
import json             # 导入json模块

# 字典类型的表单参数
data = {'1': '能力是有限的，而努力是无限的。',
        '2':'星光不问赶路人，时光不负有心人。'}
# 发送网络请求
response = requests.post('http://httpbin.org/post',data=data)
response_dict = json.loads(response.text)          # 将响应数据转换为字典类型
print(response_dict)                               # 打印转换后的响应数据
```

程序运行结果如图 3.8 所示。

```
{'args': {}, 'data': '', 'files': {},
'form': {'1': '能力是有限的，而努力是无限的。
', '2': '星光不问赶路人，时光不负有心人。'},
'headers': {'Accept': '*/*',
'Accept-Encoding': 'gzip, deflate',
'Content-Length': '284', 'Content-Type':
'application/x-www-form-urlencoded',
'Host': 'httpbin.org', 'User-Agent':
'python-requests/2.20.1',
'X-Amzn-Trace-Id':
'Root=1-5e699d93-e635dad2bfd5e75ee39d2af0
'}, 'json': None, 'origin': '42.101.67
.234', 'url': 'http://httpbin.org/post'}
```

图 3.8 响应结果

POST 请求中 data 参数的数据格式可以是列表、元组或者 JSON。参数代码如下：

```
# 元组类型的表单数据
data = (('1','能力是有限的，而努力是无限的。'),
        ('2','星光不问赶路人，时光不负有心人。'))
# 列表类型的表单数据
data = [('1','能力是有限的，而努力是无限的。'),
        ('2','星光不问赶路人，时光不负有心人。')]
# 字典类型的表单参数
data = {'1': '能力是有限的，而努力是无限的。',
        '2':'星光不问赶路人，时光不负有心人。'}
# 将字典类型转换为JSON类型的表单数据
data = json.dumps(data)
```

注意

requests 模块中 GET 请求与 POST 请求的参数分别是 params 和 data，所以不要将两种参数填写错误。

3.2 复杂的网络请求

在使用 requests 模块实现网络请求时，不只有简单的 GET 与 POST，还有复杂的请求头、Cookie 及网络超时等。不过，requests 模块将这一系列复杂的请求方式进行了简化，只要在发送请求时设置对应的参数，即可实现复杂的网络请求。

3.2.1 添加请求头

实例 3.5 添加请求头　　（实例位置：资源包 \Code\03\05）

有时在请求一个网页内容时，发现无论通过 GET 还是 POST 或其他请求方式，都会出现 403 错误。这种现象多数为服务器拒绝了访问，因为这些网页为了防止恶意采集信息，使用了反爬虫设置。此时可以通过模拟浏览器的头部信息来进行访问，这样就能解决以上反爬虫设置的问题。下面介绍 requests 模块添加请求头的方式，代码如下：

```
import requests     # 导入网络请求模块requests

url = 'https://www.phei.com.cn/'      # 创建需要爬取网页的地址
# 创建头部信息
headers = {'User-Agent':'Mozilla/5.0 (Windows NT 10.0; Win64; x64; rv:72.0) Gecko/20100101 Firefox/72.0'}
response  = requests.get(url, headers=headers)      # 发送网络请求
print(response.status_code)                         # 打印响应状态码
```

程序运行结果如下：

```
200
```

3.2.2 验证 Cookie

实例 3.6 通过验证 Cookie 模拟网页登录　　（实例位置：资源包 \Code\03\06）

在爬取某些数据时，需要登录网页，才可以进行数据的爬取工作。Cookie 登录就像很多网页中的自动登录功能一样，让用户在第二次登录时不需要验证账号和密码。在使用 requests 模块实现 Cookie

登录时，首先需要在浏览器的“开发者工具”页面中找到可以实现登录的 Cookie 信息，然后将 Cookie 信息处理并添加至 RequestsCookieJar 对象中，最后将 RequestsCookieJar 对象作为网络请求的 Cookie 参数，发送网络请求即可。以获取网页登录后的用户名为例，具体步骤如下：

（1）首先利用谷歌浏览器打开网页，然后按下“F12”键打开网络监视器，选择“密码登录”，输入“手机号 / 邮箱”与“密码”，接着单击“登录”，网络监视器将显示如图 3.9 所示的数据变化。

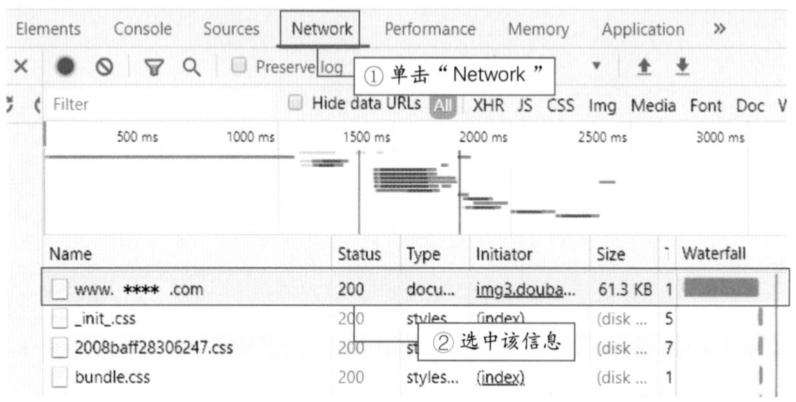

图 3.9 网络监视器的数据变化

（2）在“Headers”选项中选择“Request Headers”选项，获取登录后的 Cookie 信息，如图 3.10 所示。

图 3.10 找到登录后网页中的 Cookie 信息

（3）导入相应的模块后，首先将“找到登录后网页中的 Cookie 信息”以字符串形式保存，然后创建 RequestsCookieJar 对象并对 Cookie 信息进行处理，最后将处理后的 RequestsCookieJar 对象作为网络请求参数，实现网页的登录请求。代码如下：

```
import requests            # 导入网络请求模块
from lxml import etree   # 导入lxml模块

cookies = '此处填写登录后网页中的Cookie信息'
headers = {'Host': 'www.**.com',
           'Referer': 'https://www.**.com/',
           'User-Agent': 'Mozilla/5.0 (Windows NT 10.0; Win64; x64) '
                         'AppleWebKit/537.36 (KHTML, like Gecko) '
                         'Chrome/72.0.3626.121 Safari/537.36'}
# 创建RequestsCookieJar对象，用于设置Cookie信息
cookies_jar = requests.cookies.RequestsCookieJar()
```

```
for cookie in cookies.split(';'):
    key, value = cookie.split('=', 1)
    cookies_jar.set(key, value)        # 将Cookie保存在RequestsCookieJar中
# 发送网络请求
response = requests.get('https://www.**.com/',
headers=headers, cookies=cookies_jar)
if response.status_code == 200:        # 请求成功时
    html = etree.HTML(response.text)   # 解析HTML代码
    # 获取用户名
    name = html.xpath('//*[@id="db-global-nav"]/div/div[1]/ul/li[2]/a/span[1]/text()')
    print(name[0])  # 打印用户名
```

程序运行结果如下：

```
阿四sir的账号
```

3.2.3 会话请求

在实现获取某个登录后页面的信息时，可以使用设置 Cookie 的方式先实现模拟登录，再获取登录后页面的信息内容。这样虽然可以成功地获取页面中的信息，但是比较烦琐。

实例 3.7 实现会话请求　　（实例位置：资源包 \Code\03\07）

requests 模块中提供了 Session 对象，通过该对象可以实现在同一会话内发送多次网络请求，相当于在浏览器中打开了一个新的选项卡。此时再获取登录后页面中的数据，就可以发送两次请求，第一次发送登录请求，而第二次请求就可以在不设置 Cookie 的情况下获取登录后的页面数据。示例代码如下：

```
import requests                # 导入requests模块
s = requests.Session()         # 创建会话对象
data={'username': '用户名', 'password': '密码'}    # 创建用户名、密码的表单数据
# 发送登录请求
response =s.post('http://test.mingribook.com/index/index/chklogin.html',data=data)
response2=s.get('http://test.mingribook.com/')    # 发送登录后的页面请求
print('登录信息: ',response.text)                 # 打印登录信息
print('登录后页面信息如下:\n',response2.text)      # 打印登录后的页面信息
```

程序运行结果如图 3.11 所示。

```
登录信息: {"status":true,"msg":"登录成功! "}
登录后页面信息如下:
 <!DOCTYPE html>
<html lang="en">
<head>
<meta http-equiv="Content-Type" content="text/html; charset=UTF-8">
<meta name="keywords" content="明日科技,thinkphp5.0,编程e学网" />
<meta name="description" content="明日科技,thinkphp5.0,编程e学网" />
<title>编程e学网</title>
<link rel="shortcut icon" href="favicon.ico">
```

图 3.11　登录后的请求结果

3.2.4 验证请求

在访问页面时，可能会出现如图 3.12 所示的验证页面，输入用户名与密码后才可以访问如图 3.13 所示的页面数据。

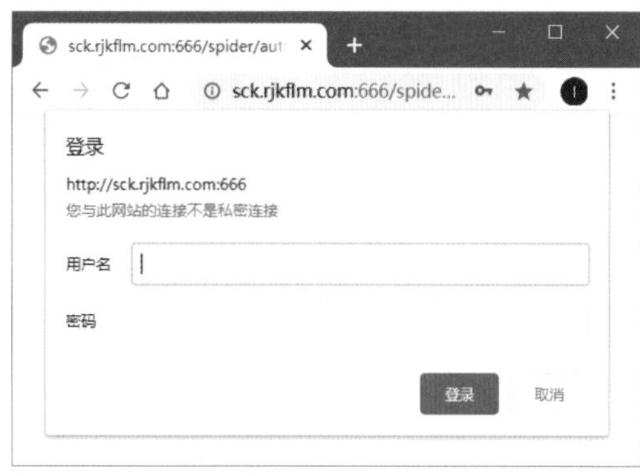

图 3.12 验证页面

图 3.13 验证后的页面

实例 3.8 验证请求 （实例位置：资源包 \Code\03\08）

requests 模块自带验证功能，只需在请求方法中填写 auth 参数。该参数的值是一个带有验证参数（用户名与密码）的 HTTPBasicAuth 对象。示例代码如下：

```
import requests             # 导入requests模块
from requests.auth import HTTPBasicAuth     # 导入HTTPBasicAuth类
# 定义请求地址
url = 'http://spider.mingribook.com/spider/auth/'
ah = HTTPBasicAuth('admin','admin')        # 创建HTTPBasicAuth对象，参数为用户名与密码
response = requests.get(url=url,auth=ah) # 发送网络请求
if response.status_code==200:              # 如果请求成功
    print(response.text)                   # 打印验证后的HTML代码
```

程序运行结果如图 3.14 所示。

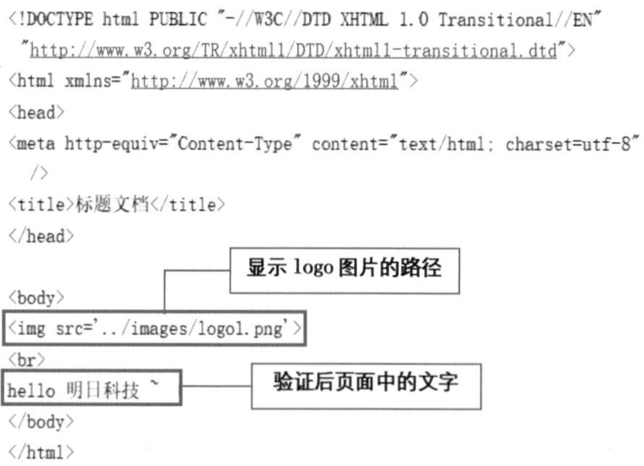

图 3.14 验证后页面中的 HTML 代码

3.2.5 网络超时与异常

实例 3.9 演示网络超时与异常 （实例位置：资源包 \Code\03\09）

在访问一个网页时，如果该网页长时间未响应，系统就会判断该网页超时，导致无法打开网页。

下面模拟一个网络超时的现象，代码如下：

```
import requests      # 导入网络请求模块
# 循环发送请求50次
for a in range(0, 50):
    try:     # 捕获异常
        # 设置超时为0.1秒
        response = requests.get('https://www.phei.com.cn/', timeout=0.1)
        print(response.status_code)                                   # 打印状态码
    except Exception as e:                                            # 捕获异常
        print('异常'+str(e))                                          # 打印异常信息
```

程序运行结果如图 3.15 所示。

```
200
200
200
异常HTTPSConnectionPool(host='www.phei.com.cn', port=443): Max retries exceeded with url: /
 (Caused by ConnectTimeoutError(<urllib3.connection.HTTPSConnection object at
 0x0000011979661850>, 'Connection to www.phei.com.cn timed out. (connect timeout=0.1)'))
```

图 3.15　超时异常信息

说明

上面的代码模拟进行了 50 次循环请求，并且设置了超时时间为 0.1 秒。如果在 0.1 秒内服务器未做出响应，将被视为超时，会将超时信息打印在控制台上。根据以上模拟测试结果，可以确认在不同的情况下设置不同的 timeout 值。

实例 3.10　识别网络异常的分类　（实例位置：资源包 \Code\03\10）

说起网络异常信息，requests 模块同样提供了 3 种常见的网络异常类，代码如下：

```
import requests  # 导入网络请求模块
# 导入requests.exceptions模块中的3种网络异常类
from requests.exceptions import ReadTimeout,HTTPError,RequestException
# 循环发送请求50次
for a in range(0, 50):
    try:     # 捕获异常
        # 设置超时为0.1秒
        response = requests.get('https://www.phei.com.cn/', timeout=0.1)
        print(response.status_code)                                   # 打印状态码
    except ReadTimeout:                                               # 超时异常
        print('timeout')
    except HTTPError:                                                 # HTTP异常
        print('httperror')
    except RequestException:                                          # 请求异常
        print('reqerror')
```

3.2.6　上传文件

实例 3.11　上传图片文件　（实例位置：资源包 \Code\03\11）

使用 requests 模块实现向服务器上传文件也是非常简单的，只需要指定 post() 函数中的 files 参数即可。files 参数可以指定一个 BufferedReader 对象，该对象可以使通过内置的 open() 函数返回。使用 requests 模块实现上传文件的代码如下：

```
import requests                         # 导入网络请求模块
bd = open('电子logo.jpg','rb')          # 读取指定文件
file = {'file':bd}                      # 定义需要上传的图片文件
# 发送上传文件的网络请求
response = requests.post('http://httpbin.org/post',files = file)
print(response.text)                    # 打印响应结果
```

程序运行结果如图 3.16 所示。

```
{
  "args": {},
  "data": "",
  "files": {
    "file": "data:application/octet-stream;base64,iVBORw0KGgoAAAA...="
  },
  "form": {},
  "headers": {
    "Accept": "*/*",
    "Accept-Encoding": "gzip, deflate",
    "Content-Length": "8045",
    "Content-Type":"multipart/form-data;
boundary=2e8a5c71d31d768bcc1a6434e654b27c",
    "Host": "httpbin.org",
    "User-Agent": "python-requests/2.20.1",
    "X-Amzn-Trace-Id": "Root=1-5e6f2da8-fe55afa26aa1338be33cbbee"
  },
  "json": null,
  "origin": "139.214.246.63",
  "url": "http://httpbin.org/post"
}
```

图 3.16　上传图片文件的运行结果

从以上的运行结果中可以看出，提交的图片文件（二进制数据）被指定在 files 中，从红色框内 file 对应的数据中可以发现，post() 函数将上传的文件转换为 base64 的编码形式。

在程序运行结果中，红框内尾部的 ... 为省略部分。

3.3 代理服务

3.3.1 代理的应用

实例 3.12　通过代理发送请求　　（实例位置：资源包 \Code\03\12）

在爬取网页的过程中，经常会出现不久前可以爬取的网页现在无法爬取的情况，这是因为 IP 地址被爬取网站的服务器屏蔽了。此时代理服务可以解决这一麻烦，设置代理时，首先需要找到代理 IP 地址，例如 117.88.176.38，对应的端口号为 3000，完整的格式为 117.88.176.38:3000。代码如下：

```
import requests         # 导入网络请求模块
# 头部信息
headers = {'User-Agent': 'Mozilla/5.0 (Windows NT 10.0; Win64; x64) '
                         'AppleWebKit/537.36 (KHTML, like Gecko) '
                         'Chrome/72.0.3626.121 Safari/537.36'}
proxy = {'http': 'http://117.88.176.38:3000',
```

```
            'https': 'https://117.88.176.38:3000'}  # 设置代理IP地址与对应的端口号
try:
    # 对需要爬取的网页发送请求,verify=False不验证服务器的SSL证书
    response = requests.get('http://2024.ip138.com', headers= headers,proxies=proxy,verify=False,timeout=3)
    print(response.status_code)   # 打印响应状态码
except Exception as e:
    print('错误异常信息为: ',e)    # 打印异常信息
```

注意

由于示例中代理 IP 地址是免费的，所以使用的时间不固定，超出使用的时间范围时，该地址将失效。在地址失效或者地址错误时，控制台将显示如图 3.17 所示的异常信息。如果需要获取可用的代理 IP 地址，可以参考 3.3.2 节与 3.3.3 节中的内容。

```
错误异常信息为:  HTTPSConnectionPool(host='2024.ip138.com', port=443): Max retries
 exceeded with url: / (Caused by ProxyError('Unable to connect to proxy',
 ConnectTimeoutError(<urllib3.connection.HTTPSConnection object at
 0x000001EA240BEB40>, 'Connection to 117.88.176.38 timed out. (connect timeout=3)')))
```

图 3.17　代理 IP 地址失效或错误所提示的异常信息

3.3.2　获取免费的代理 IP 地址

为了避免爬取目标网页的后台服务器对我们实施封锁 IP 地址的操作，我们可以每发送一次网络请求就更换一个 IP 地址，从而降低被发现的风险。其实在获取免费的代理 IP 地址之前，需要先找到提供免费代理 IP 地址的网页，然后通过爬虫技术将大量的代理 IP 地址提取并保存至文件。提供免费代理 IP 地址的网站很多，用户可以通过搜索引擎查询，或者参考本书附带的“AI 辅助编程”视频，通过现在流行的 AI 工具去查询。

3.3.3　检测代理 IP 地址是否有效

实例 3.13　检测代理 IP 地址是否有效　（实例位置：资源包 \Code\03\13）

提供免费代理 IP 地址的网页有很多，但是经过测试，你会发现并不是所有的免费代理 IP 地址都是有效的，甚至也不是匿名 IP 地址（即获取远程访问用户的 IP 地址是代理服务器的 IP 地址，不是用户本地真实的 IP 地址）。所以若要使用我们爬取下来的免费代理 IP 地址，就需要对这个 IP 地址进行检测。

实现检测免费代理 IP 地址是否可用时，首先需要读取保存免费代理 IP 地址的文件，然后对代理 IP 地址进行遍历，并使用免费的代理 IP 地址发送网络请求，而请求地址可以使用查询 IP 地址位置的网页。如果网络请求成功，则说明免费的代理 IP 地址可以使用，而且还会返回当前免费代理 IP 地址的匿名地址。代码如下：

```
import requests            # 导入网络请求模块
import pandas              # 导入pandas模块
from lxml import etree    # 导入HTML解析模块

ip_table = pandas.read_excel('ip.xlsx')  # 读取代理IP地址文件内容
ip = ip_table['ip']                      # 获取代理ip列信息
# 头部信息
headers = {'User-Agent': 'Mozilla/5.0 (Windows NT 10.0; Win64; x64) '
                         'AppleWebKit/537.36 (KHTML, like Gecko) '
```

```
                                  'Chrome/72.0.3626.121 Safari/537.36'}
# 循环遍历代理IP地址并通过代理发送网络请求
for i in ip:
    proxies = {'http': 'http://{ip}'.format(ip=i),
               'https': 'https://{ip}'.format(ip=i)}
    try:
        response = requests.get('http://2024.ip138.com/',
                                headers=headers,proxies=proxies,timeout=2)
        if response.status_code==200:         # 判断请求是否成功,请求成功说明代理IP地址可用
            response.encoding='utf-8'         # 进行编码
            html = etree.HTML(response.text)  # 解析HTML
            info = html.xpath('/html/body/p[1]//text()')
            print(info)                       # 输出当前IP地址匿名信息
    except Exception as e:
        pass
        # print('错误异常信息为: ',e)          # 打印异常信息
```

程序运行结果如图 3.18 所示。

```
['\r\n您的iP地址是：[', '110.86.15.46', '] 来自：福建省厦门市湖里区 电信\r\n']
['\r\n您的IP地址是：[', '58.220.95.86', '] 来自：江苏省扬州市 电信\r\n']
['\r\n您的IP地址是：[', '58.220.95.79', '] 来自：江苏省扬州市 电信\r\n']
['\r\n您的IP地址是：[', '118.190.152.166', '] 来自：山东省青岛市 阿里云\r\n']
['\r\n您的IP地址是：[', '101.4.136.34', '] 来自：湖北省武汉市 教育网\r\n']
['\r\n您的IP地址是：[', '47.114.117.238', '] 来自：浙江省杭州市 阿里云\r\n']
['\r\n您的IP地址是：[', '58.220.95.55', '] 来自：江苏省扬州市 电信\r\n']
['\r\n您的IP地址是：[', '58.220.95.35', '] 来自：江苏省扬州市 电信\r\n']
['\r\n您的IP地址是：[', '118.113.247.206', '] 来自：四川省成都市 电信\r\n']
['\r\n您的IP地址是：[', '47.99.145.67', '] 来自：浙江省杭州市 阿里云\r\n']
```

图 3.18 打印可用的匿名代理 IP 地址

注意

如果以上示例代码运行出错，可能是查询 IP 地址的请求地址出现问题，读者可以根据自己查找的请求地址进行更换。

本章 e 学码：关键知识点拓展阅读

Base64	上传
Keep-Alive	提交表单
二进制文件	网络超时

第 4 章 高级网络请求模块

本章概览

requests 可以说是一个功能很强大的模块，但是“金无足赤，人无完人”，对于爬虫项目的开发者来说，他们更希望可以通过扩展的方式让 requests 模块拥有更加强大的功能。本章将介绍 requests 模块的两大扩展：requests-cache（爬虫缓存）模块与 requests-HTML 模块，让读者了解爬虫缓存的作用、requests 模块的不足之处及扩展后的强大功能。

知识框架

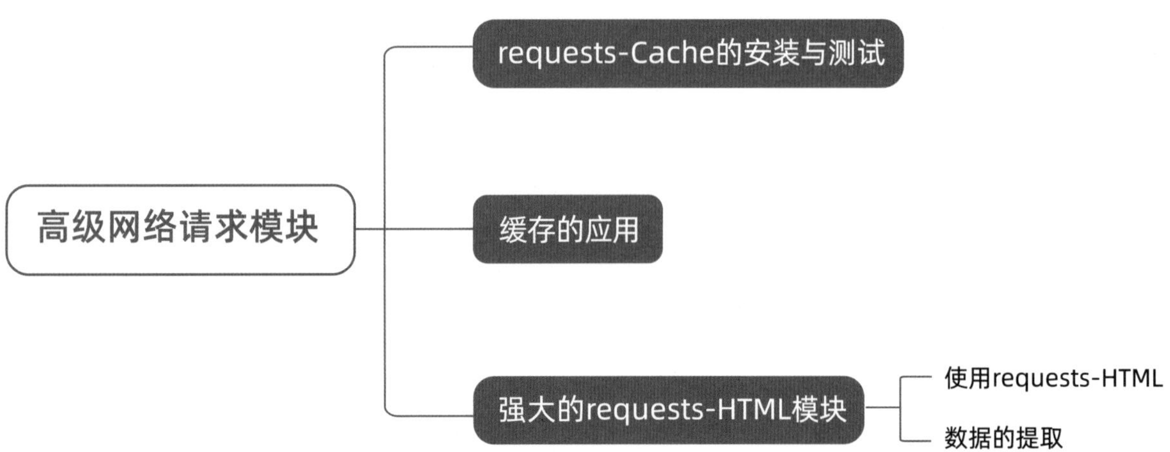

4.1 requests-cache 的安装与测试

requests-cache 模块是 requests 模块的一个扩展功能，用于为 requests 提供持久化缓存支持。如果 requests 向一个 URL 发送重复请求，requests-cache 将会自动判断当前的网络请求是否产生了缓存，如果已经产生了缓存，就会从缓存中读取数据作为响应内容。如果没有缓存，就会向服务器发送网络请求，获取服务器所返回的响应内容。使用 requests-cache 模块可以减少网络资源重复请求的次数，这样可以变相躲避一些反爬机制。

安装 requests-cache 模块是非常简单的，只需要在 cmd 命令行窗口中输入“pip install requests-cache”命令即可实现。

说明

读者无论是否使用了 Anaconda，都需要单独安装 requests-cache 模块，因为 Anaconda 并不包含该模块。

模块安装完成以后，可以通过获取 requests-cache 模块版本的方式测试模块是否安装成功。代码如下：

```
import requests_cache                       # 导入requests_cache模块
version = requests_cache.__version__        # 获取模块当前版本
print('模块版本为: ',version)               # 打印模块当前版本
```

程序运行结果如下：

```
模块版本为： 1.1.1
```

4.2 缓存的应用

在使用 requests-cache 模块实现请求缓存时，只需要调用 install_cache() 函数即可，其语法格式如下：

```
install_cache(cache_name='cache', backend=None, expire_after=None, allowable_codes=(200, ),
allowable_methods=('GET', ), session_factory=<class 'requests_cache.core.CachedSession'>,
**backend_options)
```

install_cache() 函数中包含了多个参数，每个参数的含义如下：

☑ cache_name：表示缓存文件的名称，默认为 cache。

☑ backend：表示设置缓存的存储机制，默认为 None，表示默认使用 SQLite 进行存储。

☑ expire_after：表示设置缓存的有效时间，默认为 None，表示永久有效。

☑ allowable_codes：表示设置状态码，默认为 200。

☑ allowable_methods：表示设置请求方式，默认为 GET，表示只有 GET 请求才可以生成缓存。

☑ session_factory：表示设置缓存执行的对象，需要实现 CachedSession 类。

☑ **backend_options：如果缓存的存储方式为 SQLite、MongoDB、Redis 数据库，则该参数表示设置数据库的连接方式。

在使用 install_cache() 函数实现请求缓存时，一般情况下是不需要单独设置任何参数的，只需要使用默认参数即可。判断是否存在缓存的代码如下：

```
import requests_cache                   # 导入requests_cache模块
import requests                         # 导入网络请求模块
requests_cache.install_cache()          # 设置缓存
requests_cache.clear()                  # 清理缓存
url = 'http://httpbin.org/get'          # 定义测试地址
r = requests.get(url)                   # 第一次发送网络请求
```

```
print('是否存在缓存: ',r.from_cache)   # False表示不存在缓存
r = requests.get(url)                  # 第二次发送网络请求
print('是否存在缓存: ',r.from_cache)   # True表示存在缓存
```

程序运行结果如下：

```
是否存在缓存:  False
是否存在缓存:  True
```

在发送网络请求爬取网页数据时，如果频繁发送网络请求，则会被后台服务器视为爬虫程序，此时将会采取反爬措施，所以多次请求中要出现一定的间隔时间，设置延时是一个不错的选择。但是如果在第一次请求后已经生成了缓存，那么第二次请求也就无须设置延时，对于此类情况，requests-cache 可以使用自定义钩子函数的方式，合理地判断是否需要设置延时操作。代码如下：

```
import requests_cache                # 导入requests_cache模块
import time                          # 导入时间模块
requests_cache.install_cache()       # 设置缓存
requests_cache.clear()               # 清理缓存
# 定义钩子函数
def make_throttle_hook(timeout=0.1):
    def hook(response, *args, **kwargs):
        print(response.text)         #  打印请求结果
        # 判断没有缓存时就添加延时
        if not getattr(response, 'from_cache', False):
            print('等待',timeout,'秒! ')
            time.sleep(timeout)      # 等待指定时间
        else:
            print('是否存在请求缓存! ',response.from_cache)  # 存在缓存则输出True
        return response
    return hook

if __name__ == '__main__':
    requests_cache.install_cache()                       # 创建缓存
    requests_cache.clear()                               # 清理缓存
    s = requests_cache.CachedSession()                   # 创建缓存会话
    s.hooks = {'response': make_throttle_hook(2)}        # 配置钩子函数
    s.get('http://httpbin.org/get')                      # 模拟发送第一次网络请求
    s.get('http://httpbin.org/get')                      # 模拟发送第二次网络请求
```

从以下的运行结果中可以看出，通过配置钩子函数，可以实现在第一次请求时，因为没有请求缓存，所以执行了 2 秒等待延时，在第二次请求时，则没有执行 2 秒延时并输出是否存在请求缓存为 True。

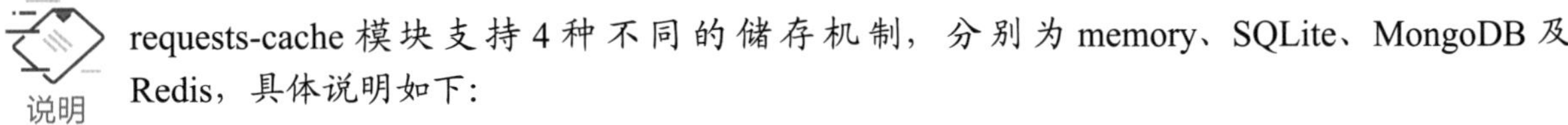

说明　requests-cache 模块支持 4 种不同的储存机制，分别为 memory、SQLite、MongoDB 及 Redis，具体说明如下：

- ☑ memory：以字典的形式将缓存存储在内存中，程序运行完以后，缓存将被销毁。
- ☑ SQLite：将缓存存储在 SQLite 数据库中。
- ☑ MongoDB：将缓存存储在 MongoDB 数据库中。
- ☑ Redis：将缓存存储在 Redis 数据库中。

程序运行结果如图 4.1 所示：

```
{
  "args": {},
  "headers": {
    "Accept": "*/*",
    "Accept-Encoding": "gzip, deflate",
    "Host": "httpbin.org",
    "User-Agent": "python-requests/2.31.0",
    "X-Amzn-Trace-Id": "Root=1-5ea24c2f-b523054a1653616c1e210fc2"
  },
  "origin": "175.19.143.94",
  "url": "http://httpbin.org/get"
}
等待 2 秒!
{
  "args": {},
  "headers": {
    "Accept": "*/*",
    "Accept-Encoding": "gzip, deflate",
    "Host": "httpbin.org",
    "User-Agent": "python-requests/2.31.0",
    "X-Amzn-Trace-Id": "Root=1-5ea24c2f-b523054a1653616c1e210fc2"
  },
  "origin": "175.19.143.94",
  "url": "http://httpbin.org/get"
}
是否存在请求缓存！ True
```

第一次请求结果

执行等待

第二次请求结果

二次请求存在缓存

图 4.1 程序运行结果

说明

使用 requests-cache 指定缓存不同的存储机制时，只需要为 install_cache() 函数中的 backend 参数赋值即可，设置方式如下：

```
import requests_cache     # 导入requests_cache模块
# 设置缓存为memory的存储机制
requests_cache.install_cache(backend='memory')
# 设置缓存为SQLite数据库的存储机制
requests_cache.install_cache(backend='SQLite')
# 设置缓存为MongoDB数据库的存储机制
requests_cache.install_cache(backend='mongo')
# 设置缓存为Redis数据库的存储机制
requests_cache.install_cache(backend='Redis')
```

在设置存储机制为 MongoDB 与 Redis 数据库时，需要提前安装对应的操作模块与数据库。安装模块的命令如下：

```
pip install pymongo
pip install Redis
```

4.3 强大的 requests-HTML 模块

requests-HTML 模块是 requests 模块的“亲兄弟”，是由同一个开发者开发的。requests-HTML 模块不仅包含了 requests 模块中的所有功能，还增加了对 JavaScript 的支持、数据提取及模拟真实浏览器等功能。

4.3.1 使用 requests-HTML 实现网络请求

1. get() 请求

在使用 requests-HTML 模块实现网络请求时，首先需要在 cmd 命令行窗口中通过 pip install requests-html 命令进行模块的安装工作，然后导入 requests-HTML 模块中的 HTMLSession 类，接着需要创建 HTML 会话对象，通过会话实例进行网络请求的发送，示例代码如下：

```
from requests_html import HTMLSession    # 导入HTMLSession类

session = HTMLSession()                  # 创建HTML会话对象
url = 'http://www.phei.com.cn/'            # 定义请求地址
r =session.get(url)                      # 发送网络请求
print(r.html)                            # 打印网络请求的URL地址
```

程序运行结果如下：

```
<HTML url='http://www.phei.com.cn/'>
```

2. post() 请求

在实现网络请求时，POST 请求也是一种比较常见的请求方式，使用 requests-HTML 实现 POST 请求与 requests 的实现方法类似，都需要单独设置表单参数 data，也需要通过会话实例进行网络请求的发送，示例代码如下：

```
from requests_html import HTMLSession                    # 导入HTMLSession类
session = HTMLSession()                                  # 创建HTML会话对象
data = {'user':'admin','password':123456}                # 模拟表单登录的数据
r = session.post('http://httpbin.org/post',data=data)    # 发送POST请求
if r.status_code == 200:                                 # 判断请求是否成功
    print(r.text)                                        # 以文本形式打印返回结果
```

程序运行结果如图 4.2 所示。

```
{
  "args": {},
  "data": "",
  "files": {},
  "form": {
    "password": "123456",
    "user": "admin"
  },
  "headers": {
    "Accept": "*/*",
    "Accept-Encoding": "gzip, deflate",
    "Content-Length": "26",
    "Content-Type": "application/x-www-form-urlencoded",
    "Host": "httpbin.org",
    "User-Agent":   "Mozilla/5.0   (Macintosh;   Intel   Mac   OS   X   10_12_6)
AppleWebKit/603.3.8 (KHTML, like Gecko) Version/10.1.2 Safari/603.3.8",
    "X-Amzn-Trace-Id": "Root=1-5ea27ba9-683ac6d9546754743b8f9299"
  },
  "json": null,
  "origin": "175.19.143.94",
  "url": "http://httpbin.org/post"
}
```

图 4.2 程序运行结果

从以上的运行结果可以看到 form 所对应的表单内容，还可以看到 User-Agent 所对应的值并不是像 requests 发送网络请求时所返回的默认值（python-requests/2.31.0），而是一个真实的浏览器请求头信息，这与 requests 模块所发送的网络请求相比，有着细小的改进。

3. 修改请求头信息

说到请求头信息，requests-HTML 可以通过指定 headers 参数来对默认的浏览器请求头信息进行修改，修改请求头信息的关键代码如下：

```
ua = {'User-Agent':'Mozilla/5.0 (Windows NT 10.0; WOW64) AppleWebKit/537.36 (KHTML, like Gecko) Chrome/80.0.3987.149 Safari/537.36'}
r = session.post('http://httpbin.org/post',data=data,headers = ua)    # 发送POST请求
```

返回的浏览器头部信息如下：

```
"User-Agent": "Mozilla/5.0 (Windows NT 10.0; WOW64) AppleWebKit/537.36 (KHTML, like Gecko) Chrome/80.0.3987.149 Safari/537.36"
```

4. 生成随机请求头信息

requests-HTML 模块中添加了 UserAgent 类，使用该类就可以实现随机生成请求头信息。示例代码如下：

```
from requests_html import HTMLSession,UserAgent       # 导入HTMLSession类

session = HTMLSession()                               # 创建HTML会话对象
ua = UserAgent().random                               # 创建随机请求头
r = session.get('http://httpbin.org/get',headers = {'user-agent': ua})
if r.status_code == 200:                              # 判断请求是否成功
    print(r.text)                                     # 以文本形式打印返回结果
```

返回随机生成的请求头信息如下：

```
"User-Agent": "Mozilla/5.0 (Windows NT 6.1; rv:22.0) Gecko/20130405 Firefox/22.0"
```

4.3.2 数据的提取

以往使用 requests 模块实现爬虫程序时，还需要为其配置一个解析 HTML 代码的搭档。requests-HTML 模块对此进行了比较大的升级，不仅支持 CSS 选择器，还支持 XPath 的节点提取方式。

1. CSS 选择器

CSS 选择器需要使用 HTML 的 find() 方法，该方法包含 5 个参数，其语法格式与参数含义如下：

```
find(selector:str="*",containing:_Containing=None,clean:bool=False,first:bool=False,_
encoding:str=None)
```

- ☑ selector：使用 CSS 选择器定位网页元素。
- ☑ containing：通过指定文本获取网页元素。
- ☑ clean：是否清除 HTML 中的 <script> 和 <style> 标签，默认为 False，表示不清除。
- ☑ first：是否只返回网页中的第一个元素，默认为 False，表示全部返回。
- ☑ _encoding：表示编码格式。

2. XPath 选择器

XPath 选择器同样需要使用 HTML 进行调用，该方法中有 4 个参数，其语法格式与参数含义如下：

```
XPath(selector:str,clean:bool=False,first:bool=False,_encoding:str=None)
```

☑ selector：使用 XPath 选择器定位网页元素。
☑ clean：是否清除 HTML 中的 <script> 和 <style> 标签，默认为 False，表示不清除。
☑ first：是否只返回网页中的第一个元素，默认为 False，表示全部返回。
☑ encoding：表示编码格式。

3. 爬取即时新闻

实例 4.1 爬取即时新闻　　（实例位置：资源包 \Code\04\01）

学完 requests-HTML 模块中两种提取数据的函数后，下面以爬取某网站即时新闻为例介绍数据提取，数据提取的具体步骤如下：

（1）在浏览器中打开某网站网页，然后按下“F12”键，在“开发者工具”的“Elements”功能选项中确认“即时新闻”列表内新闻信息所在 HTML 标签的位置，如图 4.3 所示。

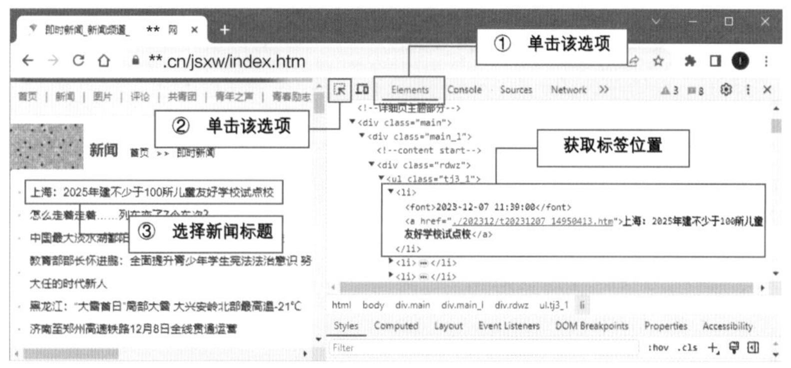

图 4.3　获取新闻信息的标签位置

（2）在图 4.3 中可以看出，新闻标题在 li 标签的 a 标签内，而 a 标签的 href 属性值为当前新闻详情页的部分 URL 地址，li 标签的 font 标签内是当前新闻所发布的时间，将鼠标光标移至 href 属性所对应的 URL 地址时，会自动显示完整的详情页地址，如图 4.4 所示。

图 4.4　获取完整的新闻详情页地址

（3）定位以上“新闻标题”“新闻详情页 URL 地址”“新闻发布时间”信息位置以后，首先创建 HTML 会话，并获取随机请求对象，然后对“即时新闻”首页发送网络请求，代码如下：

```
from requests_html import HTMLSession,UserAgent    # 导入HTMLSession类

session = HTMLSession()                            # 创建HTML会话对象
ua = UserAgent().random                            # 创建随机请求头
# 发送网路请求
```

```
r = session.get('http://**.cn/jsxw/index.htm',
                headers = {'user-agent': ua})
r.encoding='gb2312'              # 编码
```

（4）网络请求发送完成后，需要通过请求状态码判断请求是否为 200，如果是 200，表示请求成功，然后根据数据定位的标签分别获取“新闻标题”“新闻详情页 URL 地址”“新闻发布时间”，代码如下：

```
if r.status_code == 200:                          # 判断请求是否成功
    # 获取所有class=tj3_1中的li标签
    li_all = r.html.XPath('.//ul[@class="tj3_1"]/li')
    for li in li_all:                             # 循环遍历每个li标签
        news_title = li.find('a')[0].text         # 提取新闻标题内容
        # 获取新闻详情页对应的地址
        news_href = 'http://**.cn/jsxw'+\
                    li.find('a[href]')[0].attrs.get('href').lstrip('.')
        news_time = li.find('font')[0].text       # 获取新闻发布的时间
        print('新闻标题为: ',news_title)           # 打印新闻标题
        print('新闻详情页URL地址为: ',news_href)   # 打印新闻详情页URL地址
        print('新闻发布时间为: ',news_time)        # 打印新闻发布时间
```

程序运行结果如下：

```
新闻标题为:  上海: 2025年建不少于100所儿童友好学校试点校
新闻详情页URL地址为:  http://**.cn/jsxw/202312/t20231207_14950413.htm
新闻发布时间为:  2023-12-07 11:39:00
新闻标题为:  怎么走着走着……列车变了7个车次?
新闻详情页URL地址为:  http://**.cn/jsxw/202312/t20231207_14950347.htm
新闻发布时间为:  2023-12-07 11:05:00
新闻标题为:  中国最大淡水湖鄱阳湖水位持续走低 跌破8米极枯线
新闻详情页URL地址为:  http://**.cn/jsxw/202312/t20231207_14950290.htm
新闻发布时间为:  2023-12-07 10:39:00
新闻标题为:  教育部部长怀进鹏: 全面提升青少年学生宪法法治意识 努力培养担当民族复兴大任的时代新人
新闻详情页URL地址为:  http://**.cn/jsxw/202312/t20231207_14950248.htm
新闻发布时间为:  2023-12-07 10:20:00
新闻标题为:  黑龙江: "大雪首日"局部大雪 大兴安岭北部最高温-21℃
新闻详情页URL地址为:  http://**.cn/jsxw/202312/t20231207_14950194.htm
新闻发布时间为:  2023-12-07 09:57:00
新闻标题为:  济南至郑州高速铁路12月8日全线贯通运营
新闻详情页URL地址为:  http://**.cn/jsxw/202312/t20231207_14950160.htm
新闻发布时间为:  2023-12-07 09:43:00
```

4. find() 方法中 containing 参数

如果需要获取 li 标签中指定的新闻内容，可以使用 find() 方法中的 containing 参数。以获取关于“万人说新疆”相关新闻内容为例，示例代码如下：

```
for li in r.html.find('li',containing='万人说新疆'):
    news_title = li.find('a')[0].text   # 提取新闻标题内容
    # 获取新闻详情页对应的地址
    news_href = 'http://**.cn/jsxw'+\
                li.find('a[href]')[0].attrs.get('href').lstrip('.')
```

```
    news_time = li.find('font')[0].text         # 获取新闻发布的时间
    print('新闻标题为：', news_title)            # 打印新闻标题
    print('新闻详情页URL地址为：',news_href)     # 打印新闻详情页URL地址
    print('新闻发布时间为：',news_time)          # 打印新闻发布时间
```

程序运行结果如下：

```
新闻标题为：  万人说新疆|巴合提别克和他镜头里的野生动物
新闻详情页URL地址为：  http://**.cn/jsxw/202312/t20231206_14948941.htm
新闻发布时间为：  2023-12-06 20:41:00
新闻标题为：  万人说新疆 | 玛丽娅：我住上了干净舒适的公租房
新闻详情页URL地址为：  http://**.cn/jsxw/202312/t20231206_14948942.htm
新闻发布时间为：  2023-12-06 20:50:00
新闻标题为：  万人说新疆|搬出"棚户区"实现"安居梦"
新闻详情页URL地址为：  http://**.cn/jsxw/202312/t20231206_14948943.htm
新闻发布时间为：  2023-12-06 20:50:00
新闻标题为：  万人说新疆|教你成为放骆驼高手
新闻详情页URL地址为：  http://**.cn/jsxw/202312/t20231206_14948944.htm
新闻发布时间为：  2023-12-06 20:50:00
新闻标题为：  万人说新疆|极速飞驰的古老毛皮滑雪板
新闻详情页URL地址为：  http://**.cn/jsxw/202312/t20231206_14948945.htm
新闻发布时间为：  2023-12-06 20:50:00
```

5. search() 方法与 search_all() 方法

除了使用 find() 与 XPath() 两种方法来提取数据，还可以使用 search() 或者 search_all() 方法，通过关键字提取相应的数据信息，其中 search() 方法表示查找符合条件的第一个元素，而 search_all() 方法则表示符合条件的所有元素。

使用 search() 方法获取关于“万人说新疆”新闻信息为例，示例代码如下：

```
for li in r.html.find('li',containing='万人说新疆'):
    a = li.search('<a href="{}">{}</a>')          # 获取li标签中a标签内的新闻地址与新闻标题
    news_title = a[1]                             # 提取新闻标题
    news_href = 'http://**.cn/jsxw'+a[0]          # 提取新闻地址
    news_time = li.search('<font>{}</font>')[0]   # 获取与"万人说新疆"相关新闻的发布时间
    print('新闻标题为：', news_title)              # 打印新闻标题
    print('新闻详情页URL地址为：',news_href)       # 打印新闻详情页URL地址
    print('新闻发布时间为：',news_time)            # 打印新闻发布时间
```

使用 search_all() 方法获取关于“万人说新疆”新闻信息为例，示例代码如下：

```
import re                    # 导入正则表达式模块
# 获取class=tj3_1的标签
class_tj3_1 = r.html.XPath('.//ul[@class="tj3_1"]')
# 使用search_all()方法获取所有class=tj3_1中的li标签
li_all = class_tj3_1[0].search_all('<li>{}</li>')
for li in li_all:            # 循环遍历所有的li标签内容
    if '万人说新疆' in li[0]: # 判断li标签内容中是否存在关键字"万人说新疆"
        # 通过正则表达式获取a标签中的新闻信息
        a = re.findall('<font>(.*?)</font><a href="(.*?)">(.*?)</a>',li[0])
        news_title = a[0][2]                            # 提取新闻标题
        news_href = 'http://**.cn/jsxw'+a[0][1]         # 提取新闻地址
```

```
        news_time = a[0][0]                              # 提取新闻发布时间
        print('新闻标题为：', news_title)                 # 打印新闻标题
        print('新闻详情页URL地址为：',news_href)           # 打印新闻详情页URL地址
        print('新闻发布时间为：',news_time)               # 打印新闻发布时间
```

在使用 search() 与 search_all() 方法获取数据时，方法中的一个 {} 表示获取一个内容。

本章 e 学码：关键知识点拓展阅读

CSS 选择器　　User-Agent

href 属性值　　缓存

HTML 标签

第 5 章 正则表达式

本章概览

获取 Web 资源（HTML 代码）以后，需要在 Web 资源中提取重要的信息。对于 Python 爬虫来说，提取 Web 资源（HTML 代码）中信息的方式多种多样，在不借助第三方模块的情况下，正则表达式是一个非常强大的工具。本章将介绍爬虫中比较常用的正则表达式。

知识框架

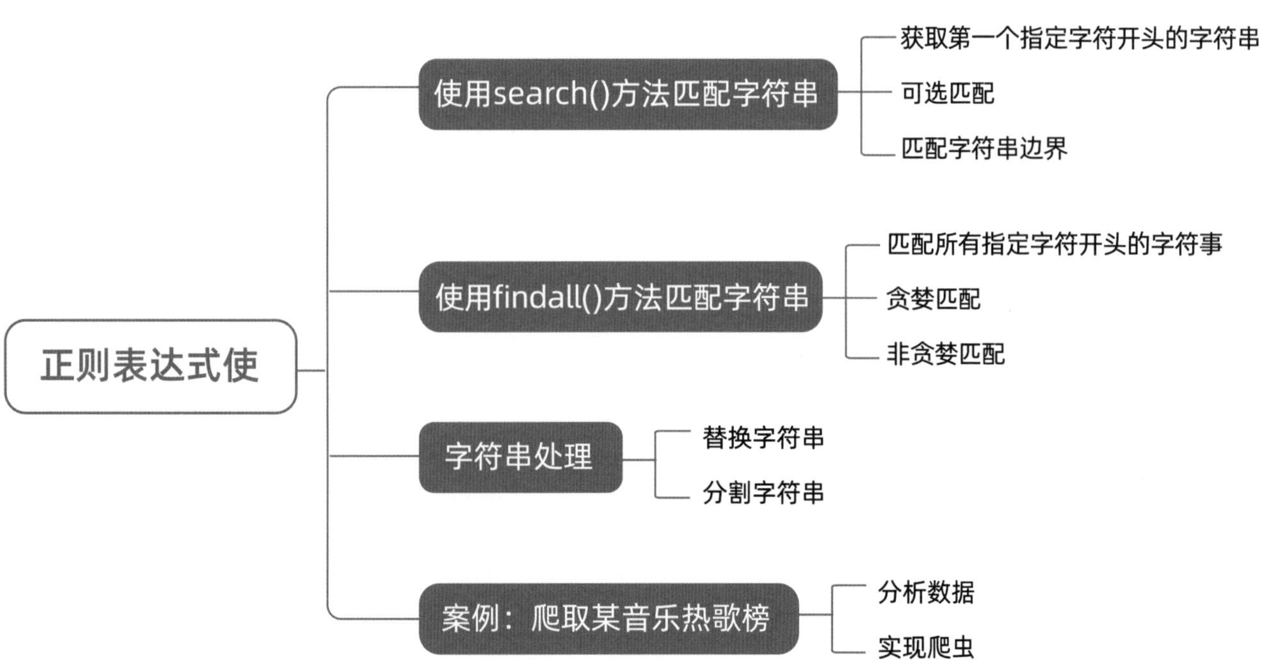

5.1 使用 search() 方法匹配字符串

re 模块中的 search() 方法用于在整个字符串中搜索第一个匹配的值，如果在第一匹配位置匹配成功，则返回 Match 对象，否则返回 None。其语法格式如下：

```
re.search(pattern, string, [flags])
```

参数说明：

☑ pattern：表示模式字符串，由要匹配的正则表达式转换而来。
☑ string：表示要匹配的字符串。
☑ flags：可选参数，表示修饰符，用于控制匹配方式，如是否区分字母大小写。

5.1.1 获取第一个指定字符开头的字符串

实例 5.1 搜索第一个“mr_”开头的字符串　（实例位置：资源包 \Code\05\01）

以搜索第一个“mr_”开头的字符串为例，不区分字母大小写，代码如下：

```
import re
pattern = 'mr_\w+'                         # 模式字符串
string = 'MR_SHOP mr_shop'                 # 要匹配的字符串
match = re.search(pattern,string,re.I)     # 搜索字符串，不区分大小写
print(match)                               # 输出匹配结果
string = '项目名称MR_SHOP mr_shop'
match = re.search(pattern,string,re.I)     # 搜索字符串，不区分大小写
print(match)                               # 输出匹配结果
```

执行结果如下：

```
<_sre.SRE_Match object; span=(0, 7), match='MR_SHOP'>
<_sre.SRE_Match object; span=(4, 11), match='MR_SHOP'>
```

从上面的运行结果中可以看出，search() 方法不仅是在字符串的起始位置搜索，其他位置有符合的匹配也可以。

5.1.2 可选匹配

实例 5.2 可选匹配字符串中的内容　（实例位置：资源包 \Code\05\02）

在匹配字符串时，有时会遇到部分内容可有可无的情况。对于这样的情况，可以使用“?”来解决。“?”可以理解为可选符号，通过该符号即可实现可选匹配字符串中的内容。代码如下：

```
import re                                  # 导入re模块
# 表达式，(\d?)+表示多个数字可有可无，空格可有可无，([\u4e00-\u9fa5]?)+多个汉字可有可无
pattern = '(\d?)+mrsoft?([\u4e00-\u9fa5]?)+'
match = re.search(pattern,'01mrsoft')     # 匹配字符串,mrsoft前有01数字，匹配成功
print(match)                              # 打印匹配结果
match = re.search(pattern,'mrsoft')       # 匹配字符串，mrsoft匹配成功
print(match)                              # 打印匹配结果
match = re.search(pattern,'mrsoft ')      # 匹配字符串，mrsoft后面有一个空格，匹配成功
print(match)                              # 打印匹配结果
match = re.search(pattern,'mrsoft 第一'   # 匹配字符串，mrsoft后面有空格和汉字，匹配成功
print(match)                              # 打印匹配结果
```

```
match = re.search(pattern,'rsoft 第一')  # 匹配字符串，rsoft后面有空格和汉字，匹配失败
print(match)                            # 打印匹配结果
```

程序运行结果如下：

```
<re.Match object; span=(0, 8), match='01mrsoft'>
<re.Match object; span=(0, 6), match='mrsoft'>
<re.Match object; span=(0, 7), match='mrsoft '>
<re.Match object; span=(0, 9), match='mrsoft 第一'>
None
```

从以上的运行结果中可以看出，“01mrsoft”“mrsoft”“mrsoft”“mrsoft 第一”均匹配成功，只有“rsoft 第一”没有匹配成功，因为该字符串中没有一个完整的 mrsoft。

5.1.3 匹配字符串边界

实例 5.3 使用“\b”匹配字符串的边界 （实例位置：资源包 \Code\05\03）

例如字符串在开始处、结尾处，或者字符串的分界符为空格、标点符号及换行。匹配字符串边界的示例代码如下：

```
import re                               # 导入re模块
pattern = r'\bmr\b'                     # 表达式，mr两侧均有边界
match = re.search(pattern,'mrsoft')     # 匹配字符串,mr右侧不是边界,是soft，匹配失败
print(match)                            # 打印匹配结果
match = re.search(pattern,'mr soft')    # 匹配字符串，mr左侧为边界,右侧为空格，匹配成功
print(match)                            # 打印匹配结果
match = re.search(pattern,' mrsoft ')   # 匹配字符串，mr左侧为空格,右侧为soft空格，匹配失败
print(match)                            # 打印匹配结果
match = re.search(pattern,'mr.soft')    # 匹配字符串，mr左侧为边界,右侧为“.”，匹配成功
print(match)                            # 打印匹配结果
```

程序运行结果如下：

```
None
<re.Match object; span=(0, 2), match='mr'>
None
<re.Match object; span=(0, 2), match='mr'>
```

表达式中的 r 表示“\b”不进行转义，如果将表达式中的 r 去掉，将无法进行字符串边界的匹配。

5.2 使用 findall() 方法匹配字符串

re 模块的 findall() 方法用于在整个字符串中搜索所有符合正则表达式的字符串，并以列表的形式返回。如果匹配成功，则返回包含匹配结构的列表，否则返回空列表。其语法格式如下：

```
re.findall(pattern, string, [flags])
```

参数说明：

☑ pattern ：表示模式字符串，由要匹配的正则表达式转换而来。
☑ string ：表示要匹配的字符串。
☑ flags ：可选参数，表示修饰符，用于控制匹配方式，如是否区分字母大小写。

5.2.1 匹配所有指定字符开头的字符串

实例 5.4 匹配所有以“mr_”开头的字符串 （实例位置：资源包 \Code\05\04）

同样以搜索“mr_”开头的字符串为例，代码如下：

```
import re
pattern = 'mr_\w+'                          # 模式字符串
string = 'MR_SHOP mr_shop'                  # 要匹配的字符串
match = re.findall(pattern,string,re.I)     # 搜索字符串，不区分大小写
print(match)                                # 输出匹配结果
string = '项目名称MR_SHOP mr_shop'
match = re.findall(pattern,string)          # 搜索字符串，区分大小写
print(match)                                # 输出匹配结果
```

执行结果如下：

```
['MR_SHOP', 'mr_shop']
['mr_shop']
```

5.2.2 贪婪匹配

实例 5.5 使用“.*”实现贪婪匹配字符串 （实例位置：资源包 \Code\05\05）

如果需要匹配一段包含不同类型数据的字符串，则需要挨个字符进行匹配；如果使用这种传统的匹配方式，那将会非常复杂。“.*”则是一种万能匹配的方式，其中“.”可以匹配除换行符外的任意字符，而“*”表示匹配前面字符 0 次或无限次，当它们组合在一起时，就变成了万能的匹配方式。以匹配网络地址的中间部分为例，代码如下：

```
import re                                  # 导入re模块
pattern = 'https://.*/'                    # 表达式，“.*"获取www.phei.com.cn
match = re.findall(pattern,'https://www.phei.com.cn/')  # 匹配字符串
print(match)                                            # 打印匹配结果
```

程序运行结果如下：

```
['https://www.phei.com.cn/']
```

匹配成功后将打印字符串的所有内容，如果只需要单独获取“.*”所匹配的中间内容，可以使用“(.*)”的方式进行匹配。代码如下：

```
import re                                  # 导入re模块
pattern = 'https://(.*)/'                  # 表达式，“.*"获取www.phei.com.cn
match = re.findall(pattern,'https://www.phei.com.cn/')  # 匹配字符串
print(match)                                            # 打印匹配结果
```

程序运行结果如下：

```
['www.phei.com.cn']
```

5.2.3 非贪婪匹配

实例 5.6 使用“.*？”实现非贪婪匹配字符串 （实例位置：资源包 \Code\05\06）

在上一节中，我们学习了贪婪匹配，使用起来非常方便，不过在某些情况下，贪婪匹配并不会匹

配我们所需要的结果。以获取网络地址中的数字 123 为例，代码如下：

```
import re                                              # 导入re模块
pattern = ‘https://.*(\d+).com/’                       # 表达式，“.*”获取www.**123.com
match = re.findall(pattern,’https://www.**123.com/’)  # 匹配字符串
print(match)                                           # 打印匹配结果
```

程序运行结果如下：

```
['3']
```

从以上的运行结果中可以看出，“(\d+)”并没有匹配我们所需要的结果 123，而是只匹配了一个数字 3 而已。这是因为在贪婪匹配下，“.*”会尽量匹配更多字符，而“\d+”表示至少匹配一个数字，并没有指定数字的多少，所以“.*”将 www.**12 全部匹配了，只把数字 3 留给“\d+”进行匹配，因此也就有了数字 3 的结果。

如果需要解决以上问题，其实可以使用非贪婪匹配“.*?”，这样的匹配方式可以尽量匹配更少字符，但不会影响我们需要匹配的数据。修改后的代码如下：

```
import re                                              # 导入re模块
pattern = ‘https://.*?(\d+).com/’                      # 表达式，“.*? ”获取www.**123.com
match = re.findall(pattern,’https://www.**123.com/’)  # 匹配字符串
print(match)                                           # 打印匹配结果
```

程序运行结果如下：

```
['123']
```

注意

非贪婪匹配虽然有一定的优势，但是如果需要匹配的结果在字符串的尾部，则“.*?”就很有可能匹配不到任何内容，因为它会尽量匹配更少的字符。示例代码如下：

```
import re                               # 导入re模块
pattern = 'https://(.*?)'               # 表达式，“.*?"获取www.**123.com/
match = re.findall(pattern,'https://www.**123.com/')     # 匹配字符串
print(match)                            # 打印匹配结果
pattern = 'https://(.*)'                # 表达式，“.*"获取www.**123.com/
match = re.findall(pattern,'https://www.**123.com/')     # 匹配字符串
print(match)                            # 打印匹配结果
```

程序运行结果如下：

```
['']
['www.**123.com/']
```

5.3 字符串处理

5.3.1 替换字符串

sub() 方法用于将某个字符串中所有匹配正则表达式的部分都替换成其他字符串。其语法格式如下：

```
re.sub(pattern, repl, string, count, flags)
```

参数说明：

- ☑ pattern：表示模式字符串，由要匹配的正则表达式转换而来。
- ☑ pattern：表示替换的字符串。
- ☑ string：表示要被查找替换的原始字符串。
- ☑ count：可选参数，表示模式匹配后替换的最大次数，默认值为 0，表示替换所有的匹配。
- ☑ flags：可选参数，表示修饰符，用于控制匹配方式，例如是否区分字母大小写。

实例 5.7 使用 sub() 方法替换字符串 （实例位置：资源包 \Code\05\07）

例如，隐藏中奖信息中的手机号码，代码如下：

```
import re
pattern = r'1[34578]\d{9}'                    # 定义要替换的模式字符串
string = '中奖号码为：84978981 联系电话为：13611111111'
result = re.sub(pattern,'1XXXXXXXXXX',string)   # 替换字符串
print(result)
```

执行结果如下：

```
中奖号码为：84978981 联系电话为：1XXXXXXXXXX
```

sub() 方法除了有替换字符串的功能，还可以用来实现删除字符串中我们不需要的数据。例如删除一段字符串中的所有字母，代码如下：

```
import re                                    # 导入re模块
string = 'hk400 jhkj6h7k5 jhkjhk1j0k66'      # 需要匹配的字符串
pattern = '[a-z]'                            # 表达式
match = re.sub(pattern,'',string,flags=re.I) # 匹配字符串,将所有字母替换为空，并区分大小写
print(match)                                 # 打印匹配结果
```

程序运行结果如下：

```
400 675 1066
```

re 模块还提供了一个 subn() 方法，该方法除了也能实现替换字符串的功能，还可以返回替换的数量。例如将一段英文介绍中的名字进行替换，并统计替换的数量。代码如下：

```
import re                               # 导入re模块
# 需要匹配的字符串
string = 'John,I like you to meet Mr. Wang, Mr. Wang, this is our Sales Manager John. John, this is Mr. Wang.'
pattern = 'Wang'                        # 表达式
match = re.subn(pattern,'Li',string)    # 匹配字符串,将所有Wang都替换为Li，并统计替换次数
print(match)                            # 打印匹配结果
print(match[1])                         # 打印匹配次数
```

程序运行结果如下：

```
('John,I like you to meet Mr. Li, Mr. Li, this is our Sales Manager John. John, this is Mr. Li.', 3)
3
```

从以上的运行结果中可以看出，替换后所返回的数据为一个元组，第一个元素为替换后的字符串，而第二个元素为替换的次数，这里可以直接使用索引获取替换的次数。

5.3.2 分割字符串

split() 方法用于实现根据正则表达式分割字符串，并以列表的形式返回。其语法格式如下：

```
re.split(pattern, string, [maxsplit], [flags])
```

参数说明：

☑ pattern：表示模式字符串，由要匹配的正则表达式转换而来。

☑ string：表示要匹配的字符串。

☑ maxsplit：可选参数，表示最大的拆分次数。

☑ flags：可选参数，表示修饰符，用于控制匹配方式，如是否区分字母大小写。

实例 5.8 使用 split() 方法分割字符串　（实例位置：资源包 \Code\05\08）

例如，从给定的 URL 地址中提取请求地址和各个参数，代码如下：

```
import re
pattern = r'[?|&]'                         # 定义分割符
url = 'http://www.mingrisoft.com/login.jsp?username="mr"&pwd="mrsoft"'
result = re.split(pattern,url)              # 分割字符串
print(result)
```

执行结果如下：

```
['http://www.mingrisoft.com/login.jsp', 'username="mr"', 'pwd="mrsoft"']
```

如果需要分割的字符串非常大，并且不希望使用模式字符串一直分割下去，此时可以指定 split() 方法中的 maxsplit 参数来指定最大的分割次数。示例代码如下：

```
import re                                        # 导入re模块
# 需要匹配的字符串
string = '预定|K7577|CCT|THL|CCT|LYL|14:47|16:51|02:04|Y|'
pattern = '\|'                                   # 表达式
match = re.split(pattern,string,maxsplit=1)      # 匹配字符串,通过第一次出现的|进行分割
print(match)                                     # 打印匹配结果
```

程序运行结果如下：

```
['预定', 'K7577|CCT|THL|CCT|LYL|14:47|16:51|02:04|Y|']
```

5.4 案例：爬取某音乐热歌榜

本节我们将使用 requests 模块与正则表达式爬取某音乐热歌榜。在爬取前，需要设计一下爬取思路，首先需要找到某音乐热歌榜页面，然后分析数据所在页面的位置，最后编写爬虫代码来获取音乐热歌榜数据。

5.4.1 分析数据

在浏览器中打开某音乐首页地址，选择“排行榜”，如图 5.1 所示。

图 5.1 找到某音乐排行榜

打开排行榜页面以后，首先在左侧选择“热歌榜”，然后按下“F12”键，打开浏览器的“开发者工具”，接着在顶部导航条中选择“Elements”选项，单击导航条左侧的 图标，再依次选中歌曲名称、歌手、时长，此时将显示对应的 HTML 代码位置。具体操作步骤如图 5.2 所示。

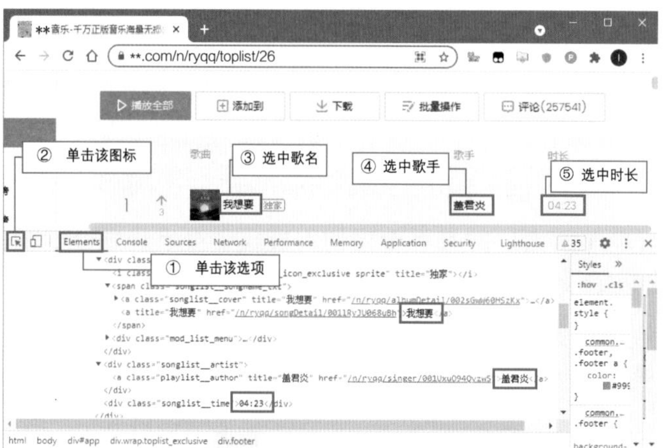

图 5.2 获取音乐数据对应的 HTML 代码

5.4.2 实现爬虫

使用 re 模块与正则表达式爬取某音乐热歌榜的具体步骤如下：

（1）导入 requests 与 re 模块，分别用于发送网络请求和数据的解析工作。代码如下：

```
import requests     # 导入requests模块
import re           # 导入re模块
```

（2）创建 send_request() 方法，在该方法中，首先发送网络请求，然后进行判断，如果请求成功，就将响应的 HTML 代码返回。代码如下：

```
def send_request(url,headers):
    response  = requests.get(url=url,headers=headers)     # 发送网络请求
    if response.status_code==200:                         # 如果请求成功
        return response.text                              # 返回HTML代码
```

（3）创建 interpreting_data() 方法，在该方法中，首先通过正则表达式匹配 HTML 代码中的歌曲名称、歌手名称及歌曲时长，然后使用 for 循环遍历数据。代码如下：

```
# 解析响应结果中的数据
def interpreting_data(html_text):
```

```
        # 正则匹配歌名
        names = re.findall('<a title=".*?" href=".*?">(.*?)</a>',html_text)
        # 正则匹配歌手
        singers = re.findall('<div class="songlist__artist"><a class="playlist__author" title=".*?" href=".*?">(.*?)</a>',html_text)
        # 正则匹配歌曲时长
        time_len = re.findall('<div class="songlist__time">(.*?)</div>',html_text)
        for n,s,t in zip(names,singers,time_len):    # 遍历数据
            print(n,s,t)                             # 打印数据
```

（4）创建程序入口，首先定义请求地址，然后定义请求头信息，接着调用 send_request() 方法发送网络请求，最后调用 interpreting_data() 方法解析并打印数据。代码如下：

```
    if __name__ == '__main__':
        url = 'https://**.com/n/ryqq/toplist/26'           # 定义请求地址
        # 定义请求头信息
        headers = {'User-Agent': 'Mozilla/5.0 (Windows NT 10.0; Win64; x64) AppleWebKit/537.36 (KHTML, like Gecko) Chrome/92.0.4503.5 Safari/537.36'}
        html_text = send_request(url=url,headers=headers)    # 发送网络请求
        interpreting_data(html_text=html_text)               # 解析数据
```

（5）爬虫程序启动后，控制台将显示如图 5.3 所示的某音乐热歌榜数据。

```
我想要 盖君炎 04:23
半生雪 七叔（叶泽浩） 02:56
大风吹 (Live) 刘惜君 03:43
雾里 姚六一 04:12
银河与星斗 yihuik 苡慧 03:14
晴天 周杰伦 04:29
不该用情 (女声版) 莫叫姐姐 03:51
窗 虎二 03:00
嘉宾 路飞文 04:30
热爱 105°C 的你 阿肆 03:15
来迟 戴羽彤 03:53
白鸽 你的上好佳 03:28
七里香 周杰伦 04:59
明明就 周杰伦 04:20
……此处省略……
```

图 5.3　爬取的某音乐热歌榜数据

本章 e 学码：关键知识点拓展阅读

浏览器开发者工具　　正则表达式

第6章 XPath解析

本章概览

虽然正则表达式处理字符串的能力很强，但是在编写正则表达式时，代码还是比较烦琐的，如果不小心写错一处，将无法匹配页面中所需要的数据。网页中包含大量的节点，而节点中又包含 id、class 等属性，如果在解析页面中的数据时，通过 XPath 来定位网页中的数据，将会更加简单有效。本章将介绍如何使用 XPath 解析 HTML 代码，并提取 HTML 代码中的数据。

知识框架

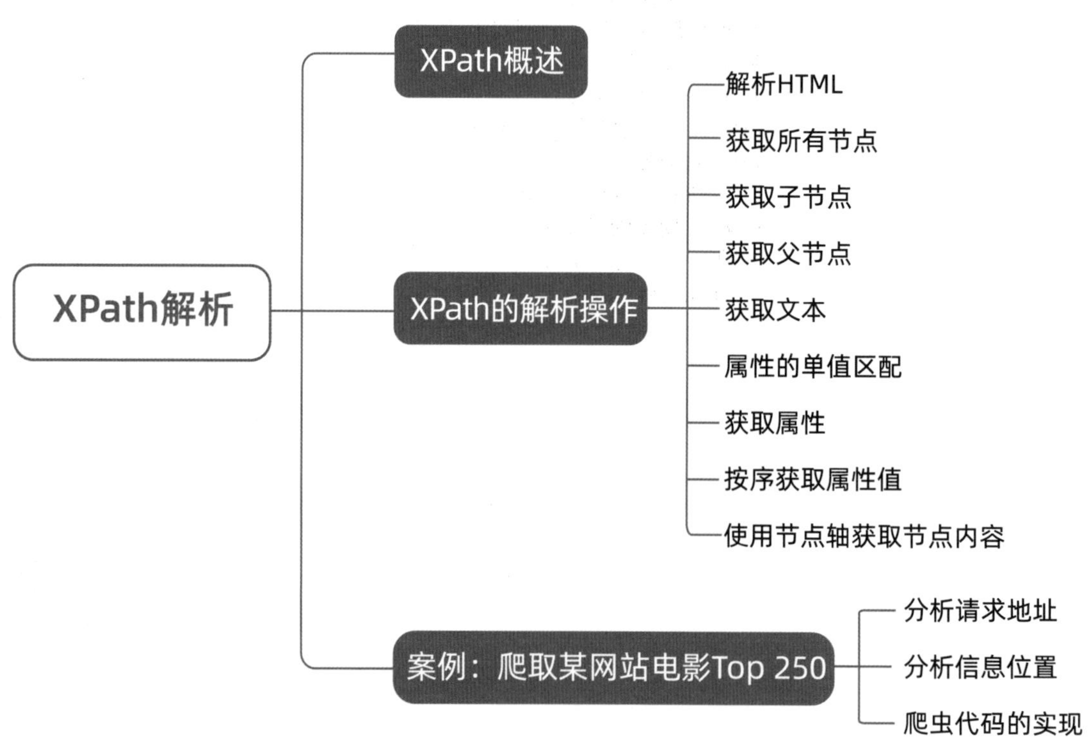

6.1 XPath 概述

XPath 是 XML 路径语言，全名为“XML Path Language”，是一门可以在 XML 文件中查找信息的语言。该语言不仅可以实现 XML 文件的搜索，还可以在 HTML 文件中搜索。所以在爬虫中，可以使用 XPath 在 HTML 文件或代码中进行可用信息的抓取。

XPath 的功能非常强大，不仅提供了简洁明了的路径表达式，还提供了 100 多个函数，可用于字符串、数值、时间比较、序列处理、逻辑值等。XPath 于 1999 年 11 月 16 日成为 W3C 标准，被设计为供 XSLT、XPointer 及其他 XML 解析软件使用，XPath 使用路径表达式在 XML 或 HTML 中选取节点，常用的路径表达式如表 6.1 所示。关于 XPath 的更多文档可以查询其官网。

表 6.1　XPath 常用的路径表达式

表达式	描　述
nodename	选取此节点的所有子节点
/	从当前节点选取子节点
//	从当前节点选取子孙节点
.	选取当前节点
..	选取当前节点的父节点
@	选取属性
*	选取所有节点

6.2 XPath 的解析操作

Python 中可以支持 XPath 提取数据的解析模块有很多，这里主要介绍 lxml 模块。该模块可以解析 HTML 与 XML，并且支持 XPath 解析方式。因为 lxml 模块的底层是用 C 语言编写的，所以在解析效率方面是非常优秀的。由于 lxml 模块为第三方模块，如果读者没有安装 Anaconda，则需要通过 pip install lxml 命令安装该模块。

6.2.1 解析 HTML

1. parse() 方法

实例 6.1　解析本地的 HTML 文件　　（实例位置：资源包 \Code\06\01）

parse() 方法主要用于解析本地的 HTML 文件，示例代码如下：

```
from lxml import etree                                    # 导入etree子模块
parser=etree.HTMLParser()                                 # 创建HTMLParser对象
html = etree.parse('demo.html',parser=parser)             # 解析demo.html文件
html_txt = etree.tostring(html,encoding = “utf-8")        # 转换字符串类型,并进行编码
print(html_txt.decode('utf-8'))                           # 打印解码后的HTML代码
```

程序运行结果如图 6.1 所示。

```
<!DOCTYPE html PUBLIC "-//W3C//DTD XHTML 1.0 Transitional//EN" "http://www.w3.org/TR/xhtml1/DTD/xhtml1-transitional
.dtd">
<!-- saved from url=(0038)http://test.mingribook.com/spider/auth/ --><html xmlns="http://www.w3.org/1999/xhtml"
xmlns="http://www.w3.org/1999/xhtml"><head><meta http-equiv="Content-Type" content="text/html; charset=UTF-8" />

<title>标题文档</title>
</head>

<body>
<img src="./demo_files/logo1.png" />
<br />
hello 明日科技 ~
</body></html>
```

图 6.1 解析本地的 HTML 文件

2. HTML() 方法

实例 6.2 解析字符串类型的 HTML 代码 （实例位置：资源包 \Code\06\02）

etree 子模块还提供了一个 HTML() 方法，该方法可以实现解析字符串类型的 HTML 代码。示例代码如下：

```
from lxml import etree     # 导入etree子模块
# 定义HTML字符串
html_str = '''
<title>标题文档</title>
</head>
<body>
<img src="./demo_files/logo1.png" />
<br />
hello 明日科技 ~
</body></html>'''
html = etree.HTML(html_str)                                  # 解析HTML字符串
html_txt = etree.tostring(html,encoding = "utf-8")           # 转换字符串类型,并进行编码
print(html_txt.decode('utf-8'))                              # 打印解码后的HTML代码
```

程序运行结果如图 6.2 所示。

```
<html><head><title>标题文档</title>
</head>
<body>
<img src="./demo_files/logo1.png"/>
<br/>
hello 明日科技 ~
</body></html>
```

图 6.2 解析字符串类型的 HTML 代码

实例 6.3 解析服务器返回的 HTML 代码 （实例位置：资源包 \Code\06\03）

在实际开发中，HTML() 方法的使用率是非常高的，因为发送网络请求后，多数情况下都会将返回的响应结果转换为字符串类型。如果返回的结果是 HTML 代码，则需要使用 HTML() 方法来进行解析。示例代码如下：

```
from lxml import etree     # 导入etree子模块
```

```
import requests            # 导入requests模块
from requests.auth import HTTPBasicAuth  # 导入HTTPBasicAuth类
# 定义请求地址
url = 'http://test.mingribook.com/spider/auth/'
ah = HTTPBasicAuth('admin','admin')      # 创建HTTPBasicAuth对象，参数为用户名与密码
response = requests.get(url=url,auth=ah) # 发送网络请求
if response.status_code==200:            # 如果请求成功
    html = etree.HTML(response.text)     # 解析HTML字符串
    html_txt = etree.tostring(html,encoding = "utf-8")   # 转换字符串类型，并进行编码
    print(html_txt.decode('utf-8'))      # 打印解码后的HTML代码
```

程序运行结果如图 6.3 所示。

```
<html xmlns="http://www.w3.org/1999/xhtml" xmlns="http://www.w3.org/1999/xhtml">&#13;
<head>&#13;
<meta http-equiv="Content-Type" content="text/html; charset=utf-8" />&#13;
<title>标题文档</title>&#13;
</head>&#13;
&#13;
<body>&#13;
<img src="../images/logo1.png" />&#13;
<br />&#13;
hello 明日科技 ~&#13;
</body>&#13;
</html>
```

图 6.3 解析服务器返回的 HTML 代码

注意

图 6.3 中的“
”表示 Unicode 回车字符。

6.2.2 获取所有节点

实例 6.4 获取 HTML 代码的所有节点　　（实例位置：资源包 \Code\06\04）

在获取 HTML 代码中的所有节点时，可以使用“//*”的方式，示例代码如下：

```
from lxml import etree     # 导入etree子模块
# 定义HTML字符串
html_str = '''
<div class="level_one on">
<ul>
<li> <a href="/index/index/view/id/1.html" title="什么是Java" class="on">什么是Java</a> </li>
<li> <a href="javascript:" onclick="login(0)" title="Java的版本">Java的版本</a> </li>
<li> <a href="javascript:" onclick="login(0)" title="Java API文档">Java API文档</a> </li>
<li> <a href="javascript:" onclick="login(0)" title="JDK的下载">JDK的下载</a> </li>
<li> <a href="javascript:" onclick="login(0)" title="JDK的安装">JDK的安装</a> </li>
<li> <a href="javascript:" onclick="login(0)" title="配置JDK">配置JDK</a> </li>
</ul>
</div>
'''
html = etree.HTML(html_str)     # 解析HTML字符串
```

```
node_all = html.xpath('//*')                    # 获取所有节点
print('数据类型: ',type(node_all))              # 打印数据类型
print('数据长度: ',len(node_all))               # 打印数据长度
print('数据内容: ',node_all)                    # 打印数据内容
# 通过推导式打印所有节点名称，通过节点对象.tag获取节点名称
print('节点名称: ',[i.tag for i in node_all])
```

程序运行结果如下：

```
数据类型： <class 'list'>
数据长度： 16
数据内容： [<Element html at 0x1f3b8e6a408>, <Element body at 0x1f3b8fbb148>, <Element div at 0x1f3b8fbb1c8>, <Element ul at 0x1f3b8fbb208>, <Element li at 0x1f3b8fbb408>, <Element a at 0x1f3b8fbb448>, <Element li at 0x1f3b8fbb4c8>, <Element a at 0x1f3b8fbb508>, <Element li at 0x1f3b8fbb548>, <Element a at 0x1f3b8fbb308>, <Element li at 0x1f3b8fbb588>, <Element a at 0x1f3b8fbb5c8>, <Element li at 0x1f3b8fbb608>, <Element a at 0x1f3b8fbb648>, <Element li at 0x1f3b8fbb688>, <Element a at 0x1f3b8fbb6c8>]
节点名称： ['html', 'body', 'div', 'ul', 'li', 'a', 'li', 'a', 'li', 'a', 'li', 'a', 'li', 'a', 'li', 'a']
```

如果需要获取 HTML 代码中所有指定名称的节点，可以在“//”的后面添加节点的名称。以获取所有‘li’节点为例，关键代码如下：

```
html = etree.HTML(html_str)    # 解析HTML字符串，HTML字符串为上一示例的HTML字符串
li_all = html.xpath('//li')    # 获取所有li节点
print('所有li节点',li_all)     # 打印所有li节点
print('获取指定li节点: ',li_all[1])                         # 打印指定li节点
li_txt = etree.tostring(li_all[1],encoding = "utf-8")   # 转换字符串类型，并进行编码
# 打印指定节点的HTML代码
print('获取指定节点HTML代码: ',li_txt.decode('utf-8'))
```

程序运行结果如下：

```
所有li节点 [<Element li at 0x1f90ebfc0c8>, <Element li at 0x1f90ebfc148>, <Element li at 0x1f90ebfc188>, <Element li at 0x1f90ebfc388>, <Element li at 0x1f90ebfc288>, <Element li at 0x1f90ebfc448>]
获取指定li节点： <Element li at 0x1f90ebfc148>
获取指定节点HTML代码： <li> <a href="javascript:" onclick="login(0)" title="Java的版本">Java的版本</a> </li>
```

6.2.3 获取子节点

实例 6.5 获取一个节点中的子节点 （实例位置：资源包 \Code\06\05）

如果需要获取一个节点中的直接子节点，可以使用“/”，例如获取 li 节点中的所有子节点的 a，可以使用“//li/a”的方式进行获取，示例代码如下：

```
from lxml import etree    # 导入etree子模块
# 定义HTML字符串
html_str = '''
<div class="level_one on">
<ul>
<li>
```

```
    <a href="/index/index/view/id/1.html" title="什么是Java" class="on">什么是Java</a>
    <a>Java</a>
</li>
<li> <a href="javascript:" onclick="login(0)" title="Java的版本">Java的版本</a> </li>
<li> <a href="javascript:" onclick="login(0)" title="Java API文档">Java API文档</a> </li>
</ul>
</div>
'''
html = etree.HTML(html_str)        # 解析HTML字符串
a_all = html.xpath('//li/a')       # 获取li节点中的所有子节点a
print('所有子节点a',a_all)          # 打印所有a节点
print('获取指定a节点：',a_all[1])  # 打印指定a节点
a_txt = etree.tostring(a_all[1],encoding = "utf-8")   # 转换字符串类型，并进行编码
# 打印指定节点的HTML代码
print('获取指定节点HTML代码：',a_txt.decode('utf-8'))
```

程序运行结果如下：

```
所有子节点a [<Element a at 0x1ca29a9c148>, <Element a at 0x1ca29a9c108>, <Element a at 0x1ca29a9c188>, <Element a at 0x1ca29a9c1c8>]
获取指定a节点： <Element a at 0x1ca29a9c108>
获取指定节点HTML代码： <a>Java</a>
```

实例 6.6 获取子孙节点　（实例位置：资源包 \Code\06\06）

“/”可以用来获取直接的子节点，如果需要获取子孙节点，就可以使用“//”来实现。以获取 ul 节点中的所有子孙节点 a 为例，示例代码如下：

```
from lxml import etree     # 导入etree子模块
# 定义HTML字符串
html_str = '''
<div class="level_one on">
<ul>
<li>
    <a href="/index/index/view/id/1.html" title="什么是Java" class="on">什么是Java</a>
    <a>Java</a>
</li>
<li> <a href="javascript:" onclick="login(0)" title="Java的版本">Java的版本</a> </li>
<li>
    <a href="javascript:" onclick="login(0)" title="Java API文档">
        <a>a节点中的a节点</a>
    </a>
</li>
</ul>
</div>
'''
html = etree.HTML(html_str)        # 解析HTML字符串
a_all = html.xpath('//ul//a')      # 获取ul节点中的所有子孙节点a
print('所有子孙节点a',a_all)        # 打印所有a节点
print('获取指定a节点：',a_all[4])  # 打印指定a节点
a_txt = etree.tostring(a_all[4],encoding = "utf-8")   # 转换字符串类型，并进行编码
```

```
# 打印指定节点的HTML代码
print('获取指定节点HTML代码：',a_txt.decode('utf-8'))
```

程序运行结果如下：

```
所有子孙节点a [<Element a at 0x1a81b50c108>, <Element a at 0x1a81b50c188>, <Element a at 0x1a81b50c1c8>, <Element a at 0x1a81b50c3c8>, <Element a at 0x1a81b50c2c8>]
获取指定a节点：  <Element a at 0x1a81b50c2c8>
获取指定节点HTML代码：  <a>a节点中的a节点</a>
```

说明

在获取 ul 子孙节点时，如果使用 “//ul/a” 的方式获取，是无法匹配任何结果的。因为 “/” 用来获取直接子节点，ul 的直接子节点为 li，并没有 a 节点，所以无法匹配。

6.2.4 获取父节点

实例 6.7 获取一个节点的父节点 （实例位置：资源包 \Code\06\07）

在获取一个节点的父节点时，可以使用 “..” 来实现。以获取所有 a 节点的父节点为例，示例代码如下：

```
from lxml import etree    # 导入etree子模块
# 定义HTML字符串
html_str = '''
<div class="level_one on">
<ul>
<li><a href="/index/index/view/id/1.html" title="什么是Java" class="on">什么是Java</a></li>
<li> <a href="javascript:" onclick="login(0)" title="Java的版本">Java的版本</a> </li>
</ul>
</div>
'''
html = etree.HTML(html_str)                      # 解析HTML字符串
a_all_parent = html.xpath('//a/..')              # 获取所有a节点的父节点
print('所有a的父节点',a_all_parent)               # 打印所有a的父节点
print('获取指定a的父节点：',a_all_parent[0])      # 打印指定a的父节点
a_txt = etree.tostring(a_all_parent[0],encoding = "utf-8")  # 转换字符串类型，并进行编码
# 打印指定节点的HTML代码
print('获取指定节点HTML代码：\n',a_txt.decode('utf-8'))
```

程序运行结果如下：

```
所有a的父节点 [<Element li at 0x224a919c0c8>, <Element li at 0x224a919c148>]
获取指定a的父节点：  <Element li at 0x224a919c0c8>
获取指定节点HTML代码：
 <li><a href="/index/index/view/id/1.html" title="什么是Java" class="on">什么是Java</a></li>
```

说明

除了使用 “..” 获取一个节点的父节点，还可以使用 “/parent::*” 的方式来获取。

6.2.5 获取文本

实例 6.8 获取 HTML 代码中的文本 （实例位置：资源包 \Code\06\08）

使用 XPath 获取 HTML 代码中的文本时，可以使用 text() 方法。例如，获取所有 a 节点中的文本信息。示例代码如下：

```
from lxml import etree                      # 导入etree子模块
# 定义HTML字符串
html_str = '''
<div class="level_one on">
<ul>
<li><a href="/index/index/view/id/1.html" title="什么是Java" class="on">什么是Java</a></li>
<li> <a href="javascript:" onclick="login(0)" title="Java的版本">Java的版本</a> </li>
</ul>
</div>
'''
html = etree.HTML(html_str)                 # 解析HTML字符串
a_text = html.xpath('//a/text()')           # 获取所有a节点中的文本信息
print('所有a节点中的文本信息：',a_text)
```

程序运行结果如下：

```
所有a节点中的文本信息： ['什么是Java', 'Java的版本']
```

6.2.6 属性的单值匹配

1. 属性单值匹配

实例 6.9 使用“[@...]”实现节点属性的匹配　　（实例位置：资源包 \Code\06\09）

如果需要更精确地获取某个节点中的内容，可以使用“[@...]”实现节点属性的匹配，其中“...”表示属性匹配的条件。例如获取所有 class="level" 的所有 div 节点，示例代码如下：

```
from lxml import etree                  # 导入etree子模块
# 定义HTML字符串
html_str = '''
<div class="video_scroll">
    <div class="level">什么是Java</div>
    <div class="level">Java的版本</div>
</div>
'''
html = etree.HTML(html_str)         # 解析HTML字符串
# 获取所有class="level"的所有div节点中的文本信息
div_one = html.xpath('//div[@class="level"]/text()')
print(div_one)                      # 打印所有class="level"的所有div节点的文本信息
```

程序运行结果如下：

```
['什么是Java', 'Java的版本']
```

说明

使用“[@...]”实现属性匹配时，不仅可以用于 class 的匹配，还可以用于 id、href 等属性的匹配。

2. 属性多值匹配

实例 6.10 属性多值匹配 （实例位置：资源包 \Code\06\10）

如果某个节点的某个属性出现了多个值，则可以将所有值都作为匹配条件，进行节点的筛选。示例代码如下：

```
from lxml import etree             # 导入etree子模块
# 定义HTML字符串
html_str = '''
<div class="video_scroll">
    <div class="level one">什么是Java</div>
    <div class="level">Java的版本</div>
</div>
'''
html = etree.HTML(html_str)     # 解析HTML字符串
# 获取所有class="level one"的所有div节点中的文本信息
div_one = html.xpath('//div[@class="level one"]/text()')
print(div_one)                     # 打印所有class="level one"的所有div节点的文本信息
```

程序运行结果如下：

```
['什么是Java']
```

如果需要既获取 class="level one" 又获取 class="level" 的 div 节点，可以使用 contains() 方法。该方法有两个参数，第一个参数用于指定属性名称，第二个参数用于指定属性值。如果 HTML 代码中包含指定的属性值，就可以匹配成功。关键代码如下：

```
html = etree.HTML(html_str)     # 解析HTML字符串
# 获取所有class属性值中包含level的所有div节点的文本信息
div_all = html.xpath('//div[contains(@class,"level")]/text()')
print(div_all)                     # 打印所有符合条件的文本信息
```

程序运行结果如下：

```
['什么是Java', 'Java的版本']
```

3. 多属性匹配

实例 6.11 一个节点中多个属性的匹配 （实例位置：资源包 \Code\06\11）

在通过属性匹配 HTML 代码的节点时，还会遇到一种情况。那就是一个节点中出现多个属性，这时需要同时匹配多个属性，才可以更精确地获取指定节点的数据。示例代码如下：

```
from lxml import etree             # 导入etree子模块
# 定义HTML字符串
html_str = '''
<div class="video_scroll">
    <div class="level" id="one">什么是Java</div>
    <div class="level">Java的版本</div>
</div>
'''
html = etree.HTML(html_str)     # 解析HTML字符串
# 获取所有符合class="level与id="one"的所有div节点中的文本信息
```

```
div_all = html.xpath('//div[@class="level" and @id="one"]/text()')
print(div_all)      # 打印所有符合条件的文本信息
```

程序运行结果如下：

```
['什么是Java']
```

从以上的运行结果中可以看出，这里只匹配了属性 class="level" 与属性 id="one" 的 div 节点，因为代码中使用了 and 运算符，该运算符表示“与”。XPath 中还提供了很多运算符，其他运算符如表 6.2 所示。

表 6.2 XPath 提供的运算符

运算符	例子	返回值
+(加法)	5 + 5	返回 10.0
−(减法)	8 − 6	返回 2.0
*(乘法)	4 * 6	返回 24.0
div(除法)	24 div 6	返回 4.0
=(等于)	price = 38.0	如果 price 是 38.0，则返回 true，否则返回 false
!=(不等于)	price != 38.0	如果 price 不是 38.0，则返回 true，price=38.0 返回 false
<(小于)	price < 38.0	如果 price 小于 38.0，则返回 true，否则返回 false
<=(小于等于)	price <= 38.0	如果 price 小于 38.0 或者等于 38.0，则返回 true，否则返回 false
>(大于)	price > 38.0	如果 price 大于 38.0，则返回 true，否则返回 false
>=(大于等于)	price >= 38.0	如果 price 大于 38.0 或者等于 38.0，返回 true，则否则返回 false
or(或)	price=38.0 or price=39.0	如果 price 等于 38.0 或者等于 39.0，都会返回 true，否则返回 false
and(与)	price>38.0 and price<39.0	如果 price 大于 38.0 与 price 小于 39.0，则返回 true，否则返回 false
mod(求余)	6 mod 4	返回 2.0
|（计算两个节点集）	//div|//a	返回所有 div 和 a 节点集

6.2.7 获取属性

实例 6.12 获取属性所对应的值　（实例位置：资源包 \Code\06\12）

“@”不仅可以实现通过属性匹配节点，还可以直接获取属性所对应的值。示例代码如下：

```
from lxml import etree          # 导入etree子模块
# 定义HTML字符串
html_str = '''
<div class="video_scroll">
    <li class="level" id="one">什么是Java</li>
</div>
'''
html = etree.HTML(html_str)     # 解析HTML字符串
# 获取li节点中的class属性值
```

```
li_class = html.xpath('//div/li/@class')
# 获取li节点中的id属性值
li_id = html.xpath('//div/li/@id')
print('class属性值：',li_class)
print('id属性值：',li_id)
```

程序运行结果如下：

```
class属性值： ['level']
id属性值： ['one']
```

6.2.8 按序获取属性值

实例 6.13 使用索引按序获取属性对应的值 （实例位置：资源包 \Code\06\13）

如果同时匹配了多个节点，但只需要其中的某一个节点，则可以使用指定索引的方式获取对应的节点内容。不过因为 XPath 中的索引是从 1 开始的，所以需要注意不要与 Python 中的列表索引混淆。示例代码如下：

```
from lxml import etree          # 导入etree子模块
# 定义HTML字符串
html_str = '''
<div class="video_scroll">
    <li> <a href="javascript:" onclick="login(0)" title="Java API文档">Java API文档</a> </li>
    <li> <a href="javascript:" onclick="login(0)" title="JDK的下载">JDK的下载</a> </li>
    <li> <a href="javascript:" onclick="login(0)" title="JDK的安装">JDK的安装</a> </li>
    <li> <a href="javascript:" onclick="login(0)" title="配置JDK">配置JDK</a> </li>
</div>
'''
html = etree.HTML(html_str)     # 解析HTML字符串
# 获取所有li/a节点中的title属性值
li_all = html.xpath('//div/li/a/@title')
print('所有属性值：',li_all)
# 获取第一个li/a节点中的title属性值
li_first = html.xpath('//div/li[1]/a/@title')
print('第一个属性值：',li_first)
# 获取第四个li/a节点中的title属性值
li_four = html.xpath('//div/li[4]/a/@title')
print('第四个属性值：',li_four)
```

程序运行结果如下：

```
所有属性值： ['Java API文档', 'JDK的下载', 'JDK的安装', '配置JDK']
第一个属性值： ['Java API文档']
第四个属性值： ['配置JDK']
```

除了使用固定的索引来获取指定节点中的内容，还可以用 XPath 中提供的函数来获取指定节点中的内容，关键代码如下：

```
html = etree.HTML(html_str)     # 解析HTML字符串
```

```
# 获取最后一个li/a节点中的title属性值
li_last = html.xpath('//div/li[last()]/a/@title')
print('最后一个属性值：',li_last)
# 获取第一个li/a节点中的title属性值
li = html.xpath('//div/li[position()=1]/a/@title')
print('第一个位置的属性值：',li)
# 获取倒数第二个li/a节点中的title属性值
li = html.xpath('//div/li[last()-1]/a/@title')
print('倒数第二个位置的属性值：',li)
# 获取位置大于1的li/a节点中的title属性值
li = html.xpath('//div/li[position()>1]/a/@title')
print('位置大于1的属性值：',li)
```

程序运行结果如下：

```
最后一个属性值： ['配置JDK']
第一个位置的属性值： ['Java API文档']
倒数第二个位置的属性值： ['JDK的安装']
位置大于1的属性值： ['JDK的下载', 'JDK的安装', '配置JDK']
```

6.2.9 使用节点轴获取节点内容

实例 6.14　使用节点轴的方式获取节点内容　（实例位置：资源包 \Code\06\14）

除了以上匹配方式，XPath 还提供了一些节点轴的匹配方法。例如获取祖先节点、子孙节点、兄弟节点等，示例代码如下：

```
from lxml import etree              # 导入etree子模块
# 定义HTML字符串
html_str = '''
<div class="video_scroll">
    <li><a href="javascript:" onclick="login(0)" title="Java API文档">Java API文档</a></li>
    <li><a href="javascript:" onclick="login(0)" title="JDK的下载">JDK的下载</a></li>
    <li> <a href="javascript:" onclick="login(0)" title="JDK的安装">JDK的安装</a> </li>
</div>
'''

html = etree.HTML(html_str)     # 解析HTML字符串
# 获取li[2]的所有祖先节点
ancestors = html.xpath('//li[2]/ancestor::*')
print('li[2]所有祖先节点名称：',[i.tag for i in ancestors])
# 获取li[2]的祖先节点位置为body
body = html.xpath('//li[2]/ancestor::body')
print('li[2]指定祖先节点名称：',[i.tag for i in body])
# 获取li[2]属性为class="video_scroll"的祖先节点
class_div = html.xpath('//li[2]/ancestor::*[@class="video_scroll"]')
print('li[2]class="video_scroll"的祖先节点名称：',[i.tag for i in class_div])
# 获取li[2]/a的所有属性值
attributes = html.xpath('//li[2]/a/attribute::*')
```

```
print('li[2]/a的所有属性值: ',attributes)
# 获取div的所有子节点
div_child = html.xpath('//div/child::*')
print('div的所有子节点名称: ',[i.tag for i in div_child])
# 获取body的所有子孙节点
body_descendant = html.xpath('//body/descendant::*')
print('body的所有子孙节点名称: ',[i.tag for i in body_descendant])
# 获取li[1]节点后的所有节点
li_following = html.xpath('//li[1]/following::*')
print('li[1]之后的所有节点名称: ',[i.tag for i in li_following])
# 获取li[1]节点后的所有同级节点
li_sibling = html.xpath('//li[1]/following-sibling::*')
print('li[1]之后的所有同级节点名称: ',[i.tag for i in li_sibling])
# 获取li[3]节点前的所有节点
li_preceding = html.xpath('//li[3]/preceding::*')
print('li[3]之前的所有节点名称: ',[i.tag for i in li_preceding])
```

程序运行结果如下：

```
li[2]所有祖先节点名称: ['html', 'body', 'div']
li[2]指定祖先节点名称: ['body']
li[2]class="video_scroll"的祖先节点名称: ['div']
li[2]/a的所有属性值: ['javascript:', 'login(0)', 'JDK的下载']
div的所有子节点名称: ['li', 'li', 'li']
body的所有子孙节点名称: ['div', 'li', 'a', 'li', 'a', 'li', 'a']
li[1]之后的所有节点名称: ['li', 'a', 'li', 'a']
li[1]之后的所有同级节点名称: ['li', 'li']
li[3]之前的所有节点名称: ['li', 'a', 'li', 'a']
```

6.3 案例：爬取某网站电影 Top250

本节将使用 requests 模块与 lxml 模块中的 XPath 爬取某网站电影 Top250 中的电影信息，如图 6.4 所示。

图 6.4 某网站电影 Top250 首页

6.3.1 分析请求地址

在某网站电影 Top250 首页的底部可以确定电影信息，共有 10 页内容，每页都有 25 个电影信息，如图 6.5 所示。

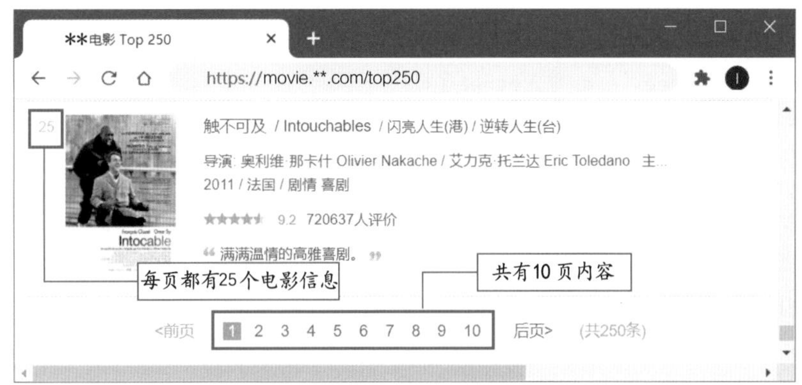

图 6.5 确定页数与电影信息数量

切换页面，发现每页的 URL 地址的规律如图 6.6 所示。

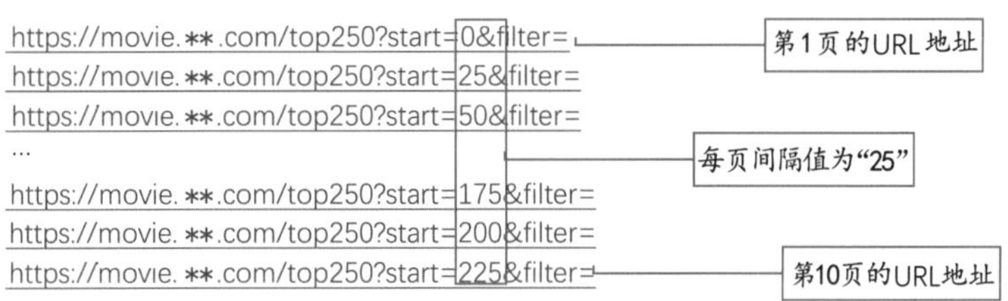

图 6.6 每页的 URL 地址的规律

6.3.2 分析信息位置

打开浏览器的“开发者工具”，首先在顶部选项卡中选择“Elements”选项，然后单击 图标，接着鼠标左键选中网页中电影名称，查看电影名称所在 HTML 代码的位置，如图 6.7 所示。

图 6.7 查看电影名称所在 HTML 代码的位置

按照图 6.7 中的操作步骤，查看“导演与主演”“电影评分”“评价人数”“电影总结”信息所对应的 HTML 代码位置。

6.3.3 爬虫代码的实现

实例 6.15 编写爬取某网站电影 Top250 的代码 （实例位置：资源包 \Code\06\15）

爬虫代码实现的具体步骤如下：

（1）导入爬虫所需要的模块，创建一个请求头信息。示例代码如下：

```
from lxml import etree      # 导入etree子模块
import time                 # 导入时间模块
import random               # 导入随机模块
import requests             # 导入网络请求模块
header = {'User-Agent': 'Mozilla/5.0 (Windows NT 10.0; WOW64) AppleWebKit/537.36 (KHTML, like Gecko) Chrome/83.0.4103.61 Safari/537.36'}
```

（2）由于 HTML 代码中的信息内存在大量的空白符，因此创建一个 processing() 方法，用于处理字符串中的空白符。示例代码如下：

```
# 处理字符串中的空白符，并拼接字符串
def processing(strs):
    s = ''                      # 定义保存内容的字符串
    for n in strs:
        n = ''.join(n.split())  # 去除空字符
        s = s + n               # 拼接字符串
    return s                    # 返回拼接后的字符串
```

（3）创建 get_movie_info() 方法，在该方法中首先通过 requests.get() 方法发送网络请求，然后通过 etree.HTML() 方法解析 HTML 代码，最后通过 XPath 提取电影的相关信息。示例代码如下：

```
# 获取电影信息
def get_movie_info(url):
    response = requests.get(url,headers=header)                        # 发送网络请求
    html = etree.HTML(response.text)                                   # 解析HTML字符串
    div_all = html.xpath('//div[@class="info"]')
    for div in div_all:
        names = div.xpath('./div[@class="hd"]/a//span/text()')   # 获取电影名字相关信息
        name = processing(names)                                # 处理电影名称信息
        infos = div.xpath('./div[@class="bd"]/p/text()')        # 获取导演与主演等信息
        info = processing(infos)                                # 处理导演与主演等信息
        score = div.xpath('./div[@class="bd"]/div/span[2]/text()')       # 获取电影评分
        evaluation = div.xpath('./div[@class="bd"]/div/span[4]/text()') # 获取评价人数
        # 获取电影总结文字
        summary = div.xpath('./div[@class="bd"]/p[@class="quote"]/span/text()')
        print('电影名称：',name)
        print('导演与主演：',info)
        print('电影评分：',score)
        print('评价人数：',evaluation)
        print('电影总结：',summary)
        print('--------分隔线--------')
```

（4）创建程序入口，然后创建步长为 25 的 for 循环，并在循环中替换每次请求的 URL 地址，再调用 get_movie_info() 方法获取电影信息。示例代码如下：

```
if __name__ == '__main__':
    for i in range(0,250,25):     # 每页25为间隔，实现循环，共10页
        # 通过format替换切换页码的URL地址
        url = 'https://movie.**.com/top250?start={page}&filter='.format(page=i)
        get_movie_info(url)                        # 调用爬虫方法，获取电影信息
        time.sleep(random.randint(1,3))            # 等待1~3秒随机时间
```

程序运行结果如图 6.8 所示。

```
电影名称： 肖申克的救赎/TheShawshankRedemption/月黑高飞(港)/刺激1995(台)
导演与主演：  导演:弗兰克·德拉邦特FrankDarabont主演:蒂姆·罗宾斯TimRobbins/...1994/美国/犯罪剧情
电影评分： 9.7
评价人数： 2058397人评价
电影总结： 希望让人自由。
--------分隔线--------
电影名称： 霸王别姬/再见，我的妾/FarewellMyConcubine
导演与主演：  导演:陈凯歌KaigeChen主演:张国荣LeslieCheung/张丰毅FengyiZha...1993/中国大陆中国香港/剧情爱情同性
电影评分： 9.6
评价人数： 1525838人评价
电影总结： 风华绝代。
--------分隔线--------
电影名称： 阿甘正传/ForrestGump/福雷斯特·冈普
导演与主演：  导演:罗伯特·泽米吉斯RobertZemeckis主演:汤姆·汉克斯TomHanks/...1994/美国/剧情爱情
电影评分： 9.5
评价人数： 1556454人评价
电影总结： 一部美国近现代史。
--------分隔线--------
电影名称： 这个杀手不太冷/Léon/杀手莱昂/终极追杀令(台)
导演与主演：  导演:吕克·贝松LucBesson主演:让·雷诺JeanReno/娜塔莉·波特曼...1994/法国/剧情动作犯罪
电影评分： 9.4
评价人数： 1747888人评价
电影总结： 怪蜀黍和小萝莉不得不说的故事。
```

图 6.8　爬取某网站电影 Top250 网页中的电影信息

本章 e 学码：关键知识点拓展阅读

W3C 标准　　XSLT

第 7 章

解析数据的 Beautiful Soup 模块

本章概览

通过发送网络请求即可获取响应结果中的 Web 资源，这仅仅是编写爬虫程序的第一步。接下来需要对爬取的 Web 资源（HTML 代码）进行解析，也就是提取我们所需要的数据。

解析 HTML 代码的方式有多种，本章我们将主要介绍如何使用 Beautiful Soup 模块进行 HTML 代码的解析工作、如何获取某个节点中的内容、通过指定方法快速获取符合条件的内容，以及如何使用 CSS 选择器进行数据的提取工作。

知识框架

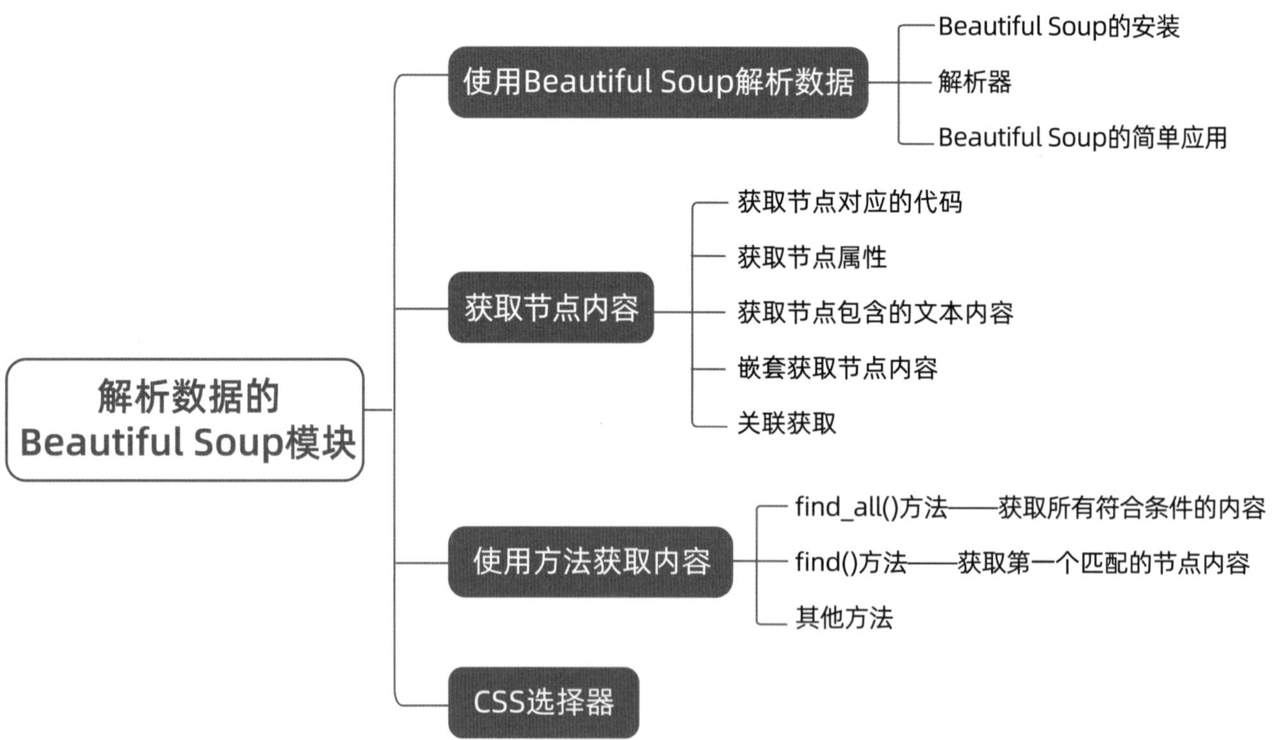

7.1 使用 Beautiful Soup 解析数据

Beautiful Soup 是一个用于从 HTML 和 XML 文件中提取数据的 Python 库。Beautiful Soup 提供一些简单的函数来处理导航、搜索、修改分析树等功能。Beautiful Soup 模块中的查找提取功能非常强大，而且非常便捷，通常可以节省开发者数小时或数天的工作时间。

Beautiful Soup 自动将输入文档转换为 Unicode 编码，输出文档转换为 utf-8 编码。开发者不需要考虑编码方式，除非文档没有指定编码方式，这时，Beautiful Soup 就不能自动识别编码方式了。但是，开发者仅需要说明一下原始编码方式就可以了。

7.1.1 Beautiful Soup 的安装

Beautiful Soup 3 已经停止开发，目前推荐使用的是 Beautiful Soup 4，不过它已经被移植到 bs4 中，所以在导入时，需要先进行 from bs4 引用，再导入 Beautiful Soup。如果读者没有使用 Anaconda，则可以参考以下 Beautiful Soup 模块的安装方式。安装 Beautiful Soup 有以下 3 种方式：

☑ 如果使用的是最新版本的 Debian 或 Ubuntu Linux，则可以使用系统软件包管理器安装 Beautiful Soup，安装命令为：apt-get install python-bs4。

☑ Beautiful Soup 4 是通过 PyPi 发布的，可以通过 easy_install 或 pip 来安装它。包名是 beautifulsoup4，可以兼容 Python 2 和 Python 3。安装命令为：easy_install beautifulsoup4 或者 pip install beautifulsoup4。

注意

在使用 Beautiful Soup 4 之前，需要先通过命令 pip install bs4 进行 bs4 库的安装。

☑ 如果当前的 Beautiful Soup 不是想要的版本，则可以通过下载源码的方式进行安装，源码的下载地址为 https://www.crummy.com/software/BeautifulSoup/bs4/download/，然后在控制台中打开源码的指定路径，输入命令 python setup.py install 即可。

7.1.2 解析器

Beautiful Soup 支持 Python 标准库中包含的 HTML 解析器，也支持许多第三方 Python 解析器，其中包含 lxml 解析器。根据不同的操作系统，可以使用以下命令安装 lxml：

☑ apt-get install python-lxml。

☑ easy_install lxml。

☑ pip install lxml。

另一个解析器是 html5lib，它是一个用于解析 HTML 的 Python 库，按照 Web 浏览器的方式解析 HTML。可以使用以下命令安装 html5lib：

☑ apt-get install python-html5lib。

☑ easy_install html5lib。

☑ pip install html5lib。

表 7.1 比较了每个解析器的优缺点。

表 7.1　解析器的比较

解析器	用法	优点	缺点
Python 标准库	BeautifulSoup(markup,"html.parser")	Python 标准库； 执行速度适中	在 Python 2.7.3 或 3.2.2 之前的版本中，文档容错能力差
lxml 的 HTML 解析器	BeautifulSoup(markup,"lxml")	速度快； 文档容错能力强	需要安装 C 语言库

续表

解析器	用法	优点	缺点
lxml 的 XML 解析器	BeautifulSoup(markup,"lxml-xml") BeautifulSoup(markup,"xml")	速度快； 唯一支持 XML 的解析器	需要安装 C 语言库
html5lib	BeautifulSoup(markup, "html5lib")	最好的容错性； 以浏览器的方式解析文档； 生成 HTML5 格式的文档	速度慢，不依赖外部扩展

7.1.3 Beautiful Soup 的简单应用

实例 7.1 解析 HTML 代码 （实例位置：资源包 \Code\07\01）

Beautiful Soup 安装完成以后，我们将介绍如何通过 Beautiful Soup 库进行 HTML 的解析，具体示例步骤如下：

（1）导入 bs4 库，创建一个模拟 HTML 代码的字符串，示例代码如下：

```
from bs4 import BeautifulSoup  # 导入Beautiful Soup库

# 创建模拟HTML代码的字符串
html_doc = """
<html>
<head>
<title>第一个 HTML 页面</title>
</head>
<body>
<p>body 元素的内容会显示在浏览器中。</p>
<p>title 元素的内容会显示在浏览器的标题栏中。</p>
</body>
</html>
"""
```

（2）创建 Beautiful Soup 对象，并指定解析器为 lxml。通过打印的方式，将解析的 HTML 代码显示在控制台中，示例代码如下：

```
# 创建一个Beautiful Soup对象，获取页面正文
soup = BeautifulSoup(html_doc, features="lxml")
print(soup)                    # 打印解析的HTML代码
print(type(soup))              # 打印数据类型
```

程序运行结果如图 7.1 所示。

```
<html>
<head>
<title>第一个 HTML 页面</title>
</head>
<body>
<p>body 元素的内容会显示在浏览器中。</p>
<p>title 元素的内容会显示在浏览器的标题栏中。</p>
</body>
</html>

<class 'bs4.BeautifulSoup'>
```

图 7.1 显示解析后的 HTML 代码

说明

如果将 html_doc 字符串中的代码保存在 index.html 文件中，可以通过打开 HTML 文件的方式进行代码的解析，并且通过 prettify() 方法进行代码的格式化处理，示例代码如下：

```
# 创建Beautiful Soup对象，打开需要解析的HTML文件
soup = BeautifulSoup(open('index.html'),'lxml')
print(soup.prettify())      # 打印格式化后的代码
```

7.2 获取节点内容

使用 Beautiful Soup 可以先直接调用节点的名称，再调用对应的 string 属性，便可以获取节点内的文本信息。在单个节点结构层次非常清晰的情况下，使用这种方式提取节点信息的速度是非常快的。

7.2.1 获取节点对应的代码

实例 7.2 获取节点对应的代码　　（实例位置：资源包 \Code\07\02）

如果需要获取节点对应的代码，可以参考以下代码：

```
from bs4 import BeautifulSoup  # 导入Beautiful Soup库

# 创建模拟HTML代码的字符串
html_doc = """
<html>
<head>
<title>第一个 HTML 页面</title>
</head>
<body>
<p>body 元素的内容会显示在浏览器中。</p>
<p>title 元素的内容会显示在浏览器的标题栏中。</p>
</body>
</html>
"""

# 创建一个Beautiful Soup对象，获取页面正文
soup = BeautifulSoup(html_doc, features="lxml")
print('head节点内容为：\n',soup.head)                 # 打印head节点
print('body节点内容为：\n',soup.body)                 # 打印body节点
print('title节点内容为：\n',soup.title)               # 打印title节点
print('p节点内容为：\n',soup.p)                       # 打印p节点
```

程序运行结果如图 7.2 所示。

```
head节点内容为：
 <head>
<title>第一个 HTML 页面</title>
</head>
body节点内容为：
 <body>
<p>body 元素的内容会显示在浏览器中。</p>
<p>title 元素的内容会显示在浏览器的标题栏中。</p>
</body>
title节点内容为：
 <title>第一个 HTML 页面</title>
p节点内容为：
 <p>body 元素的内容会显示在浏览器中。</p>
```

图 7.2 实例 7.2 的运行结果

注意

在打印 p 节点对应的代码时，可以发现只打印了第一个 p 节点的内容，说明当有多个节点时，该选择方式只会获取第一个节点中的内容，其他后面的节点将被忽略。

说明

除了通过制定节点名称的方式获取节点内容，还可以使用 name 属性获取节点的名称。代码如下：

```
# 获取节点名称
print(soup.head.name)
print(soup.body.name)
print(soup.title.name)
print(soup.p.name)
```

7.2.2 获取节点属性

实例 7.3 获取节点属性 （实例位置：资源包 \Code\07\03）

每个节点可能都会含有多个属性，例如 class 或者 id 等。如果已经选择了一个指定的节点名称，那么只需要调用 attrs 即可获取这个节点的所有属性。示例代码如下：

```
from bs4 import BeautifulSoup  # 导入Beautiful Soup库

# 创建模拟HTML代码的字符串
html_doc = """
<html>
<head>
    <title>横排响应式登录</title>
    <meta http-equiv="Content-Type" content="text/html" charset="utf-8"/>
    <meta name="viewport" content="width=device-width"/>
    <link href="font/css/bootstrap.min.css" type="text/css" rel="stylesheet">
    <link href="css/style.css" type="text/css" rel="stylesheet">
</head>
<body>
<h3>登录</h3>
<div class="glyphicon glyphicon-envelope"><input type="text" placeholder="请输入邮箱
"></div>
<div class="glyphicon glyphicon-lock"><input type="password" placeholder="请输入密码
"></div>
</body>
</html>
"""
# 创建一个Beautiful Soup对象，获取页面正文
soup = BeautifulSoup(html_doc, features="lxml")
print('meta节点中属性如下：\n',soup.meta.attrs)
print('link节点中属性如下：\n',soup.link.attrs)
print('div节点中属性如下：\n',soup.div.attrs)
```

程序运行结果如图 7.3 所示。

```
meta节点中属性如下：
 {'http-equiv': 'Content-Type', 'content': 'text/html', 'charset': 'utf-8'}
link节点中属性如下：
 {'href': 'font/css/bootstrap.min.css', 'type': 'text/css', 'rel': ['stylesheet']}
div节点中属性如下：
 {'class': ['glyphicon', 'glyphicon-envelope']}
```

图 7.3　打印节点的所有属性

从以上的运行结果中可以发现，attrs 的返回结果为字典类型，字典中的元素分别是属性名称与对应的值。所以在 attrs 后面添加 [] 括号，并在括号内添加属性名称，即可获取指定属性对应的值。示例代码如下：

```
print('meta节点中http-equiv属性对应的值为: ',soup.meta.attrs['http-equiv'])
print('link节点中href属性对应的值为: ',soup.link.attrs['href'])
print('div节点中class属性对应的值为: ',soup.div.attrs['class'])
```

程序运行结果如图 7.4 所示。

```
meta节点中http-equiv属性对应的值为： Content-Type
link节点中href属性对应的值为： font/css/bootstrap.min.css
div节点中class属性对应的值为： ['glyphicon', 'glyphicon-envelope']
```

图 7.4　打印指定属性对应的值

在获取节点中指定属性所对应的值时，除了使用上面的方式，还可以不写 attrs，直接在节点后面以 [] 的形式添加属性名称，来获取对应的值。示例代码如下：

```
print('meta节点中http-equiv属性对应的值为: ',soup.meta['http-equiv'])
print('link节点中href属性对应的值为: ',soup.link['href'])
print('div节点中class属性对应的值为: ',soup.div['class'])
```

7.2.3 获取节点包含的文本内容

获取节点包含的文本内容非常简单，只需在节点名称后面添加 string 属性即可。代码如下：

```
print('title节点所包含的文本内容为: ',soup.title.string)
print('h3节点所包含的文本内容为: ',soup.h3.string)
```

程序运行结果如下：

```
title节点所包含的文本内容为：  横排响应式登录
h3节点所包含的文本内容为：  登录
```

7.2.4 嵌套获取节点内容

实例 7.4　嵌套获取节点内容　　（实例位置：资源包 \Code\07\04）

HTML 代码中的每个节点都有出现嵌套的可能，而在使用 Beautiful Soup 获取每个节点的内容时，可以通过“.”直接获取下一个节点中的内容（当前节点的子节点）。示例代码如下：

```
from bs4 import BeautifulSoup  # 导入Beautiful Soup库

# 创建模拟HTML代码的字符串
html_doc = """
<html>
<head>
    <title>横排响应式登录</title>
    <meta http-equiv="Content-Type" content="text/html" charset="utf-8"/>
```

```
        <meta name="viewport" content="width=device-width"/>
        <link href="font/css/bootstrap.min.css" type="text/css" rel="stylesheet">
        <link href="css/style.css" type="text/css" rel="stylesheet">
    </head>
    </html>
    """
    # 创建一个Beautiful Soup对象，获取页面正文
    soup = BeautifulSoup(html_doc, features="lxml")
    print('head节点内容如下：\n',soup.head)
    print('head节点数据类型为：',type(soup.head))
    print('head节点中title节点内容如下：\n',soup.head.title)
    print('head节点中title节点数据类型为：',type(soup.head.title))
    print('head节点中title节点中的文本内容为：',soup.head.title.string)
    print('head节点中title节点中文本内容的数据类型为：',type(soup.head.title.string))
```

程序运行结果如图 7.5 所示。

```
head节点内容如下：
 <head>
<title>横排响应式登录</title>
<meta charset="utf-8" content="text/html" http-equiv="Content-Type"/>
<meta content="width=device-width" name="viewport"/>
<link href="font/css/bootstrap.min.css" rel="stylesheet" type="text/css"/>
<link href="css/style.css" rel="stylesheet" type="text/css"/>
</head>
head节点数据类型为： <class 'bs4.element.Tag'>
head节点中title节点内容如下：
 <title>横排响应式登录</title>
head节点中title节点数据类型为： <class 'bs4.element.Tag'>
head节点中title节点中的文本内容为： 横排响应式登录
head节点中title节点中文本内容的数据类型为： <class 'bs4.element.NavigableString'>
```

图 7.5 嵌套获取节点内容

说明

从上面的运行结果中可以看出，在获取 head 与其内部的 title 节点内容时，数据类型均为 <class 'bs4.element.Tag'>。也就说明，在 Tag 类型的基础上，可以获取当前节点的子节点内容，这样的获取方式可以叫作嵌套获取节点内容。

7.2.5 关联获取

在获取节点内容时，不一定都能做到一步获取指定节点中的内容，需要先确认某一个节点，再以该节点为中心获取对应的子节点、子孙节点、父节点及兄弟节点。

1. 获取子节点

实例 7.5 获取子节点 （实例位置：资源包 \Code\07\05）

在获取某节点下面的所有子节点时，可以使用 contents 或者 children 属性来实现，其中 contents 返回的是一个列表。在这个列表中，每个元素都是一个子节点内容，而 children 返回的则是一个 list_iterator 类型的可迭代对象。获取所有子节点的代码如下：

```
from bs4 import BeautifulSoup  # 导入Beautiful Soup库

# 创建模拟HTML代码的字符串
```

```
html_doc = """
<html>
<head>
    <title>关联获取演示</title>
    <meta charset="utf-8"/>
</head>
</html>
"""
# 创建一个Beautiful Soup对象，获取页面正文
soup = BeautifulSoup(html_doc, features="lxml")
print(soup.head.contents)              # 用列表形式打印head下所有子节点
print(soup.head.children)              # 用可迭代对象形式打印head下所有子节点
```

程序运行结果如图 7.6 所示。

```
['\n', <title>关联获取演示</title>, '\n', <meta charset="utf-8"/>, '\n']
<list_iterator object at 0x00000276F5D9DF48>
```

图 7.6 获取所有子节点内容

从图 7.6 的运行结果中可以看出，在通过 head.contents 获取的所有子节点中，有三个换行符 \n 及两个子标题（title 与 meta）对应的所有内容。通过 head.children 获取的则是一个 list_iterator 类型的可迭代对象，如果需要获取该对象的所有内容，则可以直接将其转换为 list 类型或者通过 for 循环遍历的方式进行获取。示例代码如下：

```
print(list(soup.head.children))        # 打印将可迭代对象转换为列表形式的所有子节点
for i in soup.head.children:           # 循环遍历可迭代对象的所有子节点
    print(i)                           # 打印子节点内容
```

程序运行结果如图 7.7 所示。

```
['\n', <title>关联获取演示</title>, '\n', <meta charset="utf-8"/>, '\n']


<title>关联获取演示</title>


<meta charset="utf-8"/>
```

图 7.7 遍历所有子节点内容

2. 获取子孙节点

实例 7.6 获取子孙节点　　（实例位置：资源包 \Code\07\06）

在获取某节点下面的所有子孙节点时，可以使用 descendants 属性来实现。该属性会返回一个 generator 对象。在获取该对象中的所有内容时，同样可以直接将其转换为 list 类型或者通过 for 循环遍历的方式进行获取。这里以 for 循环遍历的方式为例，示例代码如下：

```
from bs4 import BeautifulSoup  # 导入Beautiful Soup库

# 创建模拟HTML代码的字符串
html_doc = """
<html>
...此处省略...
<body>
```

```
<div id="test1">
    <div id="test2">
        <ul>
            <li class="test3" value = "user1234">
                此处为演示信息
            </li>
        </ul>
    </div>
</div>
</body>
</html>
"""
# 创建一个Beautiful Soup对象，获取页面正文
soup = BeautifulSoup(html_doc, features="lxml")
print(soup.body.descendants)            # 打印body节点下所有子孙节点内容的generator对象
for i in soup.body.descendants:         # 循环遍历generator对象的所有子孙节点
    print(i)                            # 打印子孙节点内容
```

程序运行结果如图 7.8 所示。

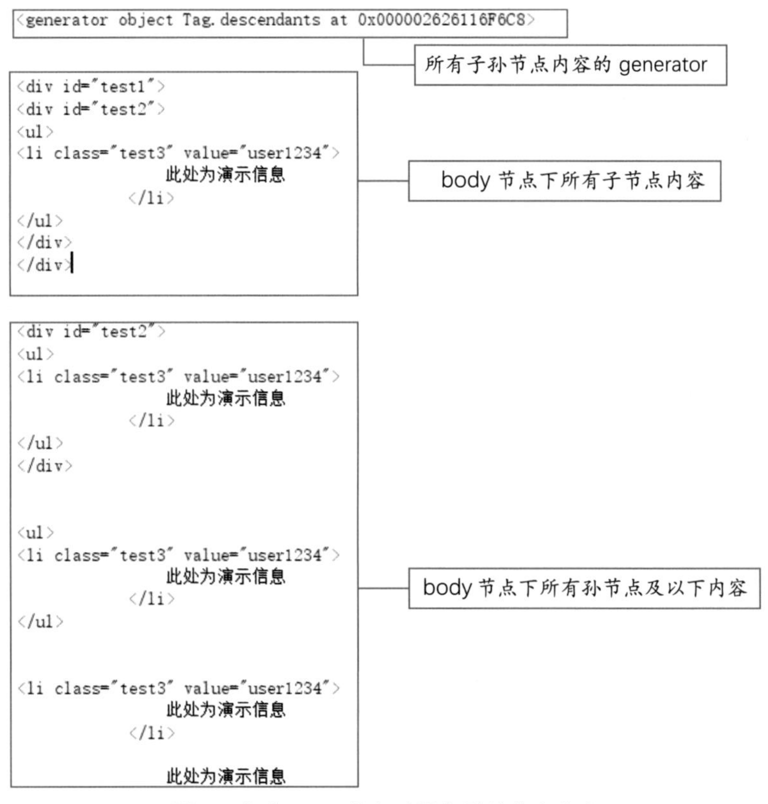

图 7.8 打印 body 节点下所有子孙节点内容

3. 获取父节点

实例 7.7 获取父节点 （实例位置：资源包 \Code\07\07）

获取父节点有两种方式，一种是通过 parent 属性直接获取指定节点的父节点内容，还可以通过 parents 属性获取指定节点的父节点及以上（祖先节点）内容，只是 parents 属性会返回一个 generator

对象，在获取该对象的所有内容时，同样可以直接将其转换为 list 类型或者通过 for 循环遍历的方式进行获取。这里以 for 循环遍历方式为例，获取父节点及祖先节点内容，示例代码如下：

```
from bs4 import BeautifulSoup  # 导入Beautiful Soup库

# 创建模拟HTML代码的字符串
html_doc = """
<html>
<head>
    <title>关联获取演示</title>
    <meta charset="utf-8"/>
</head>
</html>
"""
# 创建一个Beautiful Soup对象，获取页面正文
soup = BeautifulSoup(html_doc, features="lxml")
print(soup.title.parent)                    # 打印title节点的父节点内容
print(soup.title.parents)                   # 打印title节点的父节点及以上内容的generator对象
for i in soup.title.parents:                # 循环遍历generator对象中的所有父节点及以上内容
    print(i.name)                           # 打印父节点及祖先节点名称
```

程序运行结果如图 7.9 所示。

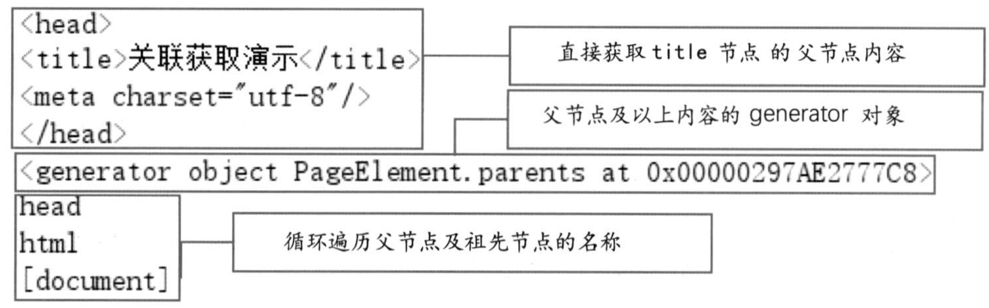

图 7.9　打印父节点及祖先节点内容

从图 7.9 的运行结果中可以看出，parents 属性获取父节点的顺序为 head、html，最后的 [document] 表示文档对象，是整个 HTML 文档，也是 Beautiful Soup 对象。

4. 获取兄弟节点

实例 7.8　获取兄弟节点　（实例位置：资源包 \Code\07\08）

兄弟节点也就是同级节点，表示在同一级节点内的所有子节点之间的关系。假如在一段 HTML 代码中获取第一个 p 节点的下一个 div 兄弟节点时，可以使用 next_sibling 属性，如果想获取当前 div 节点的上一个兄弟节点 p，则可以使用 previous_sibling 属性。通过这两个属性获取兄弟节点时，如果两个节点之间含有换行符（\n）、空字符或者其他文本内容，则将返回这些文本节点。示例代码如下：

```
from bs4 import BeautifulSoup  # 导入Beautiful Soup库

# 创建模拟HTML代码的字符串
html_doc = """
<html>
<head>
    <title>关联获取演示</title>
```

```
        <meta charset="utf-8"/>
    </head>
    <body>
    <p class="p-1" value = "1"><a href="https://www.mingrisoft.com/Book/newDetails/id/538.html">零基础学Python</a></p>
    第一个p节点下文本
    <div class="div-1" value = "2"><a href="https://www.mingrisoft.com/Book/newDetails/id/543.html">Python从入门到项目实践</a></div>
    <p class="p-3" value = "3"><a href="https://www.mingrisoft.com/Book/newDetails/id/548.html">Python项目开发案例集锦</a></p>
    <div class="div-2" value = "4"><a href="https://www.mingrisoft.com/Book/newDetails/id/552">Python编程锦囊</a></div>
    </body>
    </html>
    """
    # 创建一个Beautiful Soup对象，获取页面正文
    soup = BeautifulSoup(html_doc, features="lxml")
    print(soup.p.next_sibling)                    # 打印第一个p节点的下一个兄弟节点（文本节点内容）
    print(list(soup.p.next_sibling))              # 以列表形式打印文本节点中的所有元素
    div = soup.p.next_sibling.next_sibling        # 获取p节点同级的第一个div节点
    print(div)                                    # 打印第一个div节点内容
    print(div.previous_sibling)                   # 打印第一个div节点的上一个兄弟节点（文本节点内容）
```

程序运行结果如图 7.10 所示。

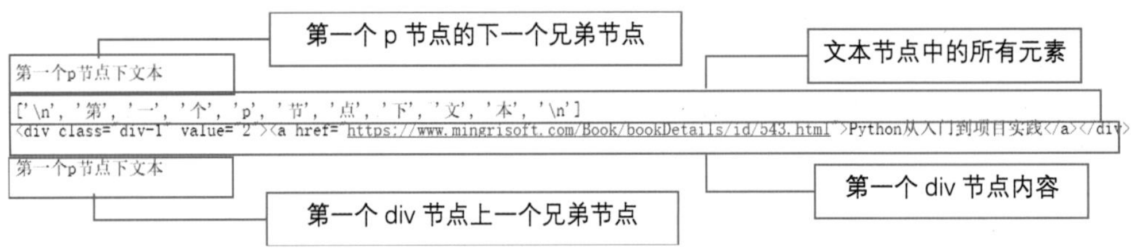

图 7.10 打印同级节点中上一个与下一个节点内容

如果想获取当前节点后面的所有兄弟节点，可以使用 next_siblings 属性。如果想获取当前节点前面的所有兄弟节点，可以使用 previous_siblings 属性。通过这两个属性获取的节点都将以 generator（可迭代对象）的形式返回，在获取节点内容时，同样可以直接将其转换为 list 类型或者通过 for 循环遍历的方式进行获取。这里以转换 list 类型为例，示例代码如下：

```
print('获取p节点后面的所有兄弟节点如下：\n',list(soup.p.next_siblings))
print('获取p节点前面的所有兄弟节点如下：\n',list(soup.p.previous_siblings))
```

程序运行结果如图 7.11 所示。

```
获取p节点后面的所有兄弟节点如下：
 ['\n第一个p节点下文本\n', <div class="div-1" value="2"><a href="https://www.mingrisoft.com/Book/bookDetails/id/543.html">Python从入门到
  项目实践</a></div>, '\n', <p class="p-3" value="3"><a href="https://www.mingrisoft.com/Book/bookDetails/id/548.html">Python项目开发案例
  集锦</a></p>, '\n', <div class="div-2" value="4"><a href="https://www.mingrisoft.com/Book/bookDetails/id/552.html">Python编程锦囊
  </a></div>, '\n']
获取p节点前面的所有兄弟节点如下：
 ['\n']
```

图 7.11 获取当前节点后面、前面的所有节点内容

7.3 使用方法获取内容

在 HTML 代码中获取比较复杂的内容时，可以使用 find_all() 方法与 find() 方法。调用这些方法，

传入指定的参数即可灵活地获取节点中的内容。

7.3.1 find_all() 方法 ——获取所有符合条件的内容

Beautiful Soup 提供了一个 find_all() 方法，该方法可以获取所有符合条件的内容。其语法格式如下：

```
find_all(name=None, attrs={}, recursive=True, text=None, limit=None, **kwargs)
```

在 find_all() 方法中，常用参数分别是 name、attrs 及 text。下面将具体介绍每个参数的用法。

1. name 参数

实例 7.9 find_all(name) 方法通过节点名称获取内容　（实例位置：资源包 \Code\07\09）

name 参数用来指定节点名称，指定该参数后将返回一个可迭代对象，所有符合条件的内容均为对象中的一个元素。示例代码如下：

```
from bs4 import BeautifulSoup  # 导入Beautiful Soup库

# 创建模拟HTML代码的字符串
html_doc = """
<html>
<head>
    <title>方法获取演示</title>
    <meta charset="utf-8"/>
</head>
<body>
<p class="p-1" value = "1"><a href="https://www.mingrisoft.com/Book/newDetails/id/538.html">零基础学Python</a></p>
<p class="p-2" value = "2"><a href="https://www.mingrisoft.com/Book/newDetails/id/543.html">Python从入门到项目实践</a></p>
<p class="p-3" value = "3"><a href="https://www.mingrisoft.com/Book/newDetails/id/548.html">Python项目开发案例集锦</a></p>
<div class="div-2" value = "4"><a href="https://www.mingrisoft.com/Book/newDetails/id/552.html">Python编程锦囊</a></div>
</body>
</html>
"""
# 创建一个Beautiful Soup对象，获取页面正文
soup = BeautifulSoup(html_doc, features="lxml")
print(soup.find_all(name='p'))              # 打印名称为p的所有节点内容
print(type(soup.find_all(name='p')))        # 打印数据类型
```

程序运行结果如图 7.12 所示。

```
[<p class="p-1" value="1"><a href="https://www.mingrisoft.com/Book/newDetails/id/538.html">零基础学Python</a></p>, <p class="p-2"
 value="2"><a href="https://www.mingrisoft.com/Book/bookDetails/id/543.html">Python从入门到项目实践</a></p>, <p class="p-3"
 value="3"><a href="https://www.mingrisoft.com/Book/bookDetails/id/548.html">Python项目开发案例集锦</a></p>]
<class 'bs4.element.ResultSet'>
```

图 7.12 打印名称为 p 的所有节点内容

说明

bs4.element.ResultSet 类型的数据与 Python 中的列表类似，如果想获取可迭代对象中的某条数据，可以使用切片的方式进行获取，如获取所有 p 节点中的第一个，可以参考以下代码：

```
print(soup.find_all(name='p')[0])         # 打印所有p节点中的第一个元素
```

因为 bs4.element.ResultSet 数据中的每一个元素都是 bs4.element.Tag 类型的，所以可以直接对某一个元素进行嵌套获取。示例代码如下：

```
print(type(soup.find_all(name='p')[0]))                # 打印数据类型
print(soup.find_all(name='p')[0].find_all(name='a'))  # 打印第一个p节点内的子节点a
```

程序运行结果如图 7.13 所示。

```
<class 'bs4.element.Tag'>
[<a href="https://www.mingrisoft.com/Book/newDetails/id/538.html">零基础学Python</a>]
```

图 7.13 嵌套获取节点内容

2. attrs 参数

实例 7.10 find_all(attrs) 方法通过指定属性获取内容 （实例位置：资源包 \Code\07\10）

attrs 参数表示通过指定属性进行数据的获取工作，在填写 attrs 参数时，默认情况下需要填写字典类型的参数值，但也可以通过赋值的方式填写参数。示例代码如下：

```
from bs4 import BeautifulSoup  # 导入Beautiful Soup库

# 创建模拟HTML代码的字符串
html_doc = """
<html>
<head>
    <title>方法获取演示</title>
    <meta charset="utf-8"/>
</head>
<body>
<p class="p-1" value = "1"><a href="https://www.mingrisoft.com/Book/newDetails/id/538.html">零基础学Python</a></p>
<p class="p-1" value = "2"><a href="https://www.mingrisoft.com/Book/newDetails/id/543.html">Python从入门到项目实践</a></p>
<p class="p-3" value = "3"><a href="https://www.mingrisoft.com/Book/newDetails/id/548">Python项目开发案例集锦</a></p>
<div class="div-2" value = "4"><a href="https://www.mingrisoft.com/Book/newDetails/id/552.html">Python编程锦囊</a></div>
</body>
</html>
"""
# 创建一个Beautiful Soup对象，获取页面正文
soup = BeautifulSoup(html_doc, features="lxml")
print('字典参数结果如下：')
print(soup.find_all(attrs={'value':'1'}))        # 打印value值为1的所有内容，字典参数
print('赋值参数结果如下：')
print(soup.find_all(class_='p-1'))              # 打印class为p-1的所有内容，赋值参数
print(soup.find_all(value='3'))                 # 打印value值为3的所有内容，赋值参数
```

程序运行结果如图 7.14 所示。

```
字典参数结果如下：
[<p class="p-1" value="1"><a href="https://www.mingrisoft.com/Book/newDetails/id/538.html">零基础学Python</a></p>]
赋值参数结果如下：
[<p class="p-1" value="1"><a href="https://www.mingrisoft.com/Book/newDetails/id/538.html">零基础学Python</a></p>]
[<p class="p-3" value="3"><a href="https://www.mingrisoft.com/Book/bookDetails/id/548.html">Python项目开发案例集锦</a></p>]
```

图 7.14　通过属性获取节点内容

3. text 参数

实例 7.11　find_all(text) 方法获取节点中的文本　（实例位置：资源包 \Code\07\11）

指定 text 参数可以获取节点中的文本，该参数可以指定字符串或者正则表达式对象。示例代码如下：

```
from bs4 import BeautifulSoup  # 导入Beautiful Soup库
import re                      # 导入正则表达式模块
# 创建模拟HTML代码的字符串
html_doc = """
<html>
<head>
    <title>方法获取演示</title>
    <meta charset="utf-8"/>
</head>
<body>
<p class="p-1" value = "1"><a href="https://www.mingrisoft.com/Book/newDetails/id/538.html">零基础学Python</a></p>
<p class="p-1" value = "2"><a href="https://www.mingrisoft.com/Book/newDetails/id/543.html">Python从入门到项目实践</a></p>
<p class="p-3" value = "3"><a href="https://www.mingrisoft.com/Book/newDetails/id/548">Python项目开发案例集锦</a></p>
<div class="div-2" value = "4"><a href="https://www.mingrisoft.com/Book/newDetails/id/552.html">Python编程锦囊</a></div>
</body>
</html>
"""
# 创建一个Beautiful Soup对象，获取页面正文
soup = BeautifulSoup(html_doc, features="lxml")
print('指定字符串所获取的内容如下：')
print(soup.find_all(string='零基础学Python'))        # 打印指定字符串所获取的内容
print('指定正则表达式对象所获取的内容如下：')
print(soup.find_all(string=re.compile('Python')))   # 打印指定正则表达式对象所获取的内容
```

程序运行结果如图 7.15 所示。

```
指定字符串所获取的内容如下：
['零基础学Python']
指定正则表达式对象所获取的内容如下：
['零基础学Python', 'Python从入门到项目实践', 'Python项目开发案例集锦', 'Python编程锦囊']
```

图 7.15　获取指定字符串的内容

7.3.2　find() 方法——获取第一个匹配的节点内容

实例 7.12　获取第一个匹配的节点内容　（实例位置：资源包 \Code\07\12）

find_all() 方法可以获取所有符合条件的节点内容，而 find() 方法只能获取第一个匹配的节点内容。

示例代码如下：

```
from bs4 import BeautifulSoup  # 导入Beautiful Soup库
import re                      # 导入正则表达式模块
# 创建模拟HTML代码的字符串
html_doc = """
<html>
<head>
    <title>方法获取演示</title>
    <meta charset="utf-8"/>
</head>
<body>
<p class="p-1" value = "1"><a href="https://www.mingrisoft.com/Book/newDetails/id/538.html">零基础学Python</a></p>
<p class="p-1" value = "2"><a href="https://www.mingrisoft.com/Book/newDetails/id/543.html">Python从入门到项目实践</a></p>
<p class="p-3" value = "3"><a href="https://www.mingrisoft.com/Book/newDetails/id/548.html">Python项目开发案例集锦</a></p>
<div class="div-2" value = "4"><a href="https://www.mingrisoft.com/Book/newDetails/id/552.html">Python编程锦囊</a></div>
</body>
</html>
"""
# 创建一个Beautiful Soup对象，获取页面正文
soup = BeautifulSoup(html_doc, features="lxml")
print(soup.find(name='p'))                       # 打印第一个name为p的节点内容
print(soup.find(class_='p-3'))                   # 打印第一个class为p-3的节点内容
print(soup.find(attrs={'value':'4'}))            # 打印第一个value为4的节点内容
print(soup.find(string=re.compile('Python')))    # 打印第一个文本中包含Python的文本信息
```

程序运行结果如图 7.16 所示。

```
<p class="p-1" value="1"><a href="https://www.mingrisoft.com/Book/newDetails/id/538.html">零基础学Python</a></p>
<p class="p-3" value="3"><a href="https://www.mingrisoft.com/Book/bookDetails/id/548.html">Python项目开发案例集锦</a></p>
<div class="div-2" value="4"><a href="https://www.mingrisoft.com/Book/bookDetails/id/552.html">Python编程锦囊</a></div>
零基础学Python
```

图 7.16 获取第一个匹配的节点内容

7.3.3 其他方法

除了 find_all() 方法和 find() 方法可以实现按照指定条件获取节点内容，Beautiful Soup 还提供了其他多个方法，这些方法的使用方式与 find_all() 方法和 find() 方法相同，只是查询的范围不同。各方法的具体说明如表 7.2 所示。

表 7.2 根据指定条件获取节点内容的其他方法

方法名称	描 述
find_parent()	获取父节点内容
find_parents()	获取所有祖先节点内容
find_next_sibling()	获取后面第一个兄弟节点内容

续表

方法名称	描　述
find_next_siblings()	获取后面所有兄弟节点内容
find_previous_sibling()	获取前面第一个兄弟节点内容
find_previous_siblings()	获取前面所有兄弟节点内容
find_next()	获取当前节点的下一个第一个符合条件的节点内容
find_all_next()	获取当前节点的下一个所有符合条件的节点内容
find_previous()	获取第一个符合条件的节点内容
find_all_previous()	获取所有符合条件的节点内容

7.4 CSS 选择器

Beautiful Soup 还提供了 CSS 选择器来获取节点内容，如果是 Tag 或者 Beautiful Soup 对象，则都可以先直接调用 select() 方法，再填写指定参数，即可通过 CSS 选择器获取节点中的内容。如果对 CSS 选择器不是很熟悉，则可以参考 CSS 选择器参考手册。

在使用 CSS 选择器获取节点内容时，首先需要调用 select() 方法，然后为其指定字符串类型的 CSS 选择器。常见的 CSS 选择器如下：

☑ 直接填写字符串类型的节点名称。

☑ .class：表示指定 class 属性值。

☑ #id：表示指定 id 属性的值。

实例 7.13 使用 CSS 选择器获取节点内容　　（实例位置：资源包 \Code\07\13）

select() 方法的基本使用方式可以参考以下代码：

```
from bs4 import BeautifulSoup  # 导入Beautiful Soup库
# 创建模拟HTML代码的字符串
html_doc = """
<html>
<head>
    <title>关联获取演示</title>
    <meta charset="utf-8"/>
</head>
<body>
    <div class="test_1" id="class_1">
        <p class="p-1" value = "1"><a href="https://www.mingrisoft.com/Book/newDetails/id/538.html">零基础学Python</a></p>
        <p class="p-2" value = "2"><a href="https://www.mingrisoft.com/Book/newDetails/id/543.html">Python从入门到项目实践</a></p>
        <p class="p-3" value = "3"><a href="https://www.mingrisoft.com/Book/newDetails/id/548.html">Python项目开发案例集锦</a></p>
        <p class="p-4" value = "4"><a href="https://www.mingrisoft.com/Book/newDetails/id/552.html">Python编程锦囊</a></p>
    </div>
    <div class="test_2" id="class_2">
```

```
            <p class="p-5"><a href="https://www.mingrisoft.com/Book/newDetails/id/485.html">零基础学Java（全彩版）</a></p>
            <p class="p-6"><a href="https://www.mingrisoft.com/Book/newDetails/id/486.html">零基础学Android（全彩版）</a></p>
            <p class="p-7"><a href="https://www.mingrisoft.com/Book/newDetails/id/487.html">零基础学C语言（全彩版）</a></p>
        </div>
    </body>
    </html>
    """
    # 创建一个Beautiful Soup对象，获取页面正文
    soup = BeautifulSoup(html_doc, features="lxml")
    print('所有p节点内容如下：')
    print(soup.select('p'))                  # 打印所有p节点内容
    print('所有p节点中的第二个p节点内容如下：')
    print(soup.select('p')[1])               # 打印所有p节点中的第二个p节点
    print('逐层获取的title节点如下：')
    print(soup.select('html head title'))    # 打印逐层获取的title节点
    print('类名为test_2所对应的节点如下：')
    print(soup.select('.test_2'))            # 打印类名为test_2所对应的节点
    print('id值为class_1所对应的节点如下：')
    print(soup.select('#class_1'))           # 打印id值为class_1所对应的节点
```

程序运行结果如图 7.17 所示。

```
所有p节点内容如下：
[<p class="p-1" value="1"><a href="https://www.mingrisoft.com/Book/newDetails/id/538.html">零基础学Python</a></p>, <p class="p-2"
 value="2"><a href="https://www.mingrisoft.com/Book/bookDetails/id/543.html">Python从入门到项目实践</a></p>, <p class="p-3"
 value="3"><a href="https://www.mingrisoft.com/Book/bookDetails/id/548.html">Python项目开发案例集锦</a></p>, <p class="p-4"
 value="4"><a href="https://www.mingrisoft.com/Book/bookDetails/id/552.html">Python编程锦囊</a></p>, <p class="p-5"><a
 href="https://www.mingrisoft.com/Book/newDetails/id/485.html">零基础学Java（全彩版）</a></p>, <p class="p-6"><a href="https://www
 .mingrisoft.com/Book/newDetails/id/486.html">零基础学Android（全彩版）</a></p>, <p class="p-7"><a href="https://www.mingrisoft
 .com/Book/newDetails/id/487.html">零基础学C语言（全彩版）</a></p>]
所有p节点中的第二个p节点内容如下：
<p class="p-2" value="2"><a href="https://www.mingrisoft.com/Book/bookDetails/id/543.html">Python从入门到项目实践</a></p>
逐层获取的title节点如下：
[<title>关联获取演示</title>]
类名为test_2所对应的节点如下：
[<div class="test_2" id="class_2">
<p class="p-5"><a href="https://www.mingrisoft.com/Book/newDetails/id/485.html">零基础学Java（全彩版）</a></p>
<p class="p-6"><a href="https://www.mingrisoft.com/Book/newDetails/id/486.html">零基础学Android（全彩版）</a></p>
<p class="p-7"><a href="https://www.mingrisoft.com/Book/newDetails/id/487.html">零基础学C语言（全彩版）</a></p>
</div>]
id值为class_1所对应的节点如下：
[<div class="test_1" id="class_1">
<p class="p-1" value="1"><a href="https://www.mingrisoft.com/Book/newDetails/id/538.html">零基础学Python</a></p>
<p class="p-2" value="2"><a href="https://www.mingrisoft.com/Book/bookDetails/id/543.html">Python从入门到项目实践</a></p>
<p class="p-3" value="3"><a href="https://www.mingrisoft.com/Book/bookDetails/id/548.html">Python项目开发案例集锦</a></p>
<p class="p-4" value="4"><a href="https://www.mingrisoft.com/Book/bookDetails/id/552.html">Python编程锦囊</a></p>
</div>]
```

图 7.17 CSS 选择器所获取的节点

除了以上基本使用方式，select() 方法还可以实现嵌套获取、获取属性值及获取文本等。这里以 7.4 节示例代码中的 HTML 代码为例，获取节点内容的其他方法如表 7.3 所示。

表 7.3 根据指定条件获取节点内容的其他方法

获取节点内容方式	描　述
soup.select('div[class="test_1"]')[0].select('p')[0]	嵌套获取 class 名为 test_1 对应的 div 中所有 p 节点中的第一个
soup.select('p')[0]['value'] soup.select('p')[0].attrs['value']	获取所有 p 节点中第一个节点内 value 属性对应的值（两种方式）

续表

获取节点内容方式	描　述
soup.select('p')[0].get_text() soup.select('p')[0].string	获取所有 p 节点中第一个节点内的文本（两种方式）
soup.select('p')[1:]	获取所有 p 节点中第二个节点以后的 p 节点
soup.select('.p-1,.p-5')	获取 class 名为 p-1 与 p-5 对应的节点
soup.select('a[href]')	获取存在 href 属性的所有 a 节点
soup.select('p[value = "1"]')	获取所有属性值为 value = "1" 的 p 节点

说明

Beautiful Soup 还提供了一个 select_one() 方法，用于获取所有符合条件的节点中的第一个节点，例如 soup.select_one('a') 将获取所有 a 节点中的第一个 a 节点的 内容。

本章 e 学码：关键知识点拓展阅读

HTML 中的节点　　lxml 解析器　　Unicode 编码

第 8 章

多线程与多进程爬虫

本章概览

当爬虫所爬取的数据量非常大时，不仅需要考虑数据该如何存储，还需要考虑如何提高爬虫效率。如果使用单线程的爬虫，爬取数据的速度是非常慢的。通常解决这样的问题可以使用 Python 中的多线程与多进程，这样就可以实现同时完成多项工作，提高执行效率。本章将结合实例，由浅入深地向读者介绍在 Python 中如何创建多线程与多进程爬虫。

知识框架

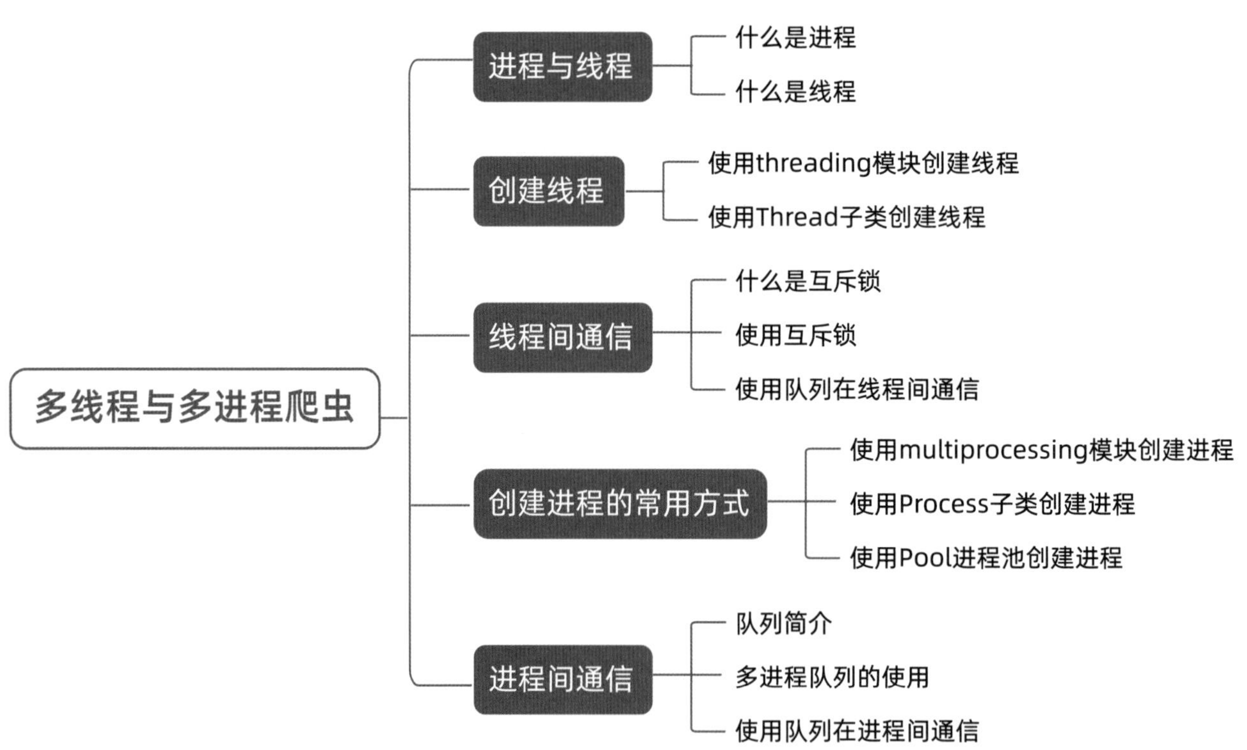

8.1 进程与线程

8.1.1 什么是进程

在了解进程之前，我们需要知道多任务的概念。多任务，顾名思义，就是指操作系统能够执行多个任务。例如，使用 Windows 或 Linux 操作系统可以同时看电影、聊天、查看网页等，此时，操作系统就是在执行多任务，而每一个任务都是一个进程。我们可以打开 Windows 的任务管理器，查看一下操作系统正在执行的进程，如图 8.1 所示。图 8.1 中显示的进程不仅包括应用程序（如腾讯 QQ、Google Chrome 等），还包括系统进程（如任务管理器）。

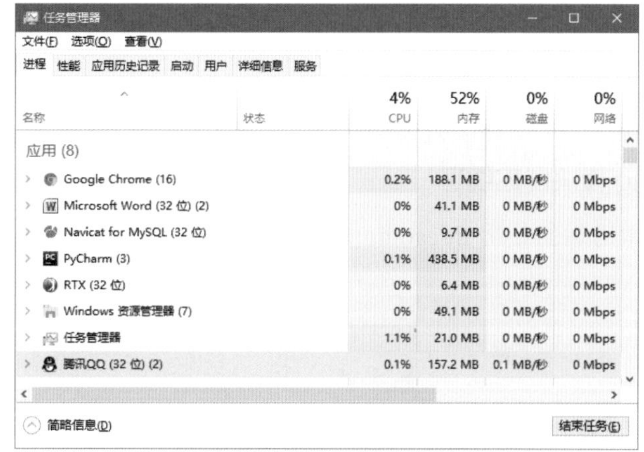

图 8.1　正在执行的进程

进程（Process）是计算机中已运行程序的实体。进程与程序不同，程序本身只是指令、数据及其组织形式的描述，进程才是程序（那些指令和数据）的真正运行实例。例如，在没有打开 QQ 时，QQ 只是程序。打开 QQ 后，操作系统就为 QQ 开启了一个进程。再打开一个 QQ，则又开启了一个进程，如图 8.2 所示。

图 8.2　开启多个进程

8.1.2 什么是线程

线程（Thread）是操作系统能够进行运算调度的最小单位。它被包含在进程之中，是进程的实际运作单位。一个线程指进程中一个单一顺序的控制流，一个进程中可以并发多个线程，每个线程并行执行不同的任务。例如，对于视频播放器，显示视频用一个线程，播放音频用另一个线程。只有两个线程同时工作，我们才能正常观看画面和声音同步的视频。

举个生活中的例子来更好地理解进程和线程的关系。进程就好比一列火车，而线程好比车厢，线程需要在进程下运行，就好比单独的车厢无法行驶一样。一个进程可以包含多个线程，就好比一列火车有多个车厢一样。

8.2 创建线程

由于线程是操作系统直接支持的执行单元，因此，高级语言（如 Python、Java 等）通常都内置多线程的支持。Python 的标准库提供了两个模块：_thread 和 threading。_thread 是低级模块，threading 是高级模块，对 _thread 进行了封装。在绝大多数情况下，我们只需要使用 threading 这个高级模块。

8.2.1 使用 threading 模块创建线程

threading 模块提供了一个 Thread 类来代表一个线程对象，语法如下：

```
Thread([group [, target [, name [, args [, kwargs]]]]])
```

Thread 类的参数说明如下：

☑ group：值为 None，为以后版本保留。

☑ target：表示一个可调用对象，线程启动时，run() 方法将调用此对象，默认值为 None，表示不调用任何内容。

☑ name：表示当前线程名称，默认创建一个“Thread-N”格式的唯一名称。

☑ args：表示传递给 target 函数的参数元组。

☑ kwargs：表示传递给 target 函数的参数字典。

实例 8.1 使用 threading 模块创建线程 （实例位置：资源包 \Code\08\01）

下面通过一个例子来学习如何使用 threading 模块创建线程。示例代码如下：

```
# -*- coding:utf-8 -*-
import threading,time

def process():
    for i in range(3):
        time.sleep(1)
        print("thread name is %s" % threading.current_thread().name)

if __name__ == '__main__':
    print("-----主线程开始-----")
    # 创建4个线程，存入列表
    threads = [threading.Thread(target=process) for i in range(4)]
    for t in threads:
        t.start()        # 开启线程
    for t in threads:
        t.join()         # 等待子线程结束
    print("-----主线程结束-----")
```

上述代码创建了 4 个线程，分别用 for 循环执行 4 次 start() 方法和 join() 方法。每个子线程分别执行输出 3 次。程序运行结果如图 8.3 所示。

```
-----主线程开始-----
thread name is Thread-3
thread name is Thread-1
thread name is Thread-2
thread name is Thread-4
thread name is Thread-2
thread name is Thread-1
thread name is Thread-3
thread name is Thread-4
thread name is Thread-2
thread name is Thread-3
thread name is Thread-1
thread name is Thread-4
-----主线程结束-----
```

图 8.3 创建多线程

注意

从图 8.3 中可以看出，线程的执行顺序是不确定的。

8.2.2 使用 Thread 子类创建线程

Thread 线程类可以通过定义一个继承自 Thread 线程类的子类来创建线程。下面通过一个示例学习使用 Thread 子类创建线程的方式。

实例 8.2 使用 Thread 子类创建线程　（实例位置：资源包 \Code\8\02）

创建一个继承自 threading.Thread 线程类的子类 SubThread，并定义一个 run() 方法。实例化 SubThread 类，创建两个线程，并且调用 start() 方法开启线程，会自动调用 run() 方法。示例代码如下：

```
# -*- coding: utf-8 -*-
import threading
import time
class SubThread(threading.Thread):
    def run(self):
        for i in range(3):
            time.sleep(1)
            msg = "子线程"+self.name+'执行，i='+str(i) #name属性中保存的是当前线程的名字
            print(msg)
if __name__ == '__main__':
    print('-----主线程开始-----')
    t1 = SubThread()       # 创建子线程t1
    t2 = SubThread()       # 创建子线程t2
    t1.start()             # 启动子线程t1
    t2.start()             # 启动子线程t2
    t1.join()              # 等待子线程t1
    t2.join()              # 等待子线程t2
    print('-----主线程结束-----')
```

程序运行结果如图 8.4 所示。

```
-----主线程开始-----
子线程Thread-1执行，i=0
子线程Thread-2执行，i=0
子线程Thread-1执行，i=1
子线程Thread-2执行，i=1
子线程Thread-1执行，i=2
子线程Thread-2执行，i=2
-----主线程结束-----
```

图 8.4 使用 Thread 子类创建线程

8.3 线程间通信

实例 8.3 验证线程之间是否可以共享信息　（实例位置：资源包 \Code\08\03）

下面通过一个例子来验证线程之间是否可以共享信息。定义一个全局变量 g_num，分别创建两个子线程对 g_num 执行不同的操作，并输出操作后的结果。示例代码如下：

```
# -*- coding:utf-8 -*-
from threading import Thread
import time
```

```
def plus():
    print('-------子线程1开始------')
    global g_num
    g_num += 50
    print('g_num is %d'%g_num)
    print('-------子线程1结束------')

def minus():
    time.sleep(1)
    print('-------子线程2开始------')
    global g_num
    g_num -= 50
    print('g_num is %d'%g_num)
    print('-------子线程2结束------')

g_num = 100 # 定义一个全局变量
if __name__ == '__main__':
    print('-------主线程开始------')
    print('g_num is %d'%g_num)
    t1 = Thread(target=plus)    # 实例化线程t1
    t2 = Thread(target=minus)   # 实例化线程t2
    t1.start()                  # 开启线程t1
    t2.start()                  # 开启线程t2
    t1.join()                   # 等待t1线程结束
    t2.join()                   # 等待t2线程结束
    print('-------主线程结束------')
```

在上述代码中，首先定义了一个全局变量 g_num，赋值为 100。然后创建了两个线程，一个线程将 g_num 增加 50，一个线程将 g_num 减少 50。如果 g_num 最终结果为 100，则说明线程之间可以共享数据。程序运行结果如图 8.5 所示。

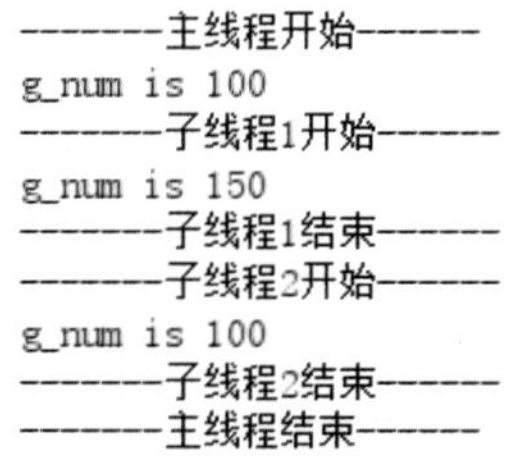
```
-------主线程开始------
g_num is 100
-------子线程1开始------
g_num is 150
-------子线程1结束------
-------子线程2开始------
g_num is 100
-------子线程2结束------
-------主线程结束------
```

图 8.5 检测线程数据是否共享

从上面的例子可以看出，一个进程内的所有线程共享全局变量，能够在不使用其他方式的前提下完成多线程之间的数据共享。

8.3.1 什么是互斥锁

由于线程可以对全局变量随意修改，可能造成多线程之间全局变量的混乱。依然以房子为例，当房子内只有一个居住者时（单线程），他可以任意时刻使用任意一个房间，如厨房、卧室和卫生间等。但是，当这个房子内有多个居住者时（多线程），他就不能在任意时刻使用某些房间，如卫生间，否则会造成混乱。

如何解决这个问题呢？一个防止他人进入的简单方法，就是门上加一把锁。先到的人锁上门，后到的人就在门口排队，等锁打开再进去，如图 8.6 所示。

图 8.6　互斥锁示意图

这就是“互斥锁”（Mutual Exclusion，缩写 Mutex），防止多个线程同时读写某一块内存区域。互斥锁为资源引入一个状态：锁定和非锁定。某个线程要更改共享数据时，先将其锁定，此时资源的状态为“锁定”，其他线程不能更改；直到该线程释放资源，将资源的状态变成“非锁定”，其他线程才能再次锁定该资源。互斥锁保证了每次只有一个线程进行写入操作，从而保证了多线程情况下数据的正确性。

8.3.2 使用互斥锁

在 threading 模块中使用 Lock 类可以方便处理锁定。Lock 类有两个方法：acquire()，锁定；release()，释放锁。示例用法如下：

```
mutex = threading.Lock()       #创建锁
mutex.acquire([blocking])      #锁定
mutex.release()                #释放锁
```

语法如下：

☑ acquire([blocking])：获取锁定，必要时需要阻塞到锁定释放为止。如果提供 blocking 参数并将它设置为 False，则当无法获取锁定时将立即返回 False；如果成功获取锁定，则返回 True。

☑ release()：释放锁定。当锁定处于未锁定状态时，或者从与原本调用了 acquire() 方法的不同线程调用此方法时，将出现错误。

下面通过一个示例学习如何使用互斥锁。

实例 8.4　使用多线程的互斥锁　（实例位置：资源包 \Code\08\04）

这里使用多线程和互斥锁模拟实现多人同时订购电影票的功能，假设电影院某个场次只有 100 张电影票，10 个用户同时抢购该电影票。每售出一张，则显示一次剩余电影票张数。示例代码如下：

```
from threading import Thread,Lock
import time
n=100 # 共100张票

def task():
    global n
    mutex.acquire()            # 上锁
    temp=n                     # 赋值给临时变量
    time.sleep(0.1)            # 休眠0.1秒
    n=temp-1                   # 数量减1
```

```
    print('购买成功，剩余%d张电影票'%n)
    mutex.release()             # 释放锁

if __name__ == '__main__':
    mutex=Lock()                # 实例化Lock类
    t_l=[]                      # 初始化一个列表
    for i in range(10):
        t=Thread(target=task)   # 实例化线程类
        t_l.append(t)           # 将线程实例存入列表
        t.start()               # 创建线程
    for t in t_l:
        t.join()                # 等待子线程结束
```

上述代码创建了 10 个线程，全部都执行 task() 函数。为解决资源竞争问题，使用 mutex.acquire() 函数实现资源锁定，第一个获取资源的线程被锁定后，其他线程等待 mutex.release() 解锁。所以每次只有一个线程执行 task() 函数。程序运行结果如图 8.7 所示。

```
购买成功，剩余99张电影票
购买成功，剩余98张电影票
购买成功，剩余97张电影票
购买成功，剩余96张电影票
购买成功，剩余95张电影票
购买成功，剩余94张电影票
购买成功，剩余93张电影票
购买成功，剩余92张电影票
购买成功，剩余91张电影票
购买成功，剩余90张电影票
```

图 8.7 模拟购票功能

注意

使用互斥锁时，要避免死锁。在多任务系统下，当一个或多个线程等待系统资源，而资源又被线程本身或其他线程占用时，就形成了死锁，如图 8.8 所示。

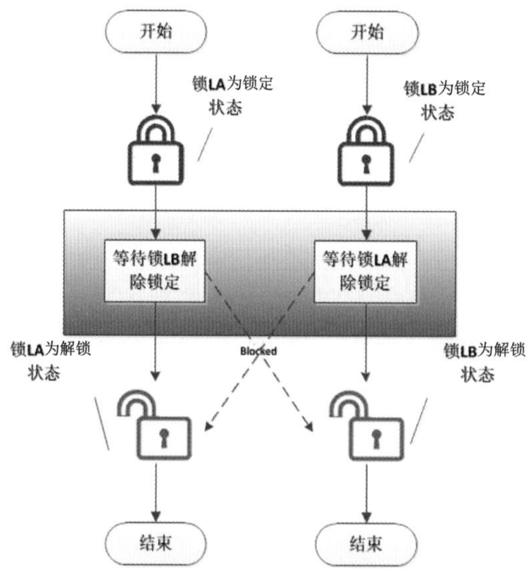

图 8.8 死锁示意图

8.3.3 使用 Queue 在线程间通信

multiprocessing 模块的 Queue（队列）可以实现线程间通信。使用 Queue 在线程间通信通常应用

于生产者 - 消费者模式。产生数据的模块被称为生产者，而处理数据的模块被称为消费者。生产者与消费者之间的缓冲区被称为仓库。生产者负责往仓库运输商品，而消费者负责从仓库里取出商品，这就构成了生产者 - 消费者模式。下面通过一个例子学习如何使用 Queue 在线程间通信。

实例 8.5　使用 Queue 在线程间通信　（实例位置：资源包 \Code\08\05）

定义一个生产者类 Producer，定义一个消费者类 Consumer。生产者生成 5 件产品，依次写入队列，而消费者依次从队列中取出产品，示例代码如下：

```
from queue import Queue
import random,threading,time

# 生产者类
class Producer(threading.Thread):
    def __init__(self, name,queue):
        threading.Thread.__init__(self, name=name)
        self.data=queue
    def run(self):
        for i in range(5):
            print("生成者%s将产品%d加入队列!" % (self.getName(), i))
            self.data.put(i)
            time.sleep(random.random())
        print("生成者%s完成!" % self.getName())

# 消费者类
class Consumer(threading.Thread):
    def __init__(self,name,queue):
        threading.Thread.__init__(self,name=name)
        self.data=queue
    def run(self):
        for i in range(5):
            val = self.data.get()
            print("消费者%s将产品%d从队列中取出!" % (self.getName(),val))
            time.sleep(random.random())
        print("消费者%s完成!" % self.getName())

if __name__ == '__main__':
    print('-----主线程开始-----')
    queue = Queue()         # 实例化队列
    producer = Producer('Producer',queue)   # 实例化线程Producer，并传入队列作为参数
    consumer = Consumer('Consumer',queue)   # 实例化线程Consumer，并传入队列作为参数
    producer.start()    # 启动线程Producer
    consumer.start()    # 启动线程Consumer
    producer.join()     # 等待线程Producer结束
    consumer.join()     # 等待线程Consumer结束
    print('-----主线程结束-----')
```

程序运行结果如图 8.9 所示。

```
-----主线程开始-----
生成者Producer将产品0加入队列!
消费者Consumer将产品0从队列中取出!
生成者Producer将产品1加入队列!
消费者Consumer将产品1从队列中取出!
生成者Producer将产品2加入队列!
消费者Consumer将产品2从队列中取出!
生成者Producer将产品3加入队列!
消费者Consumer将产品3从队列中取出!
生成者Producer将产品4加入队列!
消费者Consumer将产品4从队列中取出!
生成者Producer完成!
消费者Consumer完成!
-----主线程结束-----
```

图 8.9 使用 Queue 在线程间通信

注意

由于程序中使用了 random.random() 生成 0~1 之间的随机数，读者的运行结果可能与图 8.9 不同。

8.4 创建进程的常用方式

在 Python 中，有多个模块可以创建进程，比较常用的有 os.fork() 函数、multiprocessing 模块和 Pool 进程池。由于 os.fork() 函数只适合在 UNIX、Linux、Mac 操作系统上运行，在 Windows 操作系统上不可用，所以本章重点介绍 multiprocessing 模块和 Pool 进程池这两个跨平台模块。

8.4.1 使用 multiprocessing 模块创建进程

multiprocessing 模块提供了 Process 类来代表进程对象，语法如下：

```
Process([group [, target [, name [, args [, kwargs]]]]])
```

Process 类的参数说明如下：

- ☑ group：参数未使用，值始终为 None。
- ☑ target：表示当前进程启动时执行的可调用对象。
- ☑ name：为当前进程实例的别名。
- ☑ args：表示传递给 target 函数的参数元组。
- ☑ kwargs：表示传递给 target 函数的参数字典。

例如，实例化 Process 类，执行子进程，示例代码如下：

```
from multiprocessing import Process      # 导入模块

# 执行子进程代码
def test(interval):
    print('我是子进程')
# 执行主进程
def main():
    print('主进程开始')
    p = Process(target=test,args=(1,))  # 实例化Procss进程类
    p.start()                           # 启动子进程
    print('主进程结束')

if __name__ == '__main__':
    main()
```

程序运行结果如下所示：

```
主进程开始
主进程结束
我是子进程
```

注意

在使用 IDLE 运行上述代码时，不会输出子进程内容，所以使用命令行方式运行 Python 代码，即在命令行窗口中，切换到文件目录下，用“python + 文件名”命令实现，如图 8.10 所示。

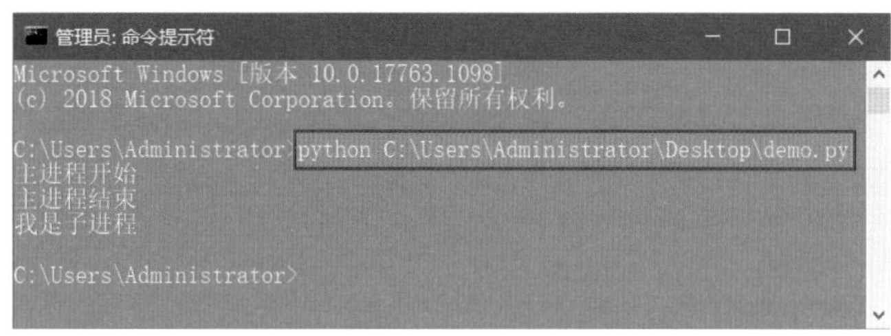

图 8.10 使用命令行运行 Python 文件

在上述代码中，先实例化 Process 类，再使用 p.start() 方法启动子进程，开始执行 test() 函数。Process 的实例 p 常用的方法除 start() 外，还有如下几种：

☑ is_alive()：判断进程实例是否还在执行。
☑ join([timeout])：是否等待进程实例执行结束，或等待多少秒。
☑ start()：启动进程实例（创建子进程）。
☑ run()：如果没有给定 target 参数，在对这个对象调用 start() 方法时，将执行对象中的 run() 方法。
☑ terminate()：不管任务是否完成，立即终止。

Process 类还有如下常用属性：

☑ name：当前进程实例别名，默认为 Process-N，N 为从 1 开始递增的整数。
☑ pid：当前进程实例的 PID 值。

实例 8.6 演示 Process 类的方法和属性的使用 （实例位置：资源包 \Code\08\06）

下面通过一个简单示例演示 Process 类的方法和属性的使用，创建两个子进程，分别使用 os 模块和 time 模块输出父进程和子进程的 PID 及子进程的时间，并调用 Process 类的 name 和 pid 属性，示例代码如下：

```
# -*- coding:utf-8 -*-
from multiprocessing import Process
import time
import os

# 两个子进程将会调用的两个方法
def  child_1(interval):
    print("子进程（%s）开始执行，父进程为（%s）" % (os.getpid(), os.getppid()))
    t_start = time.time()   # 计时开始
    time.sleep(interval)    # 程序将会被挂起interval秒
    t_end = time.time()     # 计时结束
    print("子进程（%s）执行时间为'%0.2f'秒"%(os.getpid(),t_end - t_start))

def  child_2(interval):
    print("子进程（%s）开始执行，父进程为（%s）" % (os.getpid(), os.getppid()))
    t_start = time.time()   # 计时开始
    time.sleep(interval)    # 程序将会被挂起interval秒
```

```
    t_end = time.time()     # 计时结束
    print("子进程 (%s) 执行时间为'%0.2f'秒"%(os.getpid(),t_end - t_start))

if __name__ == '__main__':
    print("------父进程开始执行-------")
    print("父进程PID: %s" % os.getpid())                    # 输出当前程序的PID
    p1=Process(target=child_1,args=(1,))                    # 实例化进程p1
    p2=Process(target=child_2,name="mrsoft",args=(2,))      # 实例化进程p2
    p1.start()  # 启动进程p1
    p2.start()  # 启动进程p2
    #同时父进程仍然往下执行，如果进程p2还在执行，将会返回True
    print("p1.is_alive=%s"%p1.is_alive())
    print("p2.is_alive=%s"%p2.is_alive())
    #输出进程p1和p2的别名和PID
    print("p1.name=%s"%p1.name)
    print("p1.pid=%s"%p1.pid)
    print("p2.name=%s"%p2.name)
    print("p2.pid=%s"%p2.pid)
    print("------等待子进程-------")
    p1.join() # 等待进程p1结束
    p2.join() # 等待进程p2结束
    print("------父进程执行结束-------")
```

在上述代码中，第一次实例化 Process 类时，会为 name 属性默认赋值为 Process-1，第二次则默认为 Process-2，但是由于在实例化进程 p2 时，设置了 name 属性为 mrsoft，所以 p2.name 的值为 mrsoft 而不是 Process-2。运行流程示意图如图 8.11 所示，程序运行结果如图 8.12 所示。

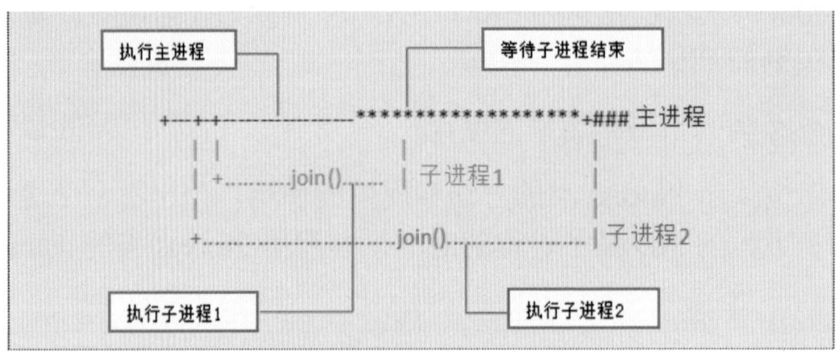

图 8.11 运行流程示意图

```
------父进程开始执行-------
父进程PID: 13372
p1.is_alive=True
p2.is_alive=True
p1.name=Process-1
p1.pid=13580
p2.name=mrsoft
p2.pid=13272
------等待子进程-------
子进程 (13580) 开始执行，父进程为 (13372)
子进程 (13272) 开始执行，父进程为 (13372)
子进程 (13580) 执行时间为'1.00'秒
子进程 (13272) 执行时间为'2.00'秒
------父进程执行结束-------
```

图 8.12 创建两个子进程的运行结果

注意

读者在运行时，进程的 PID 值会与图 8.12 不同。

8.4.2 使用 Process 子类创建进程

对于一些简单的小任务，通常使用 Process(target=test) 方式实现多进程。但是如果要处理复杂任务的进程，通常定义一个类，使其继承 Process 类，每次实例化这个类的时候，就等同于实例化一个进程对象。下面通过一个例子来学习如何通过 Process 子类创建多个进程。

实例 8.7　使用 Process 子类创建多个进程　（实例位置：资源包 \Code\08\07）

使用 Process 子类方式创建两个子进程，分别输出父进程、子进程的 PID，以及每个子进程的状态和运行时间，示例代码如下：

```
# -*- coding:utf-8 -*-
from multiprocessing import Process
import time
import os

# 继承Process类
class SubProcess(Process):
    # 由于Process类本身也有__init__初识化方法，这个子类相当于重写了父类的这个方法
    def __init__(self,interval,name=''):
        Process.__init__(self)      # 调用Process父类的初始化方法
        self.interval = interval    # 接收参数interval
        if name:                    # 判断传递的参数name是否存在
            self.name = name        # 如果传递参数name，则为子进程创建name属性，否则使用默认属性
                                    # 重写了Process类的run()方法
    def run(self):
        print("子进程(%s) 开始执行，父进程为（%s）"%(os.getpid(),os.getppid()))
        t_start = time.time()
        time.sleep(self.interval)
        t_stop = time.time()
        print("子进程(%s)执行结束，耗时%0.2f秒"%(os.getpid(),t_stop-t_start))

if __name__=="__main__":
    print("------父进程开始执行-------")
    print("父进程PID：%s" % os.getpid())                # 输出当前程序的PID
    p1 = SubProcess(interval=1,name='mrsoft')
    p2 = SubProcess(interval=2)
    #对一个不包含target属性的Process类执行start()方法，就会运行这个类中的run()方法，
    #所以这里会执行p1.run()
    p1.start()  # 启动进程p1
    p2.start()  # 启动进程p2
    # 输出进程p1和p2的执行状态，如果真正进行，则返回True，否则返回False
    print("p1.is_alive=%s"%p1.is_alive())
    print("p2.is_alive=%s"%p2.is_alive())
    #输出进程p1和p2的别名和PID
    print("p1.name=%s"%p1.name)
    print("p1.pid=%s"%p1.pid)
    print("p2.name=%s"%p2.name)
    print("p2.pid=%s"%p2.pid)
    print("------等待子进程-------")
    p1.join() # 等待进程p1结束
```

```
    p2.join() # 等待进程p2结束
    print("------父进程执行结束-------")
```

上述代码定义了一个 SubProcess 子类，继承自 multiprocess.Process 父类。SubProcess 子类中定义了两个方法：__init__() 初始化方法和 run() 方法。在 __init__() 初识化方法中，调用 multiprocess.Process 父类的 __init__() 初始化方法，否则父类初始化方法会被覆盖，无法开启进程。此外，在 SubProcess 子类中并没有定义 start() 方法，但在主进程中却调用了 start() 方法，此时就会自动执行 SubProcess 类的 run() 方法。程序运行结果如图 8.13 所示。

```
------父进程开始执行-------
父进程PID：14240
p1.is_alive=True
p2.is_alive=True
p1.name=mrsoft
p1.pid=12428
p2.name=SubProcess-2
p2.pid=11500
------等待子进程-------
子进程(12428) 开始执行，父进程为（14240）
子进程(11500) 开始执行，父进程为（14240）
子进程(12428)执行结束，耗时1.00秒
子进程(11500)执行结束，耗时2.00秒
------父进程执行结束-------
```

图 8.13 使用 Process 子类创建进程

8.4.3 使用 Pool 进程池创建进程

在 8.4.1 节和 8.4.2 节中，我们使用 Process 类创建了两个进程。如果要创建几十个或者上百个进程，则需要实例化更多个 Process 类。有没有更好的创建进程的方式解决这类问题呢？答案就是使用 multiprocessing 模块提供的 Pool 类，即 Pool 进程池。

为了更好地理解进程池，可以将进程池比作水池，如图 8.14 所示。我们需要完成将 10 个水盆装满水的任务，而在这个水池中，最多可以安放 3 个水盆接水，也就是可以同时执行 3 个任务，即开启 3 个进程。为了更快地完成任务，现在打开 3 个水龙头开始放水，当有一个水盆的水接满时，即该进程完成 1 个任务，我们就将这个水盆的水倒入水桶中，然后继续接水，即执行下一个任务。如果 3 个水盆每次同时装满水，那么在放满第 9 盆水后，系统会随机分配 1 个水盆接水，另外 2 个水盆空闲。

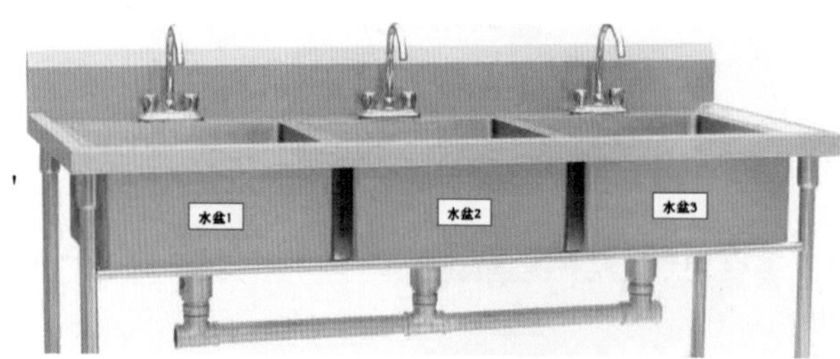

图 8.14 进程池示意图

下面来了解一下 Pool 类的常用方法。常用方法及说明如下：

☑ apply_async(func[, args[, kwds]])：使用非阻塞方式调用 func 函数（并行执行，堵塞方式必须等待上一个进程退出才能执行下一个进程），args 为传递给 func 的参数列表，kwds 为传递给 func 的关键字参数列表。

☑ apply(func[, args[, kwds]])：使用阻塞方式调用 func 函数。

☑ close()：关闭 Pool 进程池，使其不再接收新的请求。

☑ terminate()：不管任务是否完成，立即终止。

☑ join()：主进程阻塞，等待子进程的退出，必须在 close() 方法或 terminate() 方法之后使用。

上面的方法提到 apply_async() 使用非阻塞方式调用函数，而 apply() 使用阻塞方式调用函数。那么什么是阻塞和非阻塞呢？在图 8.15 中，分别使用阻塞方式和非阻塞方式执行 3 个任务。如果使用阻塞方式，必须等待上一个进程退出才能执行下一个进程，而使用非阻塞方式，则可以并行执行 3 个进程。

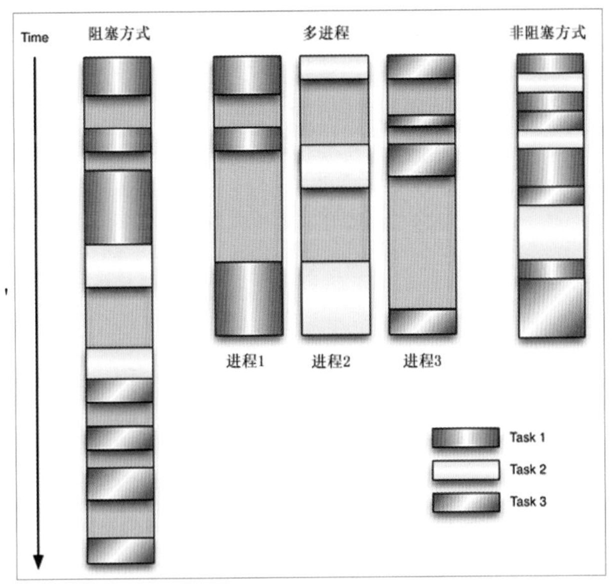

图 8.15　阻塞与非阻塞示意图

下面通过一个例子演示如何使用进程池创建多进程。

实例 8.8　使用进程池创建多进程　　（实例位置：资源包 \Code\08\08）

这里模拟水池放水的场景，首先定义一个进程池，设置最大进程数为 3。然后使用非阻塞方式执行 10 个任务，查看每个进程执行的任务。示例代码如下：

```
# -*- coding=utf-8 -*-
from multiprocessing import Pool
import os, time

def task(name):
    print('子进程 (%s) 执行task %s ...' % ( os.getpid() ,name))
    time.sleep(1)        # 休眠1秒

if __name__=='__main__':
    print('父进程 (%s) .' % os.getpid())
    p = Pool(3)                        # 定义一个进程池，最大进程数为3
    for i in range(10):                # 从0开始循环10次
        p.apply_async(task, args=(i,)) # 使用非阻塞方式调用task()函数
    print('等待所有子进程结束...')
    p.close()    # 关闭进程池，关闭后p不再接收新的请求
    p.join()     # 等待子进程结束
    print('所有子进程结束.')
```

程序运行结果如图 8.16 所示，可以看出，PID 为 7216 的子进程执行了 4 个任务，而其余两个子进程分别执行了 3 个任务。

```
父进程（15864）.
等待所有子进程结束...
子进程（7216）执行task 0 ...
子进程（3308）执行task 1 ...
子进程（6164）执行task 2 ...
子进程（7216）执行task 3 ...
子进程（3308）执行task 4 ...
子进程（6164）执行task 5 ...
子进程（7216）执行task 6 ...
子进程（3308）执行task 7 ...
子进程（6164）执行task 8 ...
子进程（7216）执行task 9 ...
所有子进程结束.
```

图 8.16 使用进程池创建进程

8.5 进程间通信

我们已经学习了如何创建多进程，那么在多进程中，每个进程之间有什么关系呢？其实每个进程都有自己的地址空间、内存、数据栈，以及其他记录其运行状态的辅助数据。下面通过一个例子验证进程之间能否直接共享信息。

实例 8.9 验证进程之间能否直接共享信息 （实例位置：资源包 \Code\08\09）

定义一个全局变量 g_num，分别创建两个子进程对 g_num 变量执行不同的操作，并输出操作后的结果。示例代码如下：

```
# -*- coding:utf-8 -*-
from multiprocessing import Process

def plus():
    print('-------子进程1开始------')
    global g_num
    g_num += 50
    print('g_num is %d'%g_num)
    print('-------子进程1结束------')

def minus():
    print('-------子进程2开始------')
    global g_num
    g_num -= 50
    print('g_num is %d'%g_num)
    print('-------子进程2结束------')

g_num = 100 # 定义一个全局变量
if __name__ == '__main__':
    print('-------主进程开始------')
    print('g_num is %d'%g_num)
    p1 = Process(target=plus)   # 实例化进程p1
    p2 = Process(target=minus)  # 实例化进程p2
    p1.start()                  # 开启进程p1
    p2.start()                  # 开启进程p2
    p1.join()                   # 等待进程p1结束
    p2.join()                   # 等待进程p2结束
    print('-------主进程结束------')
```

程序运行结果如图 8.17 所示。

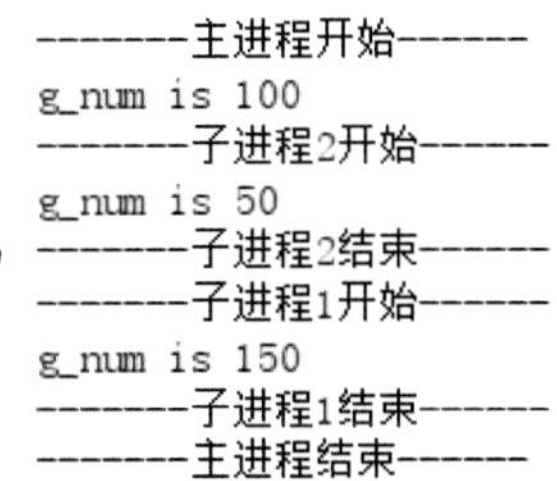
```
-------主进程开始------
g_num is 100
-------子进程2开始------
g_num is 50
-------子进程2结束------
-------子进程1开始------
g_num is 150
-------子进程1结束------
-------主进程结束------
```

图 8.17 验证进程之间能否直接共享信息

在上述代码中，分别创建了两个子进程，一个子进程中令 g_num 变量加上 50，另一个子进程中令 g_num 变量减去 50。但是从运行结果可以看出，g_num 变量在父进程和两个子进程中的初始值都是 100。也就是说，全局变量 g_num 在一个进程中的结果，没有传递到下一个进程中，即进程之间没有共享信息，如图 8.18 所示。

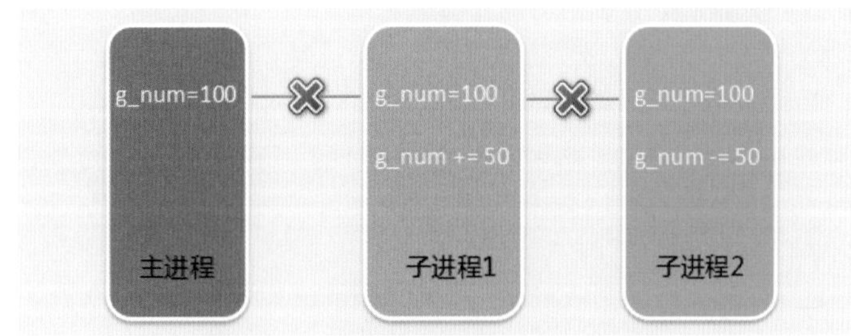

图 8.18 进程间是否共享信息示意图

要如何才能实现进程间通信呢？Python 的 multiprocessing 模块包装了底层的机制，提供了队列、Pipe（管道）等多种方式来交换数据。本节将讲解通过队列来实现进程间通信。

8.5.1 队列简介

队列就是模仿现实中的排队。例如学生在食堂排队买饭，新来的学生排到队伍最后，最前面的学生买完饭走开，后面的学生跟上。可以看出队列有两个特点：

☑ 新来的都排在队尾。

☑ 最前面的完成后离队，后面一个跟上。

根据以上特点，可以归纳出队列的结构如图 8.19 所示

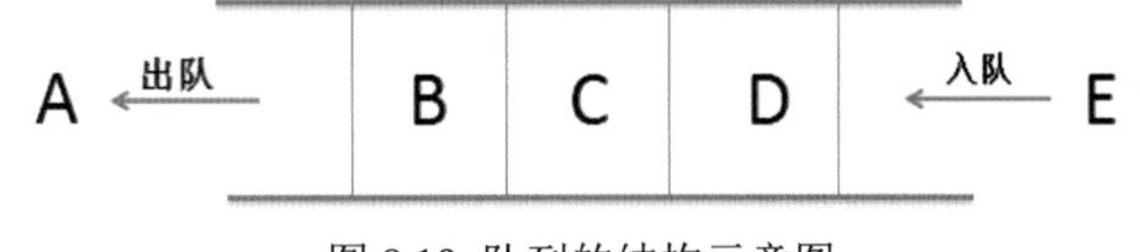

图 8.19 队列的结构示意图

8.5.2 多进程队列的使用

进程之间有时需要通信，操作系统提供了很多机制来实现进程间通信。可以使用 multiprocessing 模块的 Queue 实现多进程之间的数据传递。Queue 本身是一个消息列队程序，下面介绍一下 Queue 的使用。

初始化 Queue() 对象时（例如 q=Queue(num)），若括号中没有指定最大可接收的消息数量，或数量为负值，那么就代表可接收的消息数量没有上限（直到内存的尽头）。Queue 的常用方法如下：

☑ Queue.qsize()：返回当前队列包含的消息数量。

☑ Queue.empty()：如果队列为空，则返回 True，否则返回 False 。

☑ Queue.full()：如果队列满了，则返回 True，否则返回 False。

☑ Queue.get([block[, timeout]])：先获取队列中的一条消息，再将其从列队中移除，block 默认值为 True。

- 程序将被阻塞（停在写入状态），直到从消息队列腾出空间为止，如果设置了 timeout，则会等待 timeout 秒，如果还没空间，则抛出 Queue.Full 异常。
- 如果 block 值为 False，当消息队列没有空间可写入时，则会立刻抛出 Queue.Full 异常。

☑ Queue.put_nowait(item)：相当于 Queue.put(item, False)。

实例 8.10 多进程队列的使用 （实例位置：资源包 \Code\08\10）

下面通过一个例子学习如何使用 processing.Queue。示例代码如下：

```
#coding=utf-8
from multiprocessing import Queue

if __name__ == '__main__':
    q=Queue(3)        # 初始化一个Queue对象，最多可接收3条put消息
    q.put("消息1")
    q.put("消息2")
    print(q.full())  # 返回False
    q.put("消息3")
    print(q.full())  # 返回True

    # 因为消息队列已满，下面的try会抛出异常，
    # 第一个try会等待2秒后再抛出异常，第二个try会立刻抛出异常
    try:
        q.put("消息4",True,2)
    except:
        print("消息队列已满，现有消息数量:%s"%q.qsize())

    try:
        q.put_nowait("消息4")
    except:
        print("消息队列已满，现有消息数量:%s"%q.qsize())

    # 读取消息时，先判断消息队列是否为空，为空时再读取
    if not q.empty():
        print('----从队列中获取消息---')
        for i in range(q.qsize()):
            print(q.get_nowait())
    # 先判断消息队列是否已满，不满时再写入
    if not q.full():
        q.put_nowait("消息4")
```

程序运行结果如图 8.20 所示。

```
False
True
消息队列已满，现有消息数量:3
消息队列已满，现有消息数量:3
----从队列中获取消息---
消息1
消息2
消息3
```

图 8.20 Queue 的写入和读取

8.5.3 使用队列在进程间通信

我们知道，使用 multiprocessing.Process 可以创建多进程，使用 multiprocessing.Queue 可以实现队列的操作。下面通过一个例子结合 Process 和 Queue 实现进程间通信。

实例 8.11 使用队列在进程间通信 （实例位置：资源包 \Code\08\11）

创建两个子进程，一个子进程负责向队列写入数据，另一个子进程负责从队列读取数据。为保证能够正确从队列读取数据，设置读取数据的进程等待时间为 2 秒。如果 2 秒后仍然无法读取数据，则抛出异常。示例代码如下：

```
# -*- coding: utf-8 -*-
from multiprocessing import Process, Queue
import  time

# 向队列写入数据
def write_task(q):
    if not q.full():
        for i in range(5):
            message = "消息" + str(i)
            q.put(message)
            print("写入:%s"%message)
# 从队列读取数据
def read_task(q):
    time.sleep(1)                           # 休眠1秒
    while not q.empty():
        print("读取:%s" % q.get(True,2))      # 等待2秒，如果还没读取到任何数据，
                                            # 则抛出Queue.Empty异常

if __name__ == "__main__":
    print("-----父进程开始-----")
    q = Queue()  # 父进程创建Queue，并传给各个子进程
    pw = Process(target=write_task, args=(q,)) # 实例化写入队列的子进程，并且传递队列
    pr = Process(target=read_task, args=(q,))  # 实例化读取队列的子进程，并且传递队列
    pw.start()   # 启动子进程pw，写入
    pr.start()   # 启动子进程pr，读取
    pw.join()    # 等待pw结束
    pr.join()    # 等待pr结束
    print("-----父进程结束-----")
```

程序运行结果如图 8.21 所示。

```
-----父进程开始-----
写入:消息0
写入:消息1
写入:消息2
写入:消息3
写入:消息4
读取:消息0
读取:消息1
读取:消息2
读取:消息3
读取:消息4
-----父进程结束-----
```

图 8.21 使用队列在进程间通信

本章 e 学码：关键知识点拓展阅读

Queue 队列	进程池
地址空间	生产者 - 消费者模式
共享信息	栈

第 9 章

数据处理与存储

本章概览

数据爬取完成以后，需要将大量的数据处理并存储。存储的方式多种多样，如果只是想简单地保存一下，可以选择保存至文本文件（TXT、CSV、Excel）。还可以将数据保存至数据库（MySQL、SQLite）。本章将介绍如何将爬取的数据进行 NaN（空）数据的筛选、去重等处理，以及如何将数据存储至文本文件或者数据库。

知识框架

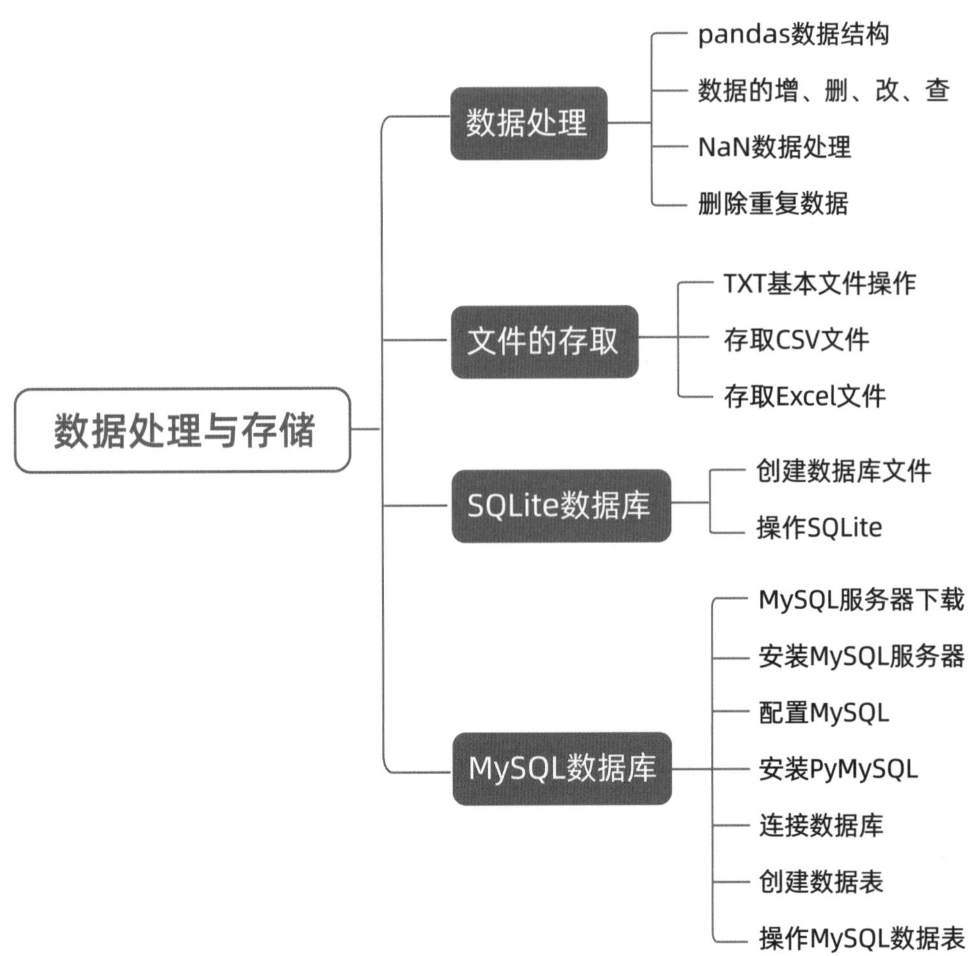

9.1 数据处理

在进行数据处理时，可以使用 pandas 模块来实现。pandas 是一个开源的并且通过 BSD 许可的库，主要为 Python 提供高性能、易于使用的数据结构和数据分析工具，还提供多种数据操作和数据处理方法。由于 pandas 是第三方模块，所以在使用前需要安装并导入该模块（Anaconda 开发环境内置该模块）。

9.1.1 pandas 数据结构

pandas 的数据结构中有两大核心，分别是 Series 与 DataFrame。其中 Series 是一维数组，与 Python 中的基本数据结构 List 相近。Series 可以保存多种数据类型的数据，如布尔值、字符串、数字类型等。DataFrame 类似于 Excel 表格，是一种二维的表格型数据结构。

1. Series 对象

☑ 创建 Series 对象

在创建 Series 对象时，只需将数组形式的数据传入 Series() 构造函数即可。示例代码如下：

```
import pandas as pd                # 导入pandas
data = ['A','B','C']               # 创建数据数组
series = pd.Series(data)           # 创建Series对象
print(series)                      # 打印Series对象内容
```

程序运行结果如下：

```
0    A
1    B
2    C
dtype: object
```

说明

从以上的运行结果中可以看出，左侧的数字列为索引，右侧的字母列为索引对应的元素。Series 对象在没有指定索引时，将默认生成从 0 开始依次递增的索引值。

在创建 Series 对象时，可以指定索引名称，例如指定索引项为 a、b、c。示例代码如下：

```
import pandas as pd                          # 导入pandas
data = ['A','B','C']                         # 创建数据数组
index = ['a','b','c']                        # 创建索引名称的数组
series = pd.Series(data,index=index)         # 创建指定索引的Series对象
print(series)                                # 打印指定索引的Series对象内容
```

程序运行结果如下：

```
a    A
b    B
c    C
dtype: object
```

☑ 访问数据

在访问 Series 对象中的数据时，可以单独访问索引数组或者元素数组。示例代码如下：

```
print('索引数组为：',series.index)                # 打印索引数组
print('元素数组为：',series.values)               # 打印元素数组
```

程序运行结果如下：

```
索引数组为： Index([‘a', ‘b', ‘c'], dtype='object')
元素数组为： [‘A' ‘B' ‘C']
```

如果需要获取指定下标的数组元素，可以直接通过“Series 对象 [下标]”的方式实现，数组下标从 0 开始。示例代码如下；

```
print('指定下标的数组元素为：',series[1])              # 打印指定下标的数组元素
print('指定索引的数组元素为：',series['a'])            # 打印指定索引的数组元素
```

程序运行结果如下：

```
指定下标的数组元素为： B
指定索引的数组元素为： A
```

如果需要获取多个下标对应的 Series 对象，则可以指定下标范围。示例代码如下：

```
# 打印下标0、1、2对应的Series对象
print('获取多个下标对应的Series对象：')
print(series[0:3])
```

程序运行结果如下：

```
获取多个下标对应的Series对象：
a    A
b    B
c    C
dtype: object
```

不仅可以通过指定下标范围的方式获取 Series 对象，还可以通过指定多个索引的方式获取 Series 对象。示例代码如下：

```
# 打印索引a、b对应的Series对象
print('获取多个索引对应的Series对象:')
print(series[['a','b']])
```

程序运行结果如下：

```
获取多个索引对应的Series对象:
a    A
b    B
dtype: object
```

☑ 修改元素值

想要修改 Series 对象的元素值，同样可以通过指定下标或者指定索引的方式来实现。示例代码如下：

```
series[0] = 'D'         # 修改下标为0的元素值
print('修改下标为0的元素值：\n')
print(series)           # 打印修改元素值以后的Series对象
series['b'] = 'A'       # 修改索引为b的元素值
print('修改索引为b的元素值：')
print(series)           # 打印修改元素值以后的Series对象
```

程序运行结果如下：

```
修改下标为0的元素值：
a    D
b    B
c    C
dtype: object
修改索引为b的元素值：
a    D
b    A
c    C
dtype: object
```

2. DataFrame 对象

在创建 DataFrame 对象时，需要通过字典来实现。其中每列的名称为键，而每个键对应的是一个数组，这个数组的元素为数值。示例代码如下：

```
import pandas as pd                   # 导入pandas
data = {'A': [1, 2, 3, 4, 5],
        'B': [6, 7, 8, 9, 10],
        'C':[11,12,13,14,15]}
data__frame = pd.DataFrame(data)      # 创建DataFrame对象
print(data__frame)                    # 打印DataFrame对象内容
```

程序运行结果如下：

```
   A  B   C
0  1  6   11
1  2  7   12
2  3  8   13
3  4  9   14
4  5  10  15
```

说明

在以上运行结果中，左侧单独的数字列为索引，在没有指定特定的索引时，DataFrame 对象默认的索引将从 0 开始递增。右侧 A、B、C 列名为键，列名对应的值为数组。

DataFrame 对象同样可以单独指定索引名称，指定方式与 Series 对象类似。示例代码如下：

```
import pandas as pd                               # 导入pandas
data = {'A': [1, 2, 3, 4, 5],
        'B': [6, 7, 8, 9, 10],
        'C':[11,12,13,14,15]}
index = ['a','b','c','d','e']                     # 自定义索引
data__frame = pd.DataFrame(data,index = index)    # 创建自定义索引DataFrame对象
print(data__frame)                                # 打印DataFrame对象内容
```

程序运行结果如下：

```
   A  B   C
a  1  6   11
b  2  7   12
c  3  8   13
d  4  9   14
e  5  10  15
```

如果数据中含有不需要的数据列，可以在创建 DataFrame 对象时指定需要的数据列名。示例代码

如下：

```
import pandas as pd                                  # 导入pandas
data = {'A': [1, 2, 3, 4, 5],
        'B': [6, 7, 8, 9, 10],
        'C':[11,12,13,14,15]}
data__frame = pd.DataFrame(data,columns=['B','C'])  # 创建指定列名的DataFrame对象
print(data__frame)                                   # 打印DataFrame对象内容
```

程序运行结果如下：

```
   B   C
0  6  11
1  7  12
2  8  13
3  9  14
4 10  15
```

9.1.2 数据的增、删、改、查

1. 增加数据

如果需要为 DataFrame 对象增加一列数据，则可以先创建列名，再为其赋值。示例代码如下：

```
import pandas as pd                         # 导入pandas
data = {'A': [1, 2, 3, 4, 5],
        'B': [6, 7, 8, 9, 10],
        'C':[11,12,13,14,15]}
data__frame = pd.DataFrame(data)            # 创建DataFrame对象
data__frame['D'] = [10,20,30,40,50]         # 增加D列数据
print(data__frame)                          # 打印DataFrame对象内容
```

程序运行结果如下：

```
   A   B   C   D
0  1   6  11  10
1  2   7  12  20
2  3   8  13  30
3  4   9  14  40
4  5  10  15  50
```

2. 删除数据

pandas 模块中提供了 drop() 函数，用于删除 DataFrame 对象中的某行或某列数据，该函数提供了多个参数，其中常用的参数含义如表 9.1 所示。

表 9.1　drop() 函数中常用的参数含义

参 数 名	描　述
labels	需要删除的行或列的名称，接收 string 或 array
axis	默认为 0，表示删除行；当 axis=1 时，表示删除列
index	指定需要删除的行
columns	指定需要删除的列

续表

参 数 名	描 述
inplace	设置为 False，表示不改变原数据，返回一个执行删除后的新 DataFrame 对象；设置为 True，表示将对原数据进行删除操作

实现删除 DataFrame 对象原数据中指定列与索引的行数据，示例代码如下：

```
data__frame.drop([0],inplace=True)                # 删除原数据中索引为0的对应行数据
data__frame.drop(labels='A',axis=1,inplace=True) # 删除原数据中列名为A的对应列数据
print(data__frame)                                # 打印DataFrame对象内容
```

程序运行结果如下：

```
   B   C
1  7  12
2  8  13
3  9  14
4 10  15
```

多学两招

在实现删除 DataFrame 对象中指定列名的数据时，也可以通过 del 关键字来实现，例如删除原数据中列名为 A 的数据，即可使用代码 del data__frame['A']。

drop() 函数除了可以删除指定的列或者行数据，还可以通过指定行索引的范围删除多行数据。示例代码如下：

```
# 删除原数据中行索引为0~2的前三行数据
data__frame.drop(labels=range(0,3),axis=0,inplace=True)
print(data__frame)                        # 打印DataFrame对象内容
```

程序运行结果如下：

```
   A   B   C
3  4   9  14
4  5  10  15
```

3. 修改数据

如果需要修改 DataFrame 对象中某一列的某个数据，则需要通过赋值的方式进行元素的修改。示例代码如下：

```
data__frame['A'][2] = 10              # 将A列中第三行数据修改为10
print(data__frame)                    # 打印DataFrame对象内容
```

程序运行结果如下：

```
    A   B   C
0   1   6  11
1   2   7  12
2  10   8  13
3   4   9  14
4   5  10  15
```

在修改 DataFrame 对象中某一列的所有数据时，需要首先了解当前修改列名所对应的数组中包含多少个数据，然后根据原有数据的个数进行对应数据的修改。示例代码如下：

```
data__frame['B'] = [5,4,3,2,1]             # 修改B列中所有数据
print(data__frame)                         # 打印DataFrame对象内容
```

程序运行结果如下：

```
   A  B   C
0  1  5  11
1  2  4  12
2  3  3  13
3  4  2  14
4  5  1  15
```

注意

如果在修改 B 列中所有数据时，修改的数据数量与原有的数据数量不匹配，则将出现如图 9.1 所示的错误信息。

```
Traceback (most recent call last):
  File "G:\Code\test.py", line 62, in <module>
    data__frame['B'] = [5,4,3]          #  将B列中所有数据修改
    ~~~~~~~~~~~^^^^^
  File "G:\Python\Anaconda3\Lib\site-packages\pandas\core\frame.py", line 3950, in __setitem__
    self._set_item(key, value)
  File "G:\Python\Anaconda3\Lib\site-packages\pandas\core\frame.py", line 4143, in _set_item
    value = self._sanitize_column(value)
            ^^^^^^^^^^^^^^^^^^^^^^^^^^^^
  File "G:\Python\Anaconda3\Lib\site-packages\pandas\core\frame.py", line 4870, in _sanitize_column
    com.require_length_match(value, self.index)
  File "G:\Python\Anaconda3\Lib\site-packages\pandas\core\common.py", line 576, in require_length_match
    raise ValueError(
ValueError: Length of values (3) does not match length of index (5)
```

图 9.1　修改的数据数量不匹配

说明

将某一列赋值为单个数据时，例如 data__frame['B'] = 1，此时 B 列所对应的数据将都被修改为 1。

4. 查询数据

在获取 DataFrame 对象中某一列的数据时，可以通过直接指定列名或者直接调用列名属性的方式来实现。示例代码如下：

```python
import pandas as pd                    # 导入pandas
data = {'A': [1, 2, 3, 4, 5],
        'B': [6, 7, 8, 9, 10],
        'C':[11,12,13,14,15]}
data__frame = pd.DataFrame(data)  # 创建DataFrame对象
print('指定列名的数据为: \n',data__frame['A'])
print('指定列名属性的数据为: \n',data__frame.B)
```

程序运行结果如下：

```
指定列名的数据为:
0     1
1     2
2     3
3     4
4     5
Name: A, dtype: int64
指定列名属性的数据为:
0     6
1     7
2     8
```

```
3      9
4      10
Name: B, dtype: int64
```

在获取 DataFrame 对象从第 1 行至第 3 行的数据时，可以通过指定行索引范围的方式来实现。行索引从 0 开始，行索引 0 对应的是 DataFrame 对象中的第 1 行数据。

```
print('获取指定行索引范围的数据：\n',data__frame[0:3])
```

程序运行结果如下：

```
获取指定行索引范围的数据：
   A  B   C
0  1  6   11
1  2  7   12
2  3  8   13
```

在获取指定行索引范围的示例代码中，0 为起始行索引，3 为结束行索引的位置，所以此次获取内容并不包含行索引为 3 的数据。

在获取 DataFrame 对象中某一列的某个数据时，可以通过依次指定列名称、行索引来进行数据的获取。示例代码如下：

```
print('获取指定列中的某个数据：',data__frame['B'][2])
```

程序运行结果如下：

```
获取指定列中的某个数据： 8
```

9.1.3 NaN 数据处理

1. 修改数据为 NaN

NaN 数据在 NumPy 模块中用于表示空缺值，所以在数据分析中，偶尔会需要将数据结构中的某个数据修改为 NaN，这时只需要调用 numpy.NaN，为需要修改的数据赋值即可。示例代码如下：

```
data__frame['A'][0] = numpy.nan        # 将数据中列名为A、行索引为0的数据修改为NaN
print(data__frame)                     # 打印DataFrame对象内容
```

程序运行结果如下：

```
     A    B   C
0  NaN    6   11
1  2.0    7   12
2  3.0    8   13
3  4.0    9   14
4  5.0   10   15
```

2. 统计 NaN 数据

pandas 提供了两个可以快速识别空缺值的方法。isnull() 方法用于判断是否为空缺值，如果是空缺值，则将返回 True。notnull() 方法用于识别非空缺值，该方法在检测出不是空缺值的数据时，将返回 True。通过这两个方法与统计函数的方法即可获取数据中空缺值与非空缺值的具体数量。示例代码如下：

```
print('每列空缺值数量为：\n',data__frame.isnull().sum())         # 打印数据中空缺值的数量
```

```
print('每列非空缺值数量为: \n',data__frame.notnull().sum())    # 打印数据中非空缺值的数量
```

程序运行结果如下：

```
每列空缺值数量为:
A    1
B    0
C    0
dtype: int64
每列非空缺值数量为:
A    4
B    5
C    5
dtype: int64
```

3. 筛选 NaN 数据

在实现 NaN 数据的筛选时，可以使用 dropna() 函数，例如将包含 NaN 数据的整行数据删除。示例代码如下：

```
data__frame.dropna(axis=0,inplace=True)        # 将包含NaN数据的整行数据删除
print(data__frame)                             # 打印DataFrame对象内容
```

程序运行结果如下：

```
     A   B   C
1  2.0   7  12
2  3.0   8  13
3  4.0   9  14
4  5.0  10  15
```

说明　如果需要将数据中包含 NaN 数据的整列数据删除，可以将 axis 参数设置为 1。

dropna() 函数提供了一个 how 参数，如果将该参数设置为 all，dropna() 函数将会删除某行或者某列值为 NaN 的数据。示例代码如下：

```
import pandas as pd     # 导入pandas
import numpy            # 导入numpy
data = {'A': [1, 2, 3, 4, 5],
        'B': [6, 7, 8, 9, 10],
        'C':[11,12,13,14,15]}
data__frame = pd.DataFrame(data)       # 创建DataFrame对象
data__frame['A'][0] = numpy.nan        # 将数据中列名为A、行索引为0的数据修改为NaN
data__frame['A'][1] = numpy.nan        # 将数据中列名为A、行索引为1的数据修改为NaN
data__frame['A'][2] = numpy.nan        # 将数据中列名为A、行索引为2的数据修改为NaN
data__frame['A'][3] = numpy.nan        # 将数据中列名为A、行索引为3的数据修改为NaN
data__frame['A'][4] = numpy.nan        # 将数据中列名为A、行索引为4的数据修改为NaN
data__frame.dropna(how='all',axis=1,inplace=True)     # 删除包含NaN数据的整行数据
print(data__frame)                     # 打印DataFrame对象内容
```

程序运行结果如下：

```
   B   C
0  6  11
```

```
1   7   12
2   8   13
3   9   14
4  10   15
```

说明

由于 axis 的默认值为 0，也就是说只对行数据进行删除，而所有数据都为 NaN 的是列，所以在指定 how 参数时，还需要指定删除目标为列，即 axis=1。

4. NaN 数据的替换

当处理数据中的 NaN 数据时，为了避免删除数据中比较重要的参考数据，可以使用 fillna() 函数将数据中 NaN 数据替换为同一个数据，这样在实现数据分析时，可以清楚地知道哪些数据无用。示例代码如下：

```
import pandas as pd                         # 导入pandas
data = {'A': [1, None, 3, 4, 5],
        'B': [6, 7, 8, None, 10],
        'C': [11, 12, None, 14, None]}
data__frame = pd.DataFrame(data)      # 创建DataFrame对象
data__frame.fillna(0, inplace=True)   # 将数据中所有NaN数据都修改为0
print(data__frame)                          # 打印DataFrame对象内容
```

程序运行结果如下：

```
     A     B     C
0  1.0   6.0  11.0
1  0.0   7.0  12.0
2  3.0   8.0   0.0
3  4.0   0.0  14.0
4  5.0  10.0   0.0
```

如果需要将不同列中的 NaN 数据修改为不同的数据值，可以通过字典的方式对每列依次进行修改。示例代码如下：

```
import pandas as pd                         # 导入pandas
data = {'A': [1, None, 3, 4, 5],
        'B': [6, 7, 8, None, 10],
        'C': [11, 12, None, 14, None]}
data__frame = pd.DataFrame(data)      # 创建DataFrame对象
print(data__frame)                          # 打印修改前的DataFrame对象内容
# 将数据中A列的NaN数据修改为0，B列修改为1，C列修改为2
data__frame.fillna({'A':0,'B':1,'C':2}, inplace=True)
print(data__frame)                          # 打印修改后的DataFrame对象内容
```

修改前的运行结果如图 9.2 所示，修改后的运行结果如图 9.3 所示。

```
     A     B     C
0  1.0   6.0  11.0
1  NaN   7.0  12.0
2  3.0   8.0   NaN
3  4.0   NaN  14.0
4  5.0  10.0   NaN
```

图 9.2 修改前的运行结果

```
     A     B     C
0  1.0   6.0  11.0
1  0.0   7.0  12.0
2  3.0   8.0   2.0
3  4.0   1.0  14.0
4  5.0  10.0   2.0
```

图 9.3 修改后的运行结果

9.1.4 删除重复数据

pandas 提供了一个 drop_duplicates() 方法，用于删除指定列中的重复数据。语法格式如下：

```
pandas.dataFrame.drop_duplicates(subset=None, keep='first', inplace=False)
```

drop_duplicates() 方法的常用参数及含义如表 9.2 所示。

表 9.2 drop_duplicates() 方法的常用参数及含义

参 数 名	描　述
subset	表示指定需要去重的列名，也可以是多个列名组成的列表；默认为 None，表示全部列
keep	表示保存重复数据的哪一条数据，first 表示保留第一条，last 表示保留最后一条，False 表示重复项数据都不保留；默认为 first
inplace	表示是否在原数据中进行操作，默认为 False

在指定删除某一列中的重复数据时，需要在 subset 参数位置指定列名。示例代码如下：

```
import pandas as pd     # 导入pandas
# 创建数据
data = {'A': ['A1','A1','A3'],
          'B': ['B1','B2','B1']}
data__frame = pd.DataFrame(data)  # 创建DataFrame对象
data__frame.drop_duplicates('A',inplace=True)    # 指定列名为A
print(data__frame)                               # 打印移除后的数据
```

程序运行结果如下：

```
    A   B
0  A1  B1
2  A3  B1
```

注意

在删除 DataFrame 对象中的重复数据时，将会删除指定列中重复数据所删除应的整行数据。

说明

drop_duplicates() 方法除了删除 DataFrame 对象中的数据行，还可以删除 DataFrame 对象中的某一列数据中的重复值，例如删除 DataFrame 对象中 A 列内的重复数据，即可使用此段代码: new_data=data__frame['A'].drop_duplicates()。

drop_duplicates() 方法不仅可以实现 DataFrame 对象中单列数据的去重操作，还可以实现多列数据的去重操作。示例代码如下：

```
import pandas as pd     # 导入pandas
# 创建数据
data = {'A': ['A1','A1','A1','A2','A2'],
         'B': ['B1','B1','B3','B4','B5'],
         'C': ['C1', 'C2', 'C3','C4','C5']}
data__frame = pd.DataFrame(data)                              # 创建DataFrame对象
data__frame.drop_duplicates(subset=['A','B'],inplace=True)    # 进行多列数据去重操作
print(data__frame)                                            # 打印去重后的数据
```

程序运行结果如下：

```
    A   B   C
0  A1  B1  C1
2  A1  B3  C3
3  A2  B4  C4
4  A2  B5  C5
```

9.2 文件的存取

9.2.1 TXT 基本文件操作

1. TXT 文件存储

如果想要简单地进行 TXT 文件存储工作，可以通过 open() 函数实现，即需要先创建或者打开指定的文件并创建文件对象。open() 函数的基本语法格式如下：

```
file = open(filename[,mode[,buffering]])
```

参数说明：

☑ file：被创建的文件对象。

☑ filename：要创建或打开文件的文件名称，需要使用单引号或双引号括起来。如果要打开的文件和当前文件在同一个目录下，那么直接写文件名即可，否则需要指定完整路径。例如，要打开当前路径下名称为 status.txt 的文件，可以使用“status.txt”。

☑ mode：可选参数，用于指定文件的打开模式。其参数值如表 9.3 所示，默认的打开模式为只读（即 r）。

表 9.3 mode 参数的参数值说明

<table>
<tr><th>值</th><th>说　明</th><th>注　意</th></tr>
<tr><td>r</td><td>以只读模式打开文件。文件的指针将会放在文件的开头</td><td rowspan="4">文件必须存在</td></tr>
<tr><td>rb</td><td>以二进制格式打开文件，并且采用只读模式。文件的指针将会放在文件的开头。一般用于非文本文件，如图片、声音等</td></tr>
<tr><td>r+</td><td>打开文件后，可以读取文件内容，也可以写入新的内容覆盖原有内容（从文件开头进行覆盖）</td></tr>
<tr><td>rb+</td><td>以二进制格式打开文件，并且采用读写模式。文件的指针将会放在文件的开头。一般用于非文本文件，如图片、声音等</td></tr>
<tr><td>w</td><td>以只写模式打开文件</td><td rowspan="4">文件存在，则将其覆盖，否则创建新文件</td></tr>
<tr><td>wb</td><td>以二进制格式打开文件，并且采用只写模式。一般用于非文本文件，如图片、声音等</td></tr>
<tr><td>w+</td><td>打开文件后，先清空原有内容，使其变为一个空的文件，对这个空文件有读写权限</td></tr>
<tr><td>wb+</td><td>以二进制格式打开文件，并且采用读写模式。一般用于非文本文件，如图片、声音等</td></tr>
<tr><td>a</td><td>以追加模式打开一个文件。如果该文件已经存在，文件指针将放在文件的末尾（即新内容会被写入已有内容之后），否则，创建新文件用于写入</td><td></td></tr>
</table>

续表

值	说　明	注　意
ab	以二进制格式打开文件，并且采用追加模式。如果该文件已经存在，文件指针将放在文件的末尾（即新内容会被写入已有内容之后），否则，创建新文件用于写入	
a+	以读写模式打开文件。如果该文件已经存在，文件指针将放在文件的末尾（即新内容会被写入已有内容之后），否则，创建新文件用于读写	
ab+	以二进制格式打开文件，并且采用追加模式。如果该文件已经存在，文件指针将放在文件的末尾（即新内容会被写入已有内容之后），否则，创建新文件用于读写	

☑ buffering：可选参数，用于指定读写文件的缓冲模式；值为 0 表示不缓存，值为 1 表示缓存，如果大于 1，则表示缓冲区的大小。默认为缓存模式。

实例 9.1 TXT 文件存储　（实例位置：资源包 \Code\09\01）

以爬取某网页中的励志名句为例，首先通过 requests 发送网络请求，然后接收响应结果并通过 Beautiful Soup 解析 HTML 代码，接着提取所有信息，最后将信息逐条写入 data.txt 文件。示例代码如下：

```
import requests                                           # 导入网络请求模块
from bs4 import BeautifulSoup                             # HTML解析库

url = 'http://quotes.**.com/tag/inspirational/'   # 定义请求地址
headers = {'User-Agent':'Mozilla/5.0 (Windows NT 10.0; WOW64) AppleWebKit/537.36 (KHTML, like Gecko) Chrome/80.0.3987.149 Safari/537.36'}
response = requests.get(url,headers)                    # 发送网络请求
if response.status_code==200:                           # 如果请求成功
    #创建一个Beautiful Soup对象，获取页面正文
    soup = BeautifulSoup(response.text, features="lxml")
    text_all = soup.find_all('span',class_='text')     # 获取所有显示励志名句的span标签
    txt_file = open('data.txt','w',encoding='utf-8') # 创建open对象
    for i,value in enumerate(text_all):                 # 循环遍历爬取内容
        txt_file.write(str(i)+value.text+'\n')          # 写入爬取的每条励志名句并在结尾换行
    txt_file.close()                                    # 关闭文件操作
```

运行以上示例代码后，当前目录下将自动生成 data.txt 文件，打开文件将显示如图 9.4 所示的内容。

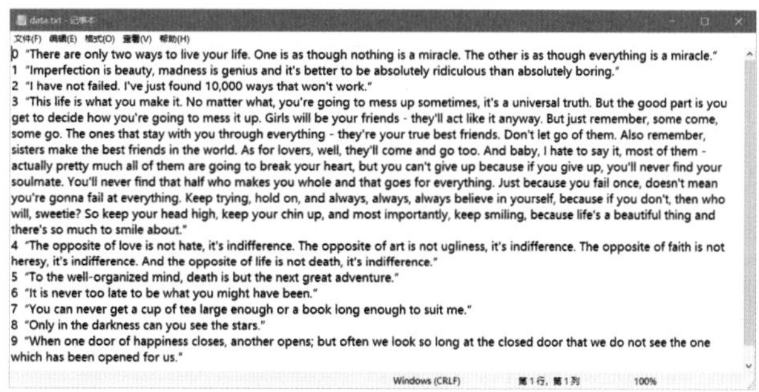
0 "There are only two ways to live your life. One is as though nothing is a miracle. The other is as though everything is a miracle."
1 "Imperfection is beauty, madness is genius and it's better to be absolutely ridiculous than absolutely boring."
2 "I have not failed. I've just found 10,000 ways that won't work."
3 "This life is what you make it. No matter what, you're going to mess up sometimes, it's a universal truth. But the good part is you get to decide how you're going to mess it up. Girls will be your friends - they'll act like it anyway. But just remember, some come, some go. The ones that stay with you through everything - they're your true best friends. Don't let go of them. Also remember, sisters make the best friends in the world. As for lovers, well, they'll come and go too. And baby, I hate to say it, most of them - actually pretty much all of them are going to break your heart, but you can't give up because if you give up, you'll never find your soulmate. You'll never find that half who makes you whole and that goes for everything. Just because you fail once, doesn't mean you're gonna fail at everything. Keep trying, hold on, and always, always, always believe in yourself, because if you don't, then who will, sweetie? So keep your head high, keep your chin up, and most importantly, keep smiling, because life's a beautiful thing and there's so much to smile about."
4 "The opposite of love is not hate, it's indifference. The opposite of art is not ugliness, it's indifference. The opposite of faith is not heresy, it's indifference. And the opposite of life is not death, it's indifference."
5 "To the well-organized mind, death is but the next great adventure."
6 "It is never too late to be what you might have been."
7 "You can never get a cup of tea large enough or a book long enough to suit me."
8 "Only in the darkness can you see the stars."
9 "When one door of happiness closes, another opens; but often we look so long at the closed door that we do not see the one which has been opened for us."

图 9.4　文件内容

2. 读取 TXT 文件

在 Python 中打开文件后，除了可以向其写入或追加内容，还可以读取文件中的内容。读取文件内

容主要分为以下几种情况。

◎ 读取指定个数的字符

文件对象提供了 read() 方法来读取指定个数的字符。其语法格式如下：

```
file.read([size])
```

其中，file 为打开的文件对象；size 为可选参数，用于指定要读取的字符个数，如果省略则一次性读取所有内容。

实例 9.2 读取 message.txt 文件中的前 9 个字符 （实例位置：资源包 \Code\09\02）

读取 message.txt 文件中的前 9 个字符，可以使用下面的代码：

```
with open('message.txt','r') as file:    # 打开文件
    string = file.read(9)                # 读取前9个字符
    print(string)
```

如果 message.txt 的文件内容如下：

```
Python的强大，强大到你无法想象！！！
```

那么执行上面的代码将显示以下结果：

```
Python的强大
```

使用 read() 方法读取文件时，是从文件的开头读取的。如果想要读取部分内容，可以先使用文件对象的 seek() 方法将文件的指针移动到新的位置，再应用 read() 方法读取。seek() 方法的基本语法格式如下：

```
file.seek(offset[,whence])
```

参数说明：

☑ file：表示已经打开的文件对象。

☑ offset：用于指定移动的字符个数，其具体位置与 whence 有关。

☑ whence：用于指定从什么位置开始计算。值为 0 表示从文件头开始计算，值为 1 表示从当前位置开始计算，值为 2 表示从文件尾开始计算，默认为 0。

实例 9.3 从文件的第 11 个字符开始读取 8 个字符 （实例位置：资源包 \Code\09\03）

想要从文件的第 11 个字符开始读取 8 个字符，可以使用下面的代码：

```
with open('message.txt','r') as file:    # 打开文件
    file.seek(14)                        # 移动文件指针到新的位置
    string = file.read(8)                # 读取8个字符
    print(string)
```

如果 message.txt 的文件内容如下：

```
Python的强大，强大到你无法想象！！！
```

那么执行上面的代码将显示以下结果：

```
强大到你无法想象
```

说明

在使用 seek() 方法时，offset 的值是按一个汉字占两个字符、英文和数字占一个字符计算的，这与 read() 方法不同。

◎ 读取一行

实例 9.4　读取一行　（实例位置：资源包 \Code\09\04）

在使用 read() 方法读取文件时，如果文件很大，一次读取全部内容到内存容易造成内存不足，所以通常会逐行读取。文件对象提供了 readline() 方法，用于每次读取一行数据。readline() 方法的基本语法格式如下：

```
file.readline()
```

其中，file 为打开的文件对象。同 read() 方法一样，打开文件时，也需要指定打开模式为 r（只读）或者 r+（读写）。例如，使用 readline() 方法逐行读取文件内容，示例代码如下：

```
print("\n","="*20,"Python经典应用","="*20,"\n")
with open('message.txt','r') as file:     # 打开保存Python经典应用信息的文件
    number = 0                            # 记录行号
    while True:
        number += 1
        line = file.readline()
        if line =='':
            break                         # 跳出循环
        print(number,line,end= "\n")      # 输出一行内容
print("\n","="*20,"over","="*20,"\n")
```

执行上面的代码，将显示如图 9.5 所示的结果。

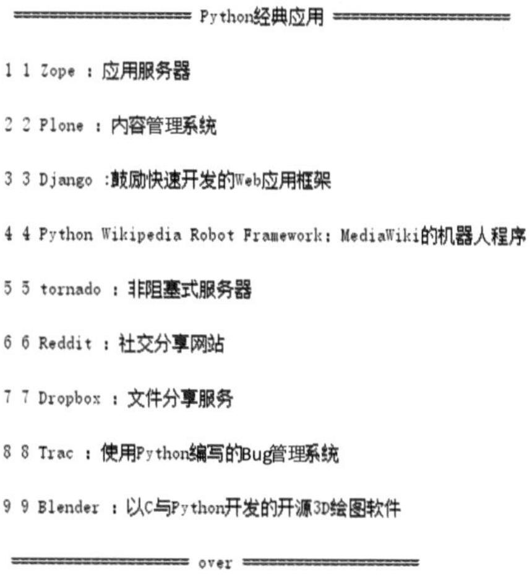

```
==================== Python经典应用 ====================

1 1 Zope ：应用服务器

2 2 Plone ：内容管理系统

3 3 Django ：鼓励快速开发的Web应用框架

4 4 Python Wikipedia Robot Framework：MediaWiki的机器人程序

5 5 tornado ：非阻塞式服务器

6 6 Reddit ：社交分享网站

7 7 Dropbox ：文件分享服务

8 8 Trac ：使用Python编写的Bug管理系统

9 9 Blender ：以C与Python开发的开源3D绘图软件

==================== over ====================
```

图 9.5　逐行显示 Python 经典应用

◎ 读取全部行

实例 9.5　读取全部行　（实例位置：资源包 \Code\09\05）

读取全部行的作用同调用 read() 方法时不指定 size 类似，只不过在读取全部行时，返回的是一个字符串列表，每个数据均为文件的一行内容。读取全部行，使用的是文件对象的 readlines() 方法，其语法格式如下：

```
file.readlines()
```

其中，file 为打开的文件对象。同 read() 方法一样，打开文件时，也需要指定打开模式为 r（只读）或者 r+（读写）。

例如，通过 readlines() 方法读取 message.txt 文件中的所有内容，并输出读取结果，示例代码如下：

```
print("\n","="*20,"Python经典应用","="*20,"\n")
with open('message.txt','r') as file:        # 打开保存Python经典应用信息的文件
    message = file.readlines()               # 读取全部信息
    print(message)                           # 输出信息
    print("\n","="*25,"over","="*25,"\n")
```

执行上面的代码，将显示如图 9.6 所示的返回结果。

```
==================== Python经典应用 ====================

['1 Zope : 应用服务器\n', '2 Plone : 内容管理系统\n', '3 Django :鼓励快速开发的
Web应用框架\n', '4 Python Wikipedia Robot Framework: MediaWiki的机器人程序\n',
 '5 tornado : 非阻塞式服务器\n', '6 Reddit : 社交分享网站\n', '7 Dropbox : 文
件分享服务\n', '8 Trac : 使用Python编写的Bug管理系统\n', '9 Blender : 以C与
Python开发的开源3D绘图软件']

========================= over =========================
```

图 9.6 readlines() 方法的返回结果

从该运行结果中可以看出，readlines() 方法的返回值为一个字符串列表。在这个字符串列表中，每个元素均记录一行内容。如果文件比较大，采用这种方法输出读取的文件内容会很慢。这时可以将列表的内容逐行输出。例如，代码可以修改为以下内容：

```
print("\n","="*20,"Python经典应用","="*20,"\n")
with open('message.txt','r') as file:        # 打开保存Python经典应用信息的文件
    messageall = file.readlines()            # 读取全部信息
    for message in messageall:
        print(message)                       # 输出一条信息
print("\n","="*25,"over","="*25,"\n")
```

执行结果与图 9.6 相同。

9.2.2 存取 CSV 文件

CSV 文件是文本文件的一种，该文件中每一行数据的不同元素都是用逗号分隔的。其实在存取 CSV 文件时，同样可以使用 open() 函数，不过我们有更好的办法，那就是使用 pandas 模块实现 CSV 文件的存取工作。

1. CSV 文件的存储

在实现 CSV 文件的存储工作时，pandas 提供了 to_csv() 函数，该函数的常用参数及含义如表 9.4 所示。

表 9.4 to_csv() 函数的常用参数及含义

参 数 名	描 述
filepath_or_buffer	表示文件路径的字符串
sep	str 类型，表示分隔符，默认为逗号
na_rep	str 类型，用于替换缺失值，默认为空
float_format	str 类型，指定浮点数据的格式，例如，%.2f 表示保留两位小数
columns	表示指定写入哪列数据的列名，默认为 None
header	表示是否写入数据的列名，默认为 False，表示不写入

续表

参 数 名	描　述
index	表示是否将行索引写入文件，默认为 True
mode	str 类型，表示写入模式，默认为 w
encoding	str 类型，表示写入文件的编码格式

例如，创建 A、B、C 三列数据，将数据写入 CSV 文件中，可以参考以下示例代码：

```
import pandas as pd     # 导入pandas
data ={'A':[1,2,3],'B':[4,5,6],'C':[7,8,9]}     # 创建三列数据
df = pd.DataFrame(data)                         # 创建DataFrame对象
df.to_csv('test.csv')                           # 存储为CSV文件
```

运行以上代码后，文件夹目录中将自动生成 test.csv 文件，在 Pycharm 中打开该文件，将显示如图 9.7 所示的内容，通过 Excel 打开该文件，将显示如图 9.8 所示的内容。

```
,A,B,C
0,1,4,7
1,2,5,8
2,3,6,9
```

图 9.7　Pycharm 打开文件所显示的内容

A	B	C	D
	A	B	C
0	1	4	7
1	2	5	8
2	3	6	9

图 9.8　Excel 打开文件所显示的内容

说明

图 9.8 中的第一列数据为默认生成的索引列，在写入数据时，如果不需要默认的索引列，可以在 to_csv() 函数中设置 index=False 参数。

2. CSV 文件的读取

pandas 提供了 read_csv() 函数，用于读取 CSV 文件。read_csv() 函数的常用参数及含义如表 9.5 所示。

表 9.5　read_csv() 函数的常用参数及含义

参 数 名	描　述
filepath_or_buffer	表示文件路径的字符串
sep	str 类型，表示分隔符，默认为逗号
header	表示将哪一行数据作为列名
names	为读取后的数据设置列名，默认为 None
index_col	通过列索引指定列的位置，默认为 None
skiprows	int 类型，需要跳过的行号，从文件内数据的开始处算起
skipfooter	int 类型，需要跳过的行号，从文件内数据的末尾处算起
na_values	将指定的值设置为 NaN
nrows	int 类型，设置需要读取数据的前 n 行数据
encoding	str 类型，用于设置文本编码格式，例如设置为 utf-8，表示用 utf-8 编码
squeeze	设置为 True，表示如果解析的数据只包含一列，则返回一个 Series；默认为 False
engine	表示数据解析的引擎，可以指定为 c 或 python，默认为 c

在实现一个简单的读取 CSV 文件的任务时，直接调用 pandas.read_csv() 函数，指定文件路径即可。示例代码如下：

```
import pandas as pd                        # 导入pandas
data = pd.read_csv('test.csv')             # 读取CSV文件信息
print('读取的CSV文件内容为: \n',data)      # 打印读取的文件内容
```

程序运行结果如下：

```
读取的CSV文件内容为:
   Unnamed: 0  A  B  C
0           0  1  4  7
1           1  2  5  8
2           2  3  6  9
```

还可以将读取出来的数据中的指定列写入新的文件，示例代码如下：

```
import pandas as pd                                    # 导入pandas
data = pd.read_csv('test.csv')                         # 读取CSV文件信息
# 将读取的信息中指定列，写入新的文件中
data.to_csv('new_test.csv',columns=['B','C'],index=False)
new_data = pd.read_csv('new_test.csv')                 # 读取新写入的CSV文件信息
print('读取新的CSV文件内容为: \n',new_data)            # 打印新文件信息
```

程序运行结果如下：

```
读取新的CSV文件内容为:
   B  C
0  4  7
1  5  8
2  6  9
```

9.2.3 存取 Excel 文件

1. Excel 文件的存储

Excel 文件是一个大家都比较熟悉的文件，该文件主要用于办公的表格文件，是 Microsoft 公司推出的办公软件中的一个组件。Excel 文件的扩展名目前有两种，一种为 .xls，另一种为 .xlsx，其扩展名主要由 Microsoft Office 办公软件的版本决定。

在实现 Excel 文件的写入工作时，通过 DataFrame 的数据对象直接调用 to_excel() 方法即可，参数含义与 to_csv() 方法类似。通过 to_excel() 方法向 Excel 文件内写入信息。示例代码如下：

```
import pandas as pd                                  # 导入pandas
data ={'A':[1,2,3],'B':[4,5,6],'C':[7,8,9]}          # 创建三列数据
df = pd.DataFrame(data)                              # 创建DataFrame对象
df.to_excel('test.xlsx')                             # 存储为Excel文件
```

2. Excel 文件的读取

pandas 提供了 read_excel() 函数，用于读取 Excel 文件，该函数的常用参数及含义如表 9.6 所示。

表 9.6　read_excel() 函数的常用参数及含义

参 数 名	描　述
io	表示文件路径的字符串
sheet_name	表示指定 Excel 文件内的分表位置，返回多表可以使用 sheet_name =[0,1]，默认为 0
header	表示指定哪一行数据作为列名，默认为 0
skiprows	int 类型，需要跳过的行号，从文件内数据的开始处算起
skipfooter	int 类型，需要跳过的行号，从文件内数据的末尾处算起
index_col	通过列索引指定列的位置，默认为 None
names	指定列的名字

在没有特殊要求时，读取 Excel 文件内容与读取 CSV 文件内容相同，直接调用 pandas.read_excel() 函数即可。示例代码如下：

```
import pandas as pd      # 导入pandas
# 读取Excel文件内容
data = pd.read_excel('test.xlsx')
print('读取的Excel文件内容为: \n', data)
```

9.3 SQLite 数据库

与许多其他数据库管理系统不同，SQLite 不是一个客户端 / 服务器结构的数据库引擎，而是一种嵌入式数据库，它的数据库就是一个文件。SQLite 将整个数据库，包括定义、表、索引及数据本身，作为一个单独的、可跨平台使用的文件存储在主机中。由于 SQLite 本身是用 C 语言编写的，而且体积很小，所以它经常被集成到各种应用程序中。Python 就内置了 SQLite3，所以，在 Python 中使用 SQLite 不需要安装任何模块，可以直接使用。

9.3.1 创建数据库文件

由于 Python 中已经内置了 SQLite3，因此可以直接使用 import 语句导入 SQLite3 模块。Python 操作数据库的通用流程如图 9.9 所示。

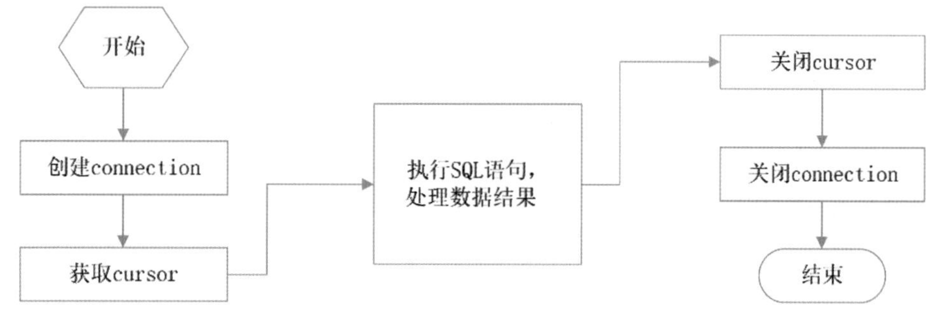

图 9.9　Python 操作数据库的通用流程图

例如，先创建一个名称为 mrsoft.db 的 SQLite 数据库文件，再执行 SQL 语句创建一个 user（用户表），user 表包含 id 和 name 两个字段。具体代码如下：

```
import sqlite3
# 连接到SQLite数据库
# 数据库文件是mrsoft.db，如果文件不存在，会自动在当前目录下创建
conn = sqlite3.connect('mrsoft.db')
# 创建一个cursor
cursor = conn.cursor()
# 执行一条SQL语句，创建user表
cursor.execute('create  table  user (id int(10)  primary key, name varchar(20))')
# 关闭游标
cursor.close()
# 关闭connection
conn.close()
```

在上述代码中，使用 sqlite3.connect() 方法连接 SQLite 数据库文件 mrsoft.db，由于 mrsoft.db 文件并不存在，所以会创建 mrsoft.db 文件，该文件包含了 user 表的相关信息。

说明

上面的代码只能运行一次，再次运行时，会提示错误信息：sqlite3.OperationalError:table user alread exists，这是因为 user 表已经存在。

9.3.2 操作 SQLite

1. 新增用户数据信息

为了向数据表中新增数据，可以使用如下 SQL 语句：

```
insert into 表名(字段名1,字段名2,…,字段名n)  values (字段值1,字段值2,…,字段值n)
```

例如，在 user 表中，有两个字段，字段名分别为 id 和 name。而字段值需要根据字段的数据类型来赋值，如 id 是长度为 10 的整型数据，name 是长度为 20 的字符串型数据。向 user 表中插入 3 条用户信息记录，则 SQL 语句如下：

```
cursor.execute('insert into user (id, name) values ("1", "MRSOFT")')
cursor.execute('insert into user (id, name) values ("2", "Andy")')
cursor.execute('insert into user (id, name) values ("3", "明日科技小助手")')
```

2. 查询用户数据信息

查询 user 表中的数据可以使用如下 SQL 语句：

```
select  字段名1,字段名2,字段名3,… from 表名  where 查询条件
```

查询用户数据信息的代码与插入数据信息大致相同，不同点在于使用的 SQL 语句不同。此外，查询数据时通常使用如下 3 种方式：

☑ fetchone()：获取查询结果集的下一条记录。

☑ fetchmany()：获取指定数量的记录。

☑ fetchall()：获取结果集的所有记录。

下面通过一个示例来学习这 3 种查询方式的区别。

例如，分别使用 fetchone()、fetchmany() 和 fetchall() 这 3 种方式查询用户数据信息，示例代码如下：

```
# 执行查询语句
cursor.execute('select * from user')
# 获取查询结果
```

```
result1 = cursor.fetchone()              # 使用fetchone方法查询一条数据
result2 = cursor.fetchmany(2)            # 使用fetchmany方法查询多条数据
print(result2)
result3 = cursor.fetchall()              # 使用fetchall()方法查询所有数据
print(result3)
```

修改上面代码，将获取查询结果的语句块代码修改为：

```
cursor.execute('select * from user where id > ?',(1,))
result3 = cursor.fetchall()
print(result3)
```

在 select 查询语句中，使用问号作为占位符代替具体的数值，然后使用一个元组来替换问号（注意，不要忽略元组中最后的逗号）。上述查询语句等价于：

```
cursor.execute('select * from user where id > 1')
```

说明

使用占位符可以避免 SQL 注入的风险，推荐使用这种方式。

3. 修改用户数据信息

修改 user 表中的数据可以使用如下 SQL 语句：

```
update  表名  set 字段名 = 字段值  where 查询条件
```

例如，将 SQLite 数据库中 user 表 ID 为 1 的数据中 name 字段值“mrsoft”修改为“mr”，示例代码如下：

```
# 创建一个Cursor:
cursor = conn.cursor()
cursor.execute('update user set name = ? where id = ?',('MR',1))
```

4. 删除用户数据信息

删除 user 表中的数据可以使用如下 SQL 语句：

```
delete  from 表名  where 查询条件
```

例如，删除 SQLite 数据库中 user 表 ID 为 1 的数据，示例代码如下：

```
# 创建一个Cursor:
cursor = conn.cursor()
cursor.execute('delete from user where id = ?',(1,))
```

9.4 MySQL 数据库

9.4.1 MySQL 服务器下载

MySQL 服务器的安装包可以到官方下载地址中下载。下载 MySQL 的具体步骤如下：

（1）在浏览器的地址栏中输入官方下载地址，进入 MySQL 下载页面，如图 9.10 所示。

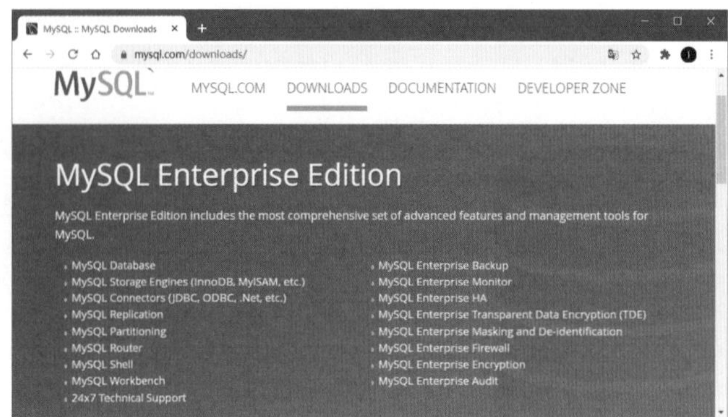

图 9.10　MySQL 下载页面

（2）在如图 9.10 所示的页面中，将鼠标向下拖动，如图 9.11 所示。

图 9.11“MySQL Downloads”页面

（3）单击“MySQL Community (GPL) Downloads”超链接，进入“MySQL Community Downloads”页面，如图 9.12 所示。

图 9.12“MySQL Community Downloads”页面

（4）单击“MySQL Community Server”超链接，进入“Download MySQL Community Server”页面，将页面拖动到如图 9.13 所示的位置。

图 9.13 “Download MySQL Community Server” 页面

（5）根据自己的操作系统选择合适的安装文件，这里以 Windows 64 位操作系统的完整版 MySQL Server 为例进行介绍，单击图 9.13 中的图片区域，进入“MySQL Installer”页面，将页面拖动到如图 9.14 所示的位置。

图 9.14 “MySQL Installer” 页面

（6）单击“Download”按钮，进入如图 9.15 所示的“Login Now or Sign Up for a free account.”页面。

图 9.15 “Login Now or Sign Up for a free account.” 页面

（7）单击“No thanks, just start my download.”超链接，即可看到安装文件的下载页面，如图 9.16 所示。

图 9.16 下载页面

9.4.2 安装 MySQL 服务器

下载 MySQL 服务器的安装文件以后，将得到一个名称为 mysql-installer-community-8.0.20.0.msi 的安装文件，双击该文件可以进行 MySQL 服务器的安装，具体的安装步骤如下。

（1）双击下载后的 mysql-installer-community-8.0.20.0.msi 文件，打开“Choosing a Setup Type”对话框。在该对话框中，勾选“Developer Default”，安装全部产品，如图 9.17 所示。

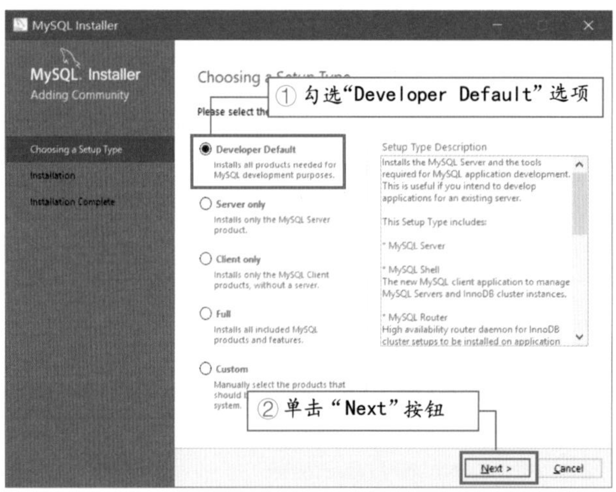

图 9.17“Choosing a Setup Type”对话框

（2）单击“Next”按钮，打开“Check Requirements”对话框，在该对话框中检查系统是否具备安装所必需的插件，如图 9.18 所示。

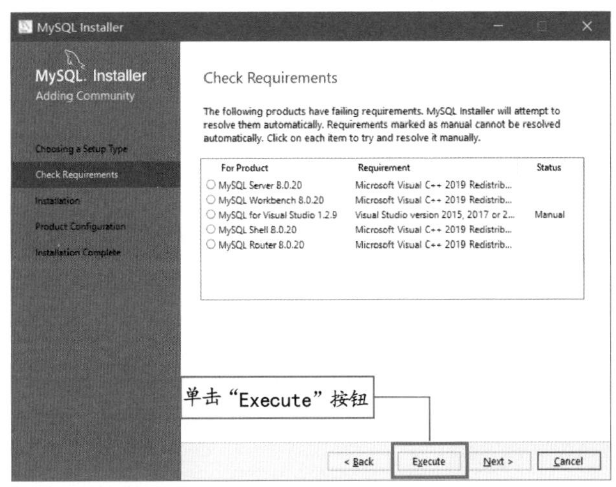

图 9.18“Check Requirements”对话框

（3）单击“Execute”按钮，将开始安装，并显示安装进度。安装完成后，将显示如图 9.19 所示的对话框。

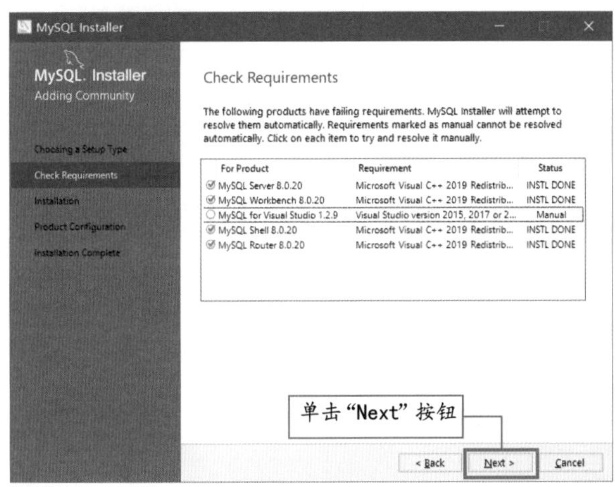

图 9.19　安装完成对话框

注意　由于每台计算机的环境不同，在安装插件的过程中，可能会出现没有安装成功的插件，如图 9.19 中没有画对号的插件。

（4）单击“Next”按钮，将打开如图 9.20 所示的提示对话框。

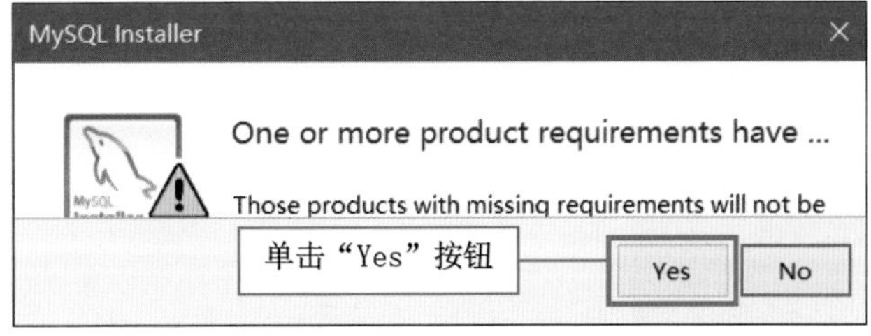

图 9.20　提示缺少安装所需插件的对话框

（5）单击“Yes”按钮，将提示在线安装所需插件，对话框如图 9.21 所示。

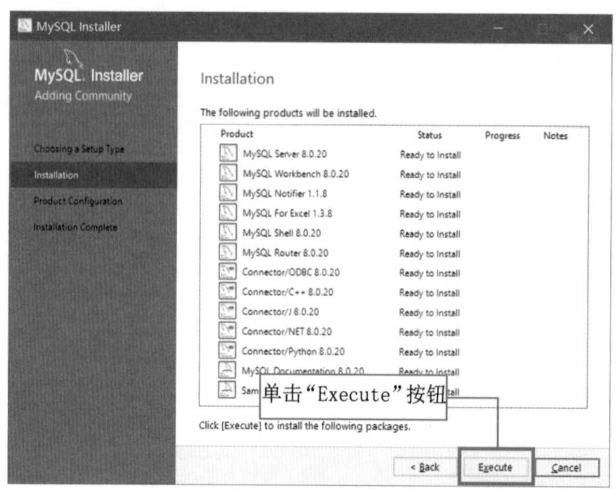

图 9.21 预备安装界面

（6）单击“Execute”按钮，将开始安装，并显示安装进度。安装完成后，将显示如图 9.22 所示的对话框。

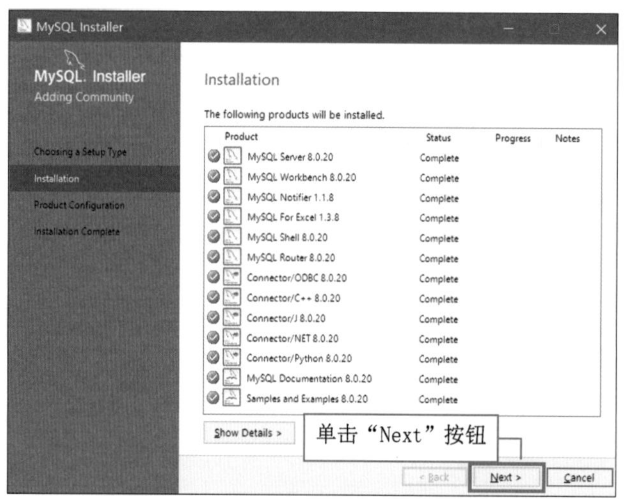

图 9.22 安装完成对话框

（7）单击“Next”按钮，将打开如图 9.23 所示的“Product Configuration”对话框。

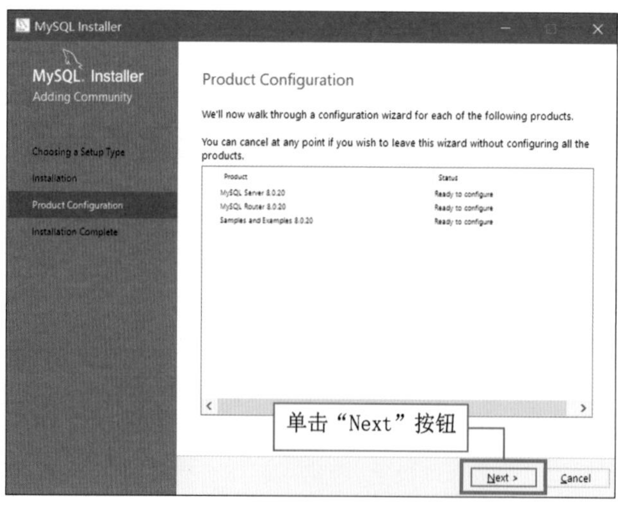

图 9.23 “Product Configuration”对话框

（8）单击“Next”按钮，将打开“High Availability”对话框，这里有两种 MySQL 服务的类型。我们选择第一项，如图 9.24 所示。

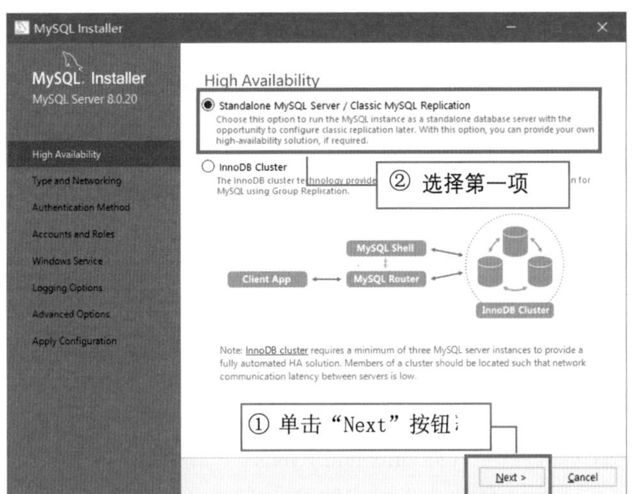

图 9.24 “High Availability”对话框

（9）单击“Next”按钮，将打开“Type and Networking”对话框，在这个对话框中，可以设置服务器类型和网络连接选项，最重要的是设置端口。这里我们保持默认的 3306 端口，如图 9.25 所示。

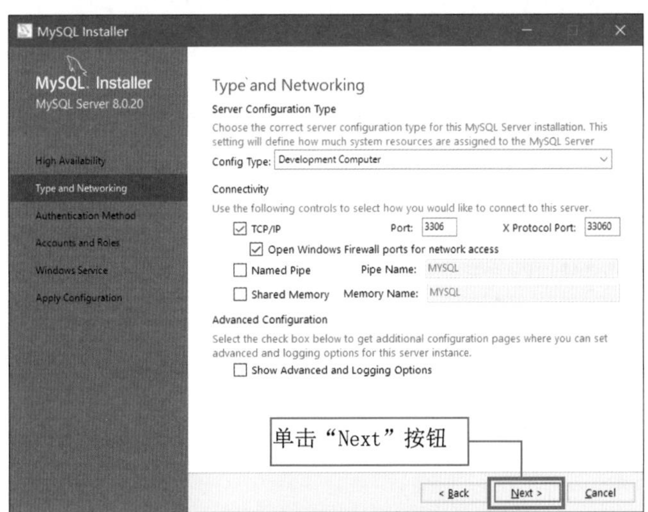

图 9.25 “Type and Networking”对话框

说明

MySQL 使用的默认端口是 3306，在安装时，可以修改为其他端口，例如 3307。但是一般情况下，不要修改默认的端口，除非 3306 端口已经被占用。

（10）单击“Next”按钮，将打开如图 9.26 所示的“Authentication Method”认证方式对话框。

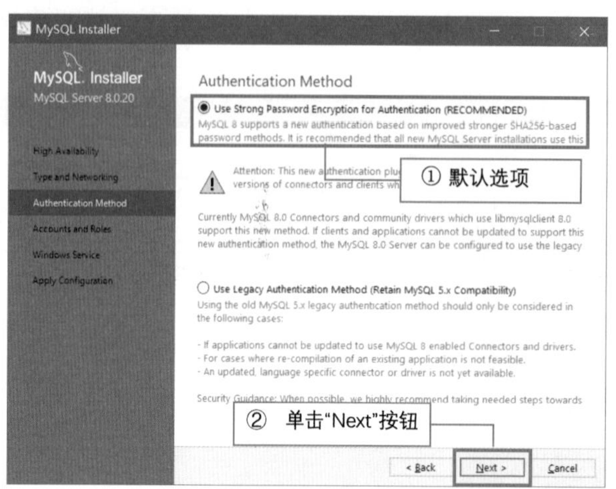

图 9.26 “Authentication Method”话框

（11）单击“Next”按钮，将打开“Accounts and Roles”对话框，在这个对话框中，可以设置用户名和密码，也可以添加新用户。这里只设置 root 用户的密码为 root，其他采用默认设置，如图 9.27 所示。

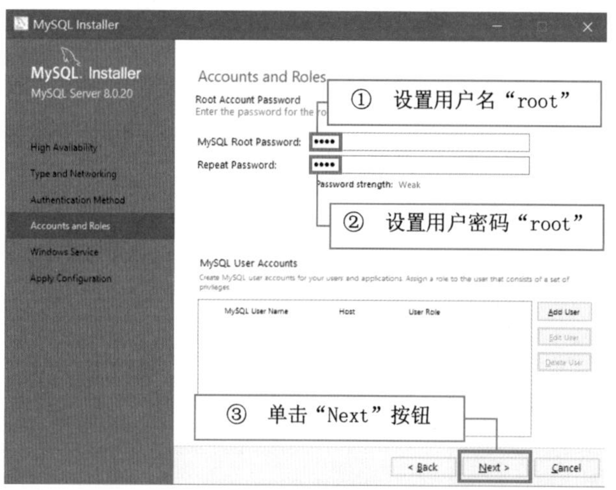

图 9.27 设置用户名和密码

（12）单击“Next”按钮，将打开“Windows Service”对话框，开始配置 MySQL 服务器，这里采用默认设置，如图 9.28 所示。

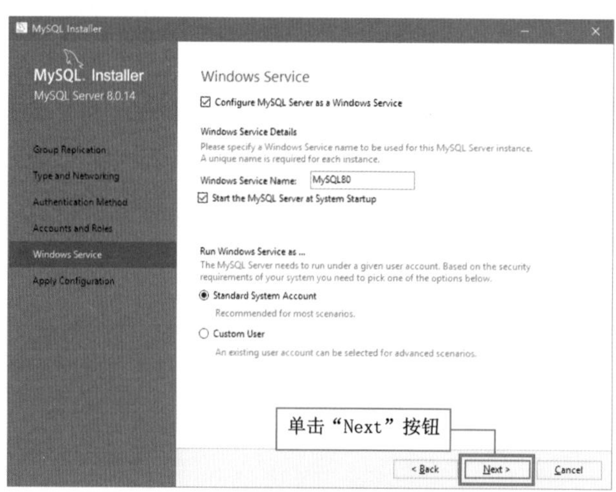

图 9.28 配置 MySQL 服务器

（13）单击“Next”按钮，进入“Apply Configuration”应用配置对话框，将显示如图 9.29 所示的界面。单击“Execute”按钮，进行应用配置，配置完成后如图 9.30 所示。

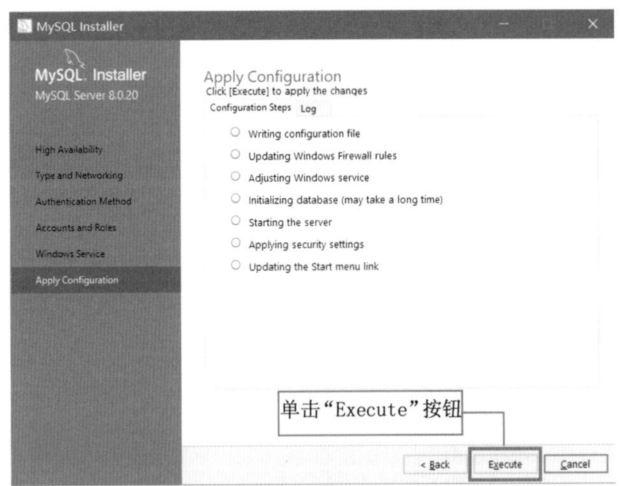

图 9.29 “Apply Configuration”应用配置对话框

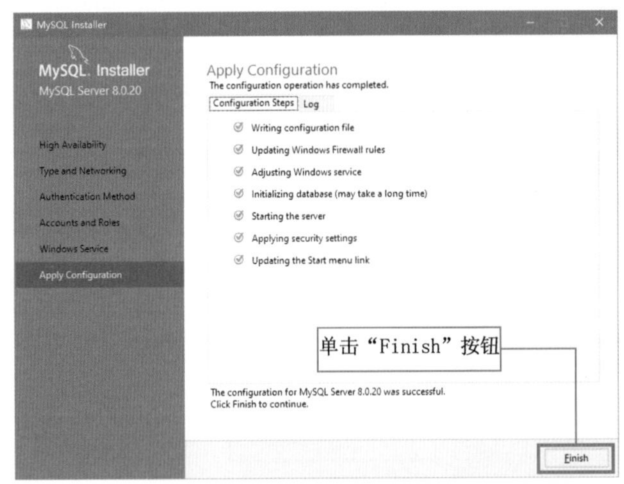

图 9.30 配置完成界面

（13）单击“Finish”按钮，安装程序又回到如图 9.31 所示的“Product Configuration”对话框界面，此时我们看到 MySQL Server 安装成功的提示。

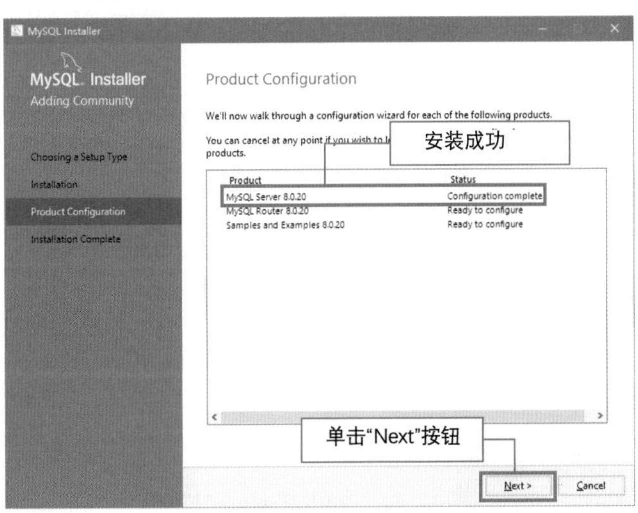

图 9.31 “Product Configuration”对话框

（14）单击“Next”按钮，打开如图 9.32 所示的“MySQL Router Configuration”对话框，在这个对话框中可以配置路由，这里使用默认设置即可。

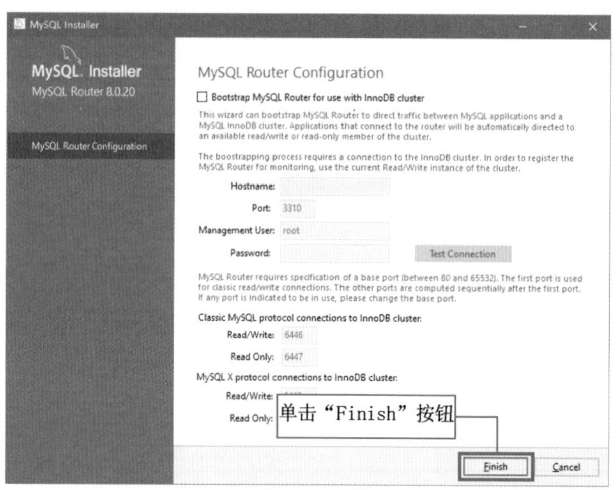

图 9.32 “MySQL Router Configuration”对话框

（15）单击“Finish”按钮，打开“Connect To Server”对话框，输入数据库用户名 root、密码 root，单击“Check”按钮，进行 MySQL 连接测试。如图 9.33 所示，可以看到数据库测试连接成功。

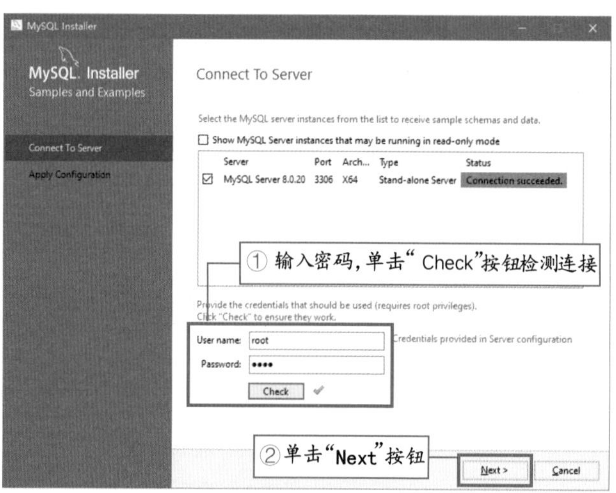

图 9.33 连接测试

（16）单击“Next”按钮，继续回到如图 9.34 所示的“Apply Configuration”对话框，单击“Execute”按钮进行配置，此过程需等待几分钟。

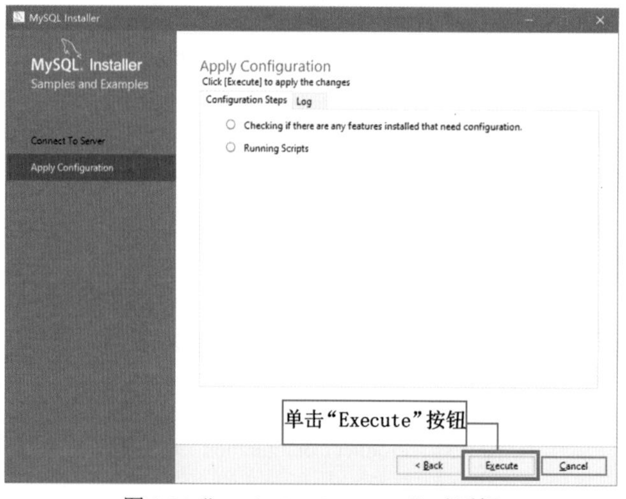

图 9.34 “Apply Configuration”对话框

（17）配置完成以后，出现如图 9.35 所示的界面，单击“Finish”按钮，将打开如图 9.36 所示的界面，单击“Finish”按钮，至此安装完毕。

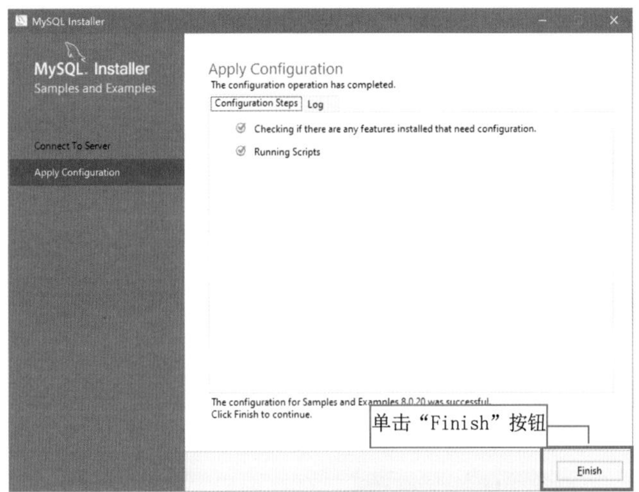

图 9.35　配置完成

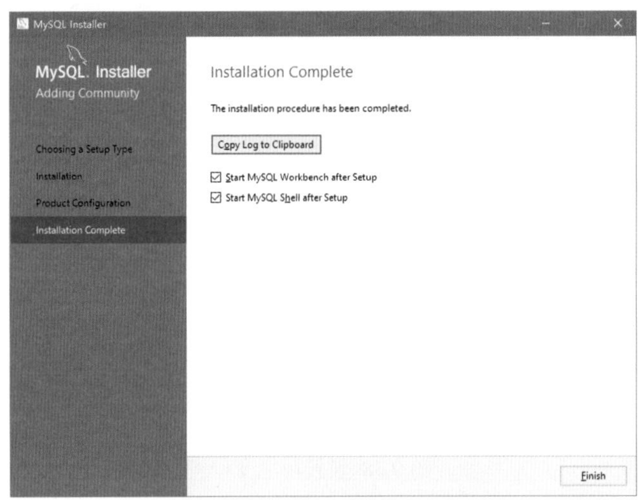

图 9.36　MySQL 服务器安装完毕

9.4.3 配置 MySQL

1. 设置环境变量

安装完成以后，默认的安装路径是 C:\Program Files\MySQL\MySQL Server 8.0\bin。下面设置环境变量，以便在任意目录下使用 MySQL 命令。通过鼠标右键单击“此电脑”→选择“属性”→选择“高级系统设置”→单击“环境变量”按钮→选择“Path 变量”→单击“编辑”按钮，如图 9.37 所示。

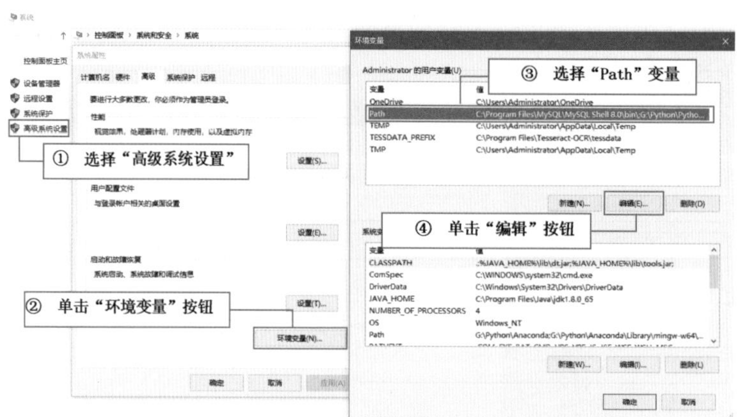

图 9.37 编辑环境变量

在编辑环境变量的窗口中，单击“新建”按钮，将 C:\Program Files\MySQL\MySQL Server 8.0\bin 路径写在变量值中，单击“确定”按钮，如图 9.38 所示。

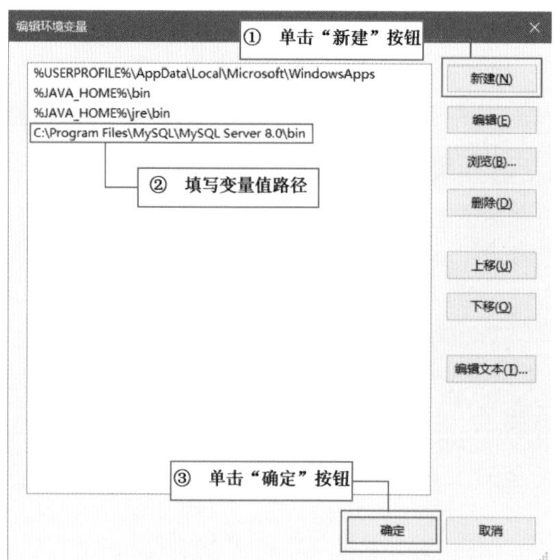

图 9.38 设置环境变量

2. 启动 MySQL

使用 MySQL 数据库前，需要先启动 MySQL。在 cmd 窗口中，输入命令“net start mysql80”来启动 MySQL 8.0。启动成功后，使用账户和密码进入 MySQL。输入命令“mysql –u root -p”，接着提示“Enter password:”，输入安装时设置的密码“root”即可进入 MySQL。如图 9.39 所示。

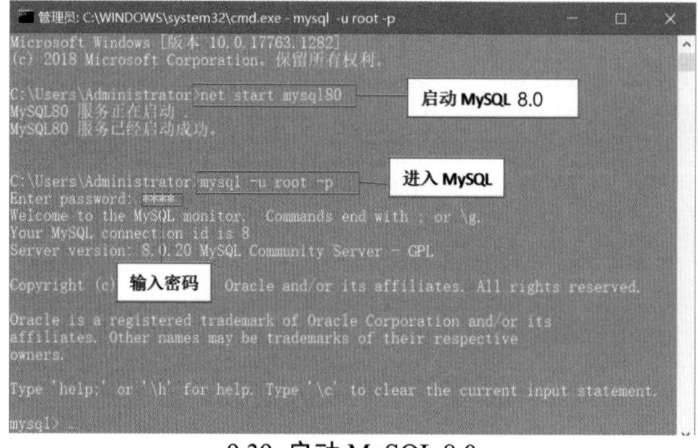

9.39 启动 MySQL 8.0

3. 使用 Navicat for MySQL 管理软件

在命令提示符下操作 MySQL 数据库的方式对初学者并不友好，而且需要有专业的 SQL 语言知识，所以各种 MySQL 图形化管理工具应运而生，其中 Navicat for MySQL 就是一个广受好评的桌面版 MySQL 数据库管理和开发工具。它使用图形化的用户界面，可以让用户使用和管理更为轻松。

（1）下载并安装 Navicat for MySQL。新建 MySQL 连接，如图 9.40 所示。

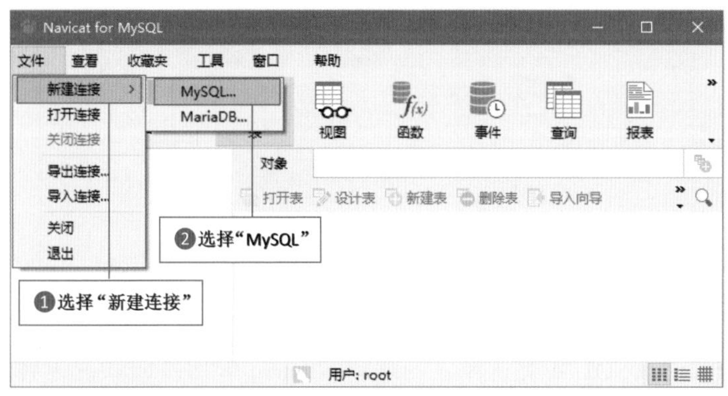

图 9.40 新建 MySQL 连接

（2）输入连接信息。输入连接名“studyPython”，输入主机名或 IP 地址“localhost”或“127.0.0.1”，输入密码“root”，如图 9.41 所示。

图 9.41 输入连接信息

（3）单击“确定”按钮，创建完成。此时，双击“studyPython”，进入 studyPython 数据库，如图 9.42 所示。

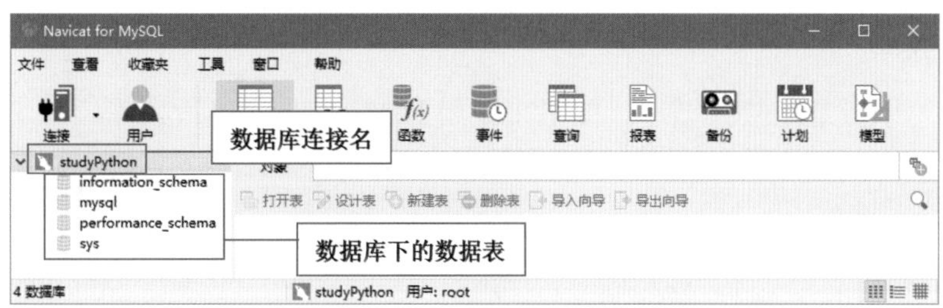

图 9.42 Navicat for MySQL 主页

（4）使用 Navicat 创建一个名为“mrsoft”的数据库，步骤为：右键单击“studyPython”→选择“新建数据库”→填写数据库常规信息→单击“确定”按钮，如图 9.43 所示。

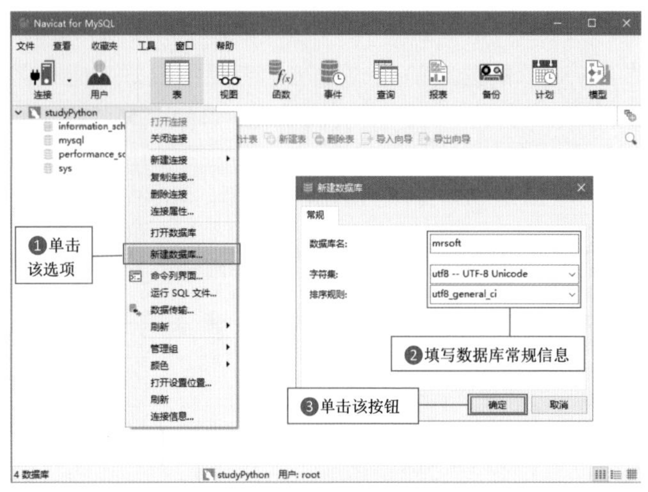

图 9.43 创建数据库

说明

关于 Navicat for MySQL 的更多操作，请到 Navicat 官网查阅相关资料。

9.4.4 安装 PyMySQL

由于 MySQL 服务器以独立的进程运行，并通过网络对外服务，所以，需要支持 Python 的 MySQL 驱动来连接 MySQL 服务器。在 Python 中，支持 MySQL 的数据库模块有很多，我们选择使用 PyMySQL。

PyMySQL 的安装比较简单，在 cmd 命令行窗口中运行如下命令：

```
pip install PyMySQL
```

程序运行结果如图 9.44 所示。

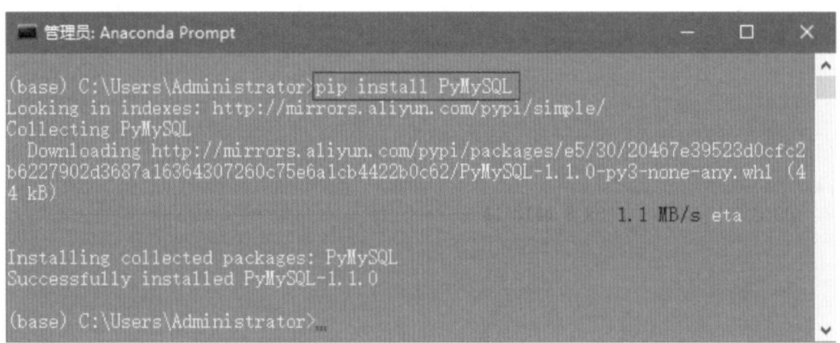

图 9.44 安装 PyMySQL

9.4.5 连接数据库

使用数据库的第一步是连接数据库。接下来使用 PyMySQL 连接数据库。由于 PyMySQL 也遵循 Python Database API 2.0 规范，所以操作 MySQL 数据库的方式与 SQLite 相似。我们可以通过类比的方式来学习。

实例 9.6 连接数据库 （实例位置：资源包 \Code\09\06）

前面我们已经创建了一个 MySQL 连接“studyPython”，并且在安装数据库时设置了数据库的用户名“root”和密码“root”。下面通过以上信息使用 connect() 方法连接 MySQL 数据库，示例代码如下：

```
import pymysql

# 打开数据库连接，参数1：主机名或IP；参数2：用户名；参数3：密码；参数4：数据库名称
db = pymysql.connect(host="localhost",user= "root",password= "root",database="mrsoft")
# 使用cursor()方法创建一个游标对象cursor
cursor = db.cursor()
# 使用execute()方法执行SQL查询
cursor.execute("SELECT VERSION()")
# 使用fetchone()方法获取单条数据
data = cursor.fetchone()
print ("Database version : %s " % data)
# 关闭数据库连接
db.close()
```

在上述代码中，首先使用 connect() 方法连接数据库，然后使用 cursor() 方法创建游标，接着使用 execute() 方法执行 SQL 语句查看 MySQL 数据库版本，再使用 fetchone() 方法获取数据，最后使用 close() 方法关闭数据库连接。程序运行结果如下：

```
Database version : 8.0.20
```

9.4.6 创建数据表

数据库连接成功以后，接下来就可以为数据库创建数据表了。创建数据表需要使用 execute() 方法，这里使用该方位创建一个 books 图书表，books 表包含 id（主键）、name（图书名称）、category（图书分类），price（图书价格）和 publish_time（出版时间）5 个字段。创建 books 表的 SQL 语句如下：

```
CREATE TABLE books (
id int(8) NOT NULL AUTO_INCREMENT,
name varchar(50) NOT NULL,
category varchar(50) NOT NULL,
price decimal(10,2) DEFAULT NULL,
publish_time date DEFAULT NULL,
PRIMARY KEY (id)
) ENGINE=MyISAM AUTO_INCREMENT=1 DEFAULT CHARSET=utf8;
```

在创建数据表前，使用如下语句先删除当前存在的数据表。

```
DROP TABLE IF EXISTS 'books';
```

实例 9.7 创建数据表　　（实例位置：资源包 \Code\09\07）

如果 mrsoft 数据库中已经存在 books，那么先删除 books，再创建 books 数据表。示例代码如下：

```
import pymysql

# 打开数据库连接
db = pymysql.connect(host="localhost",user= "root",password= "root",database="mrsoft")
# 使用cursor()方法创建一个游标对象cursor
cursor = db.cursor()
# 使用预处理语句创建表
```

```
sql = """
CREATE TABLE books (
id int NOT NULL AUTO_INCREMENT,
name varchar(50) NOT NULL,
category varchar(50) NOT NULL,
price decimal(10,2) DEFAULT NULL,
publish_time date DEFAULT NULL,
PRIMARY KEY (id)
) ENGINE=MyISAM AUTO_INCREMENT=1 DEFAULT CHARSET=utf8mb4;
"""
# 执行SQL语句
cursor.execute(sql)
# 关闭数据库连接
db.close()
```

运行上述代码后，mrsoft 数据库下会创建一个 books 表。打开 Navicat（如果已经打开，则按下“F5”键刷新），发现 mrsoft 数据库下多了一个 books 表，右键单击“books”，选择设计表，效果如图 9.45 所示。

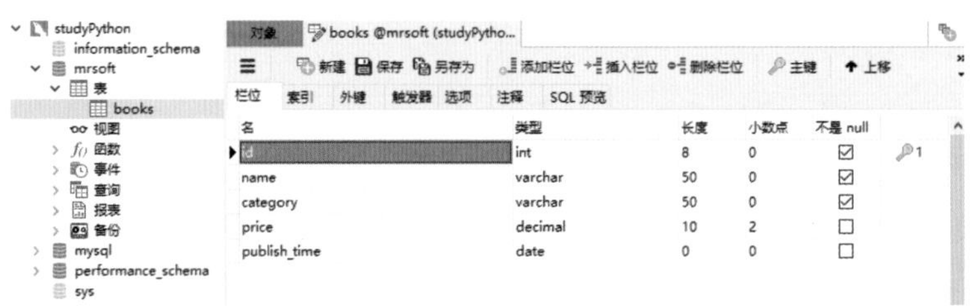

图 9.45 创建 books 表的效果

9.4.7 操作 MySQL 数据表

MySQL 数据表的操作主要包括数据的增、删、改、查，与操作 SQLite 类似，我们使用 executemany() 方法向数据表中批量添加多条记录，executemany() 方法的格式如下：

```
executemany(operation, seq_of_params)
```

☑ operation：操作的 SQL 语句。

☑ seq_of_params：参数序列。

实例 9.8 操作数据表 （实例位置：资源包 \Code\09\08）

使用 executemany() 方法向数据表中批量添加多条记录，示例代码如下：

```
import pymysql

# 打开数据库连接
db = pymysql.connect(host="localhost",user= "root",password= "root",database= "mrsoft",charset="utf8")
# 使用cursor()方法获取操作游标
cursor = db.cursor()
# 数据列表
data = [("零基础学Python",'Python','79.80','2018-5-20'),
("Python从入门到精通",'Python','69.80','2018-6-18'),
("零基础学PHP",'PHP','69.80','2017-5-21'),
```

```
    ("PHP项目开发实战入门",'PHP','79.80','2016-5-21'),
    ("零基础学Java",'Java','69.80','2017-5-21'),
    ]
    try:
        # 执行SQL语句，插入多条数据
        cursor.executemany("insert into books(name, category, price, publish_time) values (%s,%s,%s,%s)", data)
        # 提交数据
        db.commit()
    except:
        # 发生错误时回滚
        db.rollback()

    # 关闭数据库连接
    db.close()
```

在上述代码中，需要特别注意以下几点：

☑ 使用 connect() 方法连接数据库时，额外设置字符集“charset=utf-8”，可以防止插入中文时出错。

☑ 在使用 insert 语句插入数据时，使用“%s”作为占位符，可以防止 SQL 注入。

运行上述代码，在 Navicat 中查看 books 表中的数据，如图 9.46 所示。

id	name	category	price	publish_time
1	零基础学Python	Python	79.8	2018-05-20
2	Python从入门到精通	Python	69.8	2018-06-18
3	零基础学PHP	PHP	69.8	2017-05-21
4	PHP项目开发实战入门	PHP	79.8	2016-05-21
5	零基础学Java	Java	69.8	2017-05-21

图 9.46　books 表中的数据

本章 e 学码：关键知识点拓展阅读

SQL 注入
环境变量
嵌入式数据库
数据解析的引擎
文件对象
文件指针
一维数组

第10章 App抓包工具

本章概览

爬虫不仅仅针对Web页面的信息进行爬取，应用中也存在大量数据需要爬取，例如移动端的App。由于App中的数据都是采用异步的方式从后台服务器中获取的，类似于Web中的Ajax请求，所以在爬取数据前同样需要分析App用于获取数据的URL。

由于App运行在手机或平板电脑中，在获取请求地址时无法像Web一样在PC端通过浏览器进行获取。此时就需要使用专业的抓包工具，获取App请求地址。本章将介绍如何使用Charles抓包工具获取App中的请求地址。

知识框架

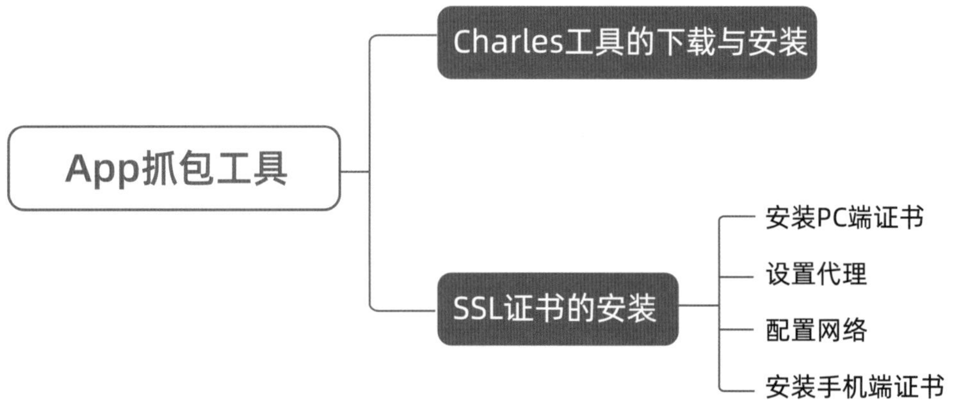

10.1 Charles 工具的下载与安装

可以实现 App 抓包的工具有很多，比较常用的就是 Fidder 与 Charles 工具，不过从性能上来讲，Charles 的功能更加强大。Charles 抓包工具是收费软件，但是可以免费试用 30 天。打开 Charles 工具的官方下载页面，根据操作系统下载对应的版本即可。这里以 Windows 系统为例进行讲解，如图 10.1 所示。

图 10.1　下载操作系统对应版本的 Charles 工具

下载完成后，本地磁盘中将出现名为“charles-proxy-4.6.5-win64.msi”的安装文件，双击该文件将显示如图 10.2 所示的 Charles 欢迎页面，在该页面中直接单击“Next”按钮。

图 10.2　Charles 欢迎页面

在许可协议页面中，勾选“I accept the terms in the License Agreement”同意协议，单击“Next”按钮，如图 10.3 所示。

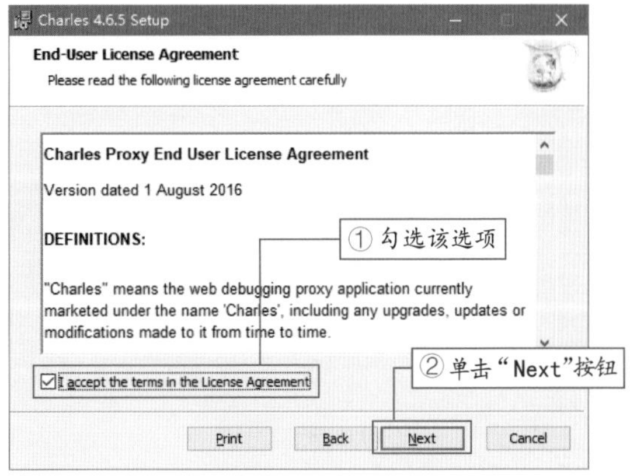

图 10.3　许可协议页面

在“Destination Folder”页面中，选择自己需要安装的路径，单击“Next”按钮，如图 10.4 所示。

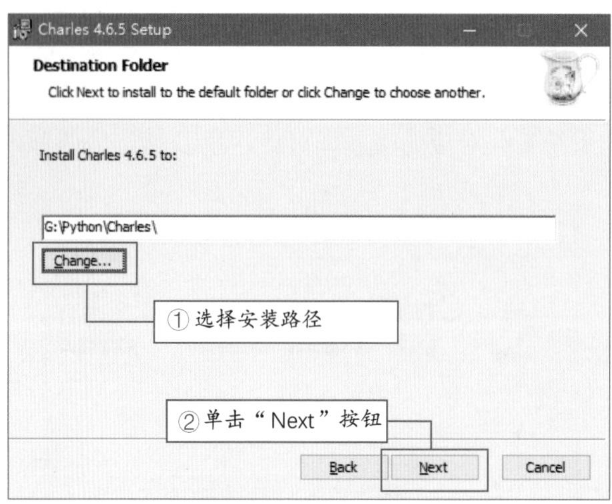

图 10.4 选择安装路径

在“Ready to install Charles”页面中直接单击“Install”按钮，开始安装，如图 10.5 所示。

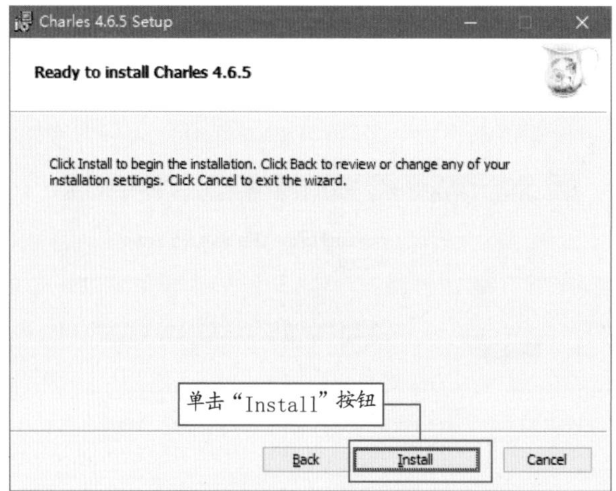

图 10.5 开始安装

安装完成以后，将显示如图 10.6 所示的页面，在该页面中直接单击“Finish”按钮即可。

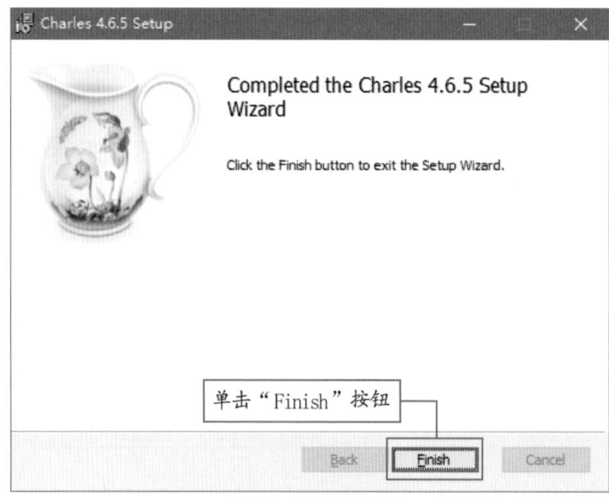

图 10.6 安装完成

10.2 SSL 证书的安装

10.2.1 安装 PC 端证书

Charles 工具安装完成以后，在菜单中或底部搜索位置找到 Charles 启动图标，启动 Charles 工具。Charles 启动后，将默认获取当前 PC 端的所有网络请求，例如自动获取 PC 端浏览器中访问的百度页面，不过在查看请求内容时，将显示如图 10.7 所示的乱码信息。

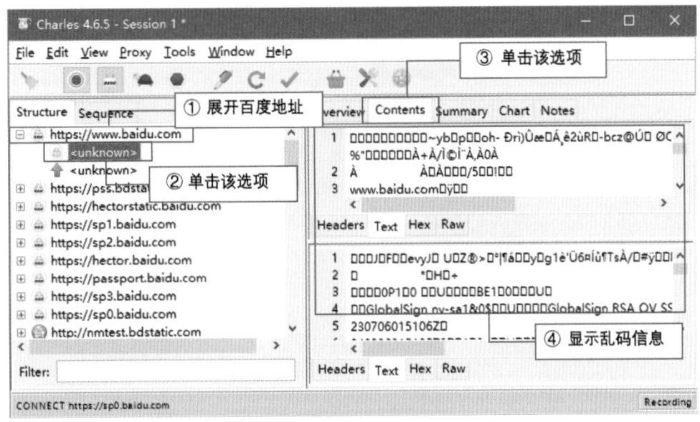

图 10.7 显示乱码信息

说明

在默认的情况下，Charles 是可以获取 PC 端的网络请求的。

目前的网页多数都使用 HTTPS 与服务器进行数据交互，而通过 HTTPS 传输的数据都是加密的，此时通过 Charles 获取的信息也就是乱码的，需要安装 PC 端 SSL 证书。安装 PC 端 SSL 证书的具体步骤如下：

（1）打开 Charles 工具，依次选择 Help → SSL Proxying → Install Charles Root Certificate 菜单项，打开安装 SSL 证书对话框，如图 10.8 所示。

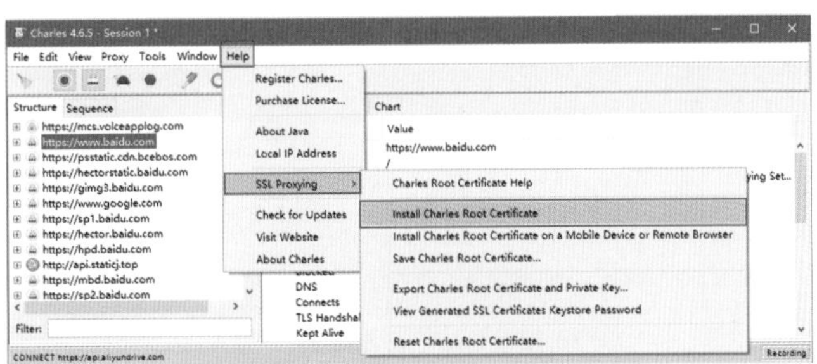

图 10.8 安装 SSL 证书界面

（2）在已经打开的安装 SSL 证书对话框中，单击“安装证书”按钮，如图 10.9 所示。在“证书导入向导”对话框中直接单击“下一步”按钮，如图 10.10 所示。

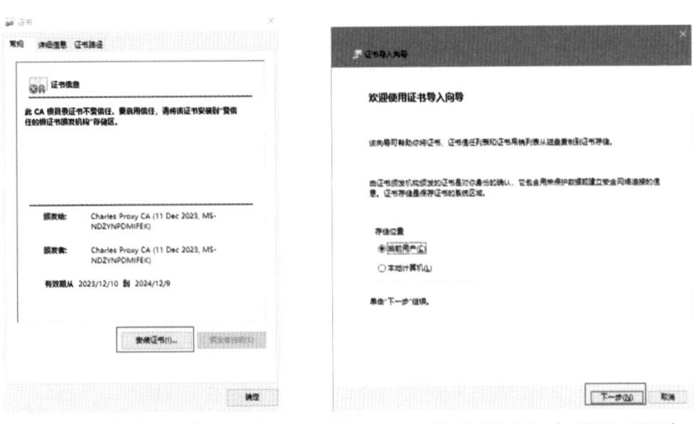

图 10.9 安装证书界面　　图 10.10“证书导入向导”界面

（3）打开证书向导的“证书存储”对话框，首先选择“将所有的证书都放入下列存储”，然后单击“浏览”按钮，选择证书的存储位置为“受信任的根证书颁发机构”，再单击“确定”按钮，最后单击“下一步”按钮即可，如图 10.11 所示。

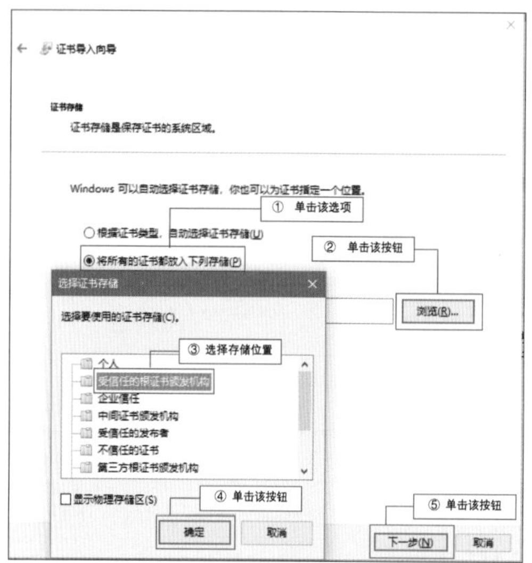

图 10.11 选择证书存储区域

（4）在“证书导入向导”的“正在完成证书导入向导”对话框中，直接单击“完成”按钮，如图 10.12 所示。

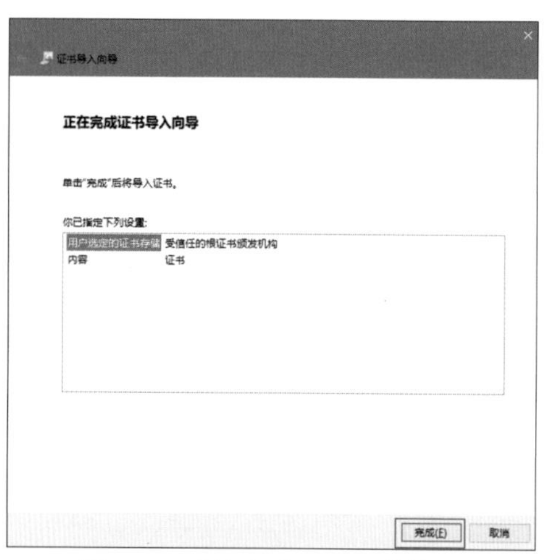

图 10.12 确认完成 SSL 证书导入

（5）在弹出的安全警告对话框中单击“是”按钮，如图 10.13 所示，即可完成 SSL 证书的安装。

图 10.13 确认 SSL 证书的安全警告

（6）在导入成功的提示对话框中单击“确定”按钮，如图 10.14 所示，然后在安装证书的对话框中单击“确定”按钮，如图 10.15 所示。

图 10.14　确定导入成功

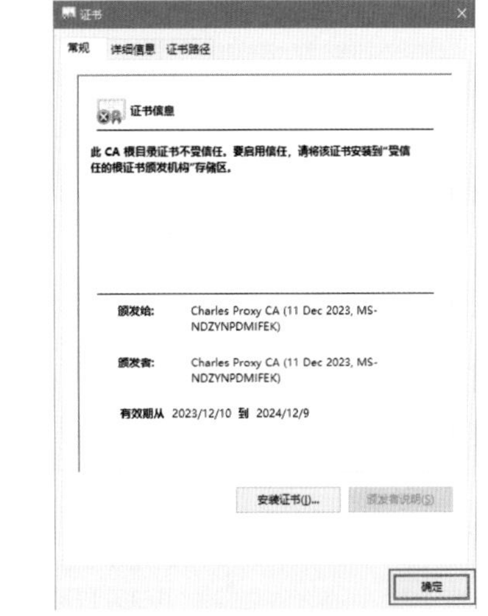

10.15　确定安装证书

10.2.2 设置代理

PC 端的 SSL 证书安装完成以后，在获取请求详情内容时依然显示乱码。此时还需要设置 SSL 代理，设置 SSL 代理的具体步骤如下：

在 Charles 工具中，依次选择 Proxy → SSL Proxying Settings 菜单项，如图 10.16 所示。

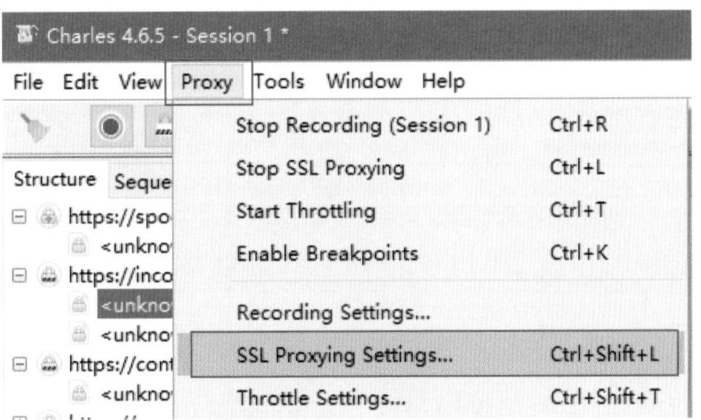

图 10.16　打开 SSL 代理设置

在“SSL Proxying”选项卡中勾选“Enable SSL Proxying”选项，然后单击左侧“Include”下面对应的“Add”按钮，在“Edit Location”窗口中设置指定代理，在没有代理的情况下，将其设置为“*”（表示所有的 SSL）即可，如图 10.17 所示。

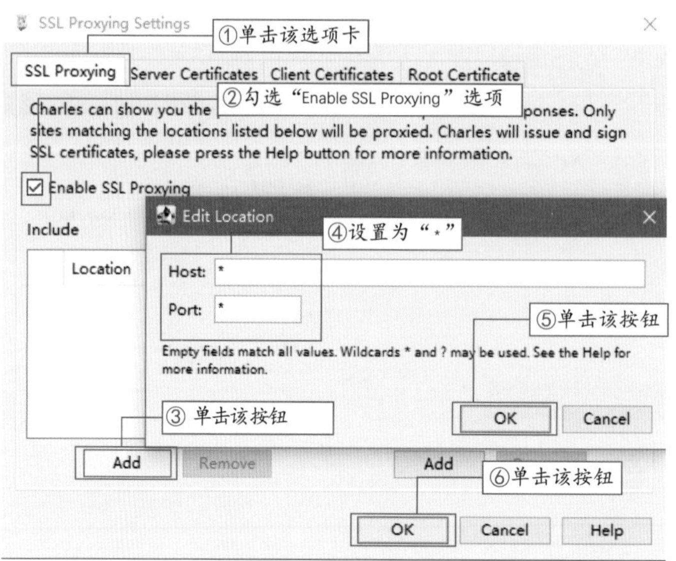

图 10.17 SSL 代理设置

SSL 代理设置完成以后，重新启动 Charles，再次打开浏览器中的百度网页，单击左侧目录中的“/”将显示如图 10.18 所示的详细内容。

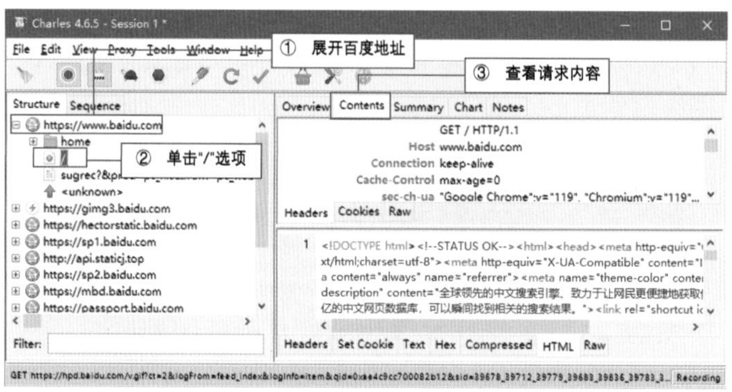

图 10.18 查看百度请求内容

10.2.3 配置网络

当需要通过 Charles 抓取手机中的请求地址时，需要保证 PC 端与手机端在同一网络环境中，然后为手机端配置网络。配置网络的具体步骤如下。

（1）确定 PC 端与手机端在同一网络环境中，然后在 Charles 工具的菜单中依次选择 Help → SSL Proxying → Install Charles Root Certificate on a Mobile Device or Remote Browser 菜单项，如图 10.19 所示。

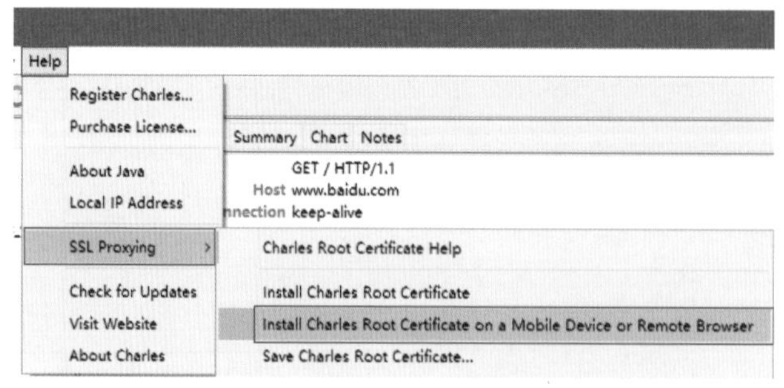

图 10.19 打开移动设备安装证书的信息提示对话框

（2）打开移动设备安装证书的信息提示对话框，在该对话框中需要记录 IP 地址与端口号，如图 10.20 所示。

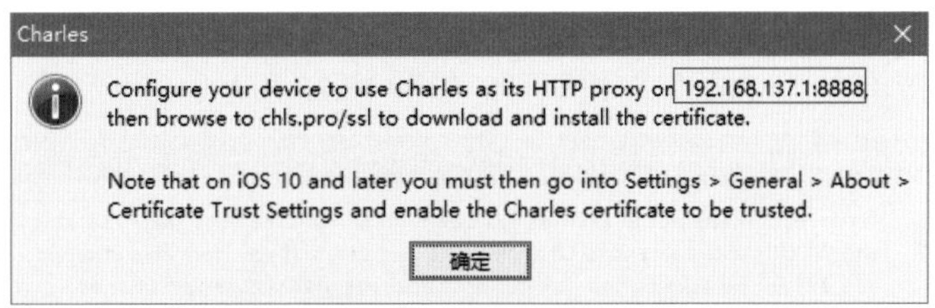

图 10.20 移动设备安装证书的信息提示

（3）将提示框中的 IP 地址与端口号记住后，将手机（这里以 Android 手机为例）Wi-Fi 连接与 PC 端同一网络的 Wi-Fi，然后在手机 Wi-Fi 列表中长按已经连接的 Wi-Fi，在弹出的菜单中选择“修改网络”，如图 10.21 所示。

图 10.21 修改手机网络

（4）在“修改网络”的界面中，首先勾选“显示高级选项”，然后在“服务器主机名”与“服务器端口”所对应的位置填写 Charles 的移动设备安装证书的信息提示框中给出的 IP 地址与端口，单击“保存”按钮，如图 10.22 所示。

图 10.22 设置服务器主机名与端口

（5）在手机端服务器主机与端口设置完成后，PC 端 Charles 将自动弹出是否信任此设备的确认对话框，在该对话框中直接单击“Allow”按钮即可，如图 10.23 所示。

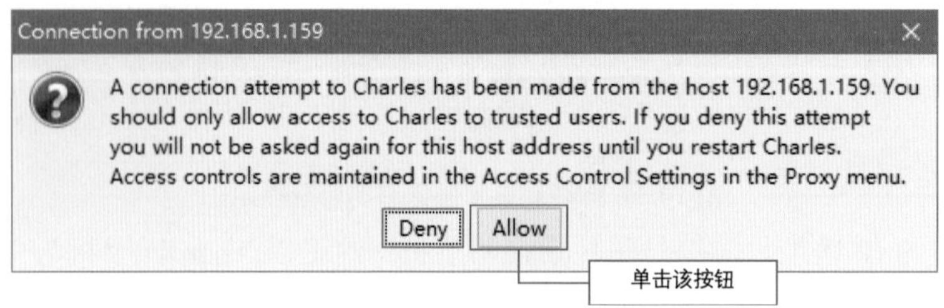

图 10.23 确认是否信任手机设备

如果 PC 端的 Charles 没有提示如图 10.23 所示的提示框，可以在 PC 端命令行窗口内通过 ipconfig 获取当前 PC 端的无线局域适配器所对应的 IPv4 地址，并将该地址设置在步骤（4）中手机连接 Wi-Fi 的服务器主机名中。

10.2.4 安装手机端证书

PC 端与手机端的网络配置完成以后，需要将 Charles 证书保存在 PC 端，然后安装在手机端，这样 Charles 才可以正常抓取手机 App 中的网络请求。安装手机端证书的具体步骤如下：

（1）在 Charles 工具中依次选择 Help → SSL Proxying → Save Charles Root Certificate…菜单项，如图 10.24 所示。

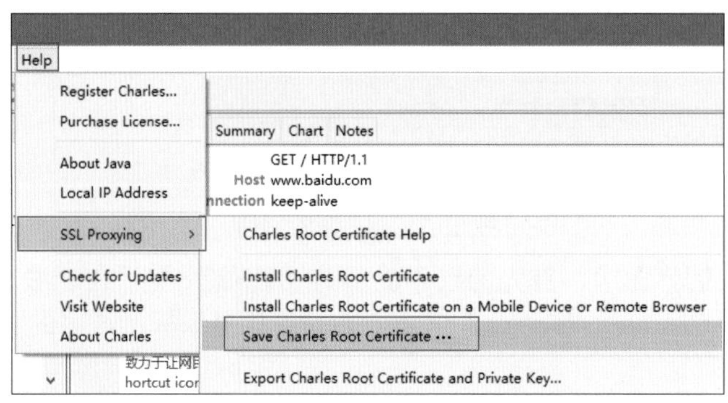

图 10.24 打开 Charles_SSL 证书保存窗口

（2）将证书文件保存在 PC 端指定路径下，如图 10.25 所示。

图 10.25 将 Charles_SSL 证书文件保存在 PC 端

（3）将 Charles_SSL 证书文件导入手机，然后在手机中依次选择设置 → 安全和隐私 → 更多安全设置 → 从 SD 卡安装证书，选择 Charles_SSL 证书文件，输入手机密码后填写证书名称，单击“确定”按钮，如图 10.26 所示。

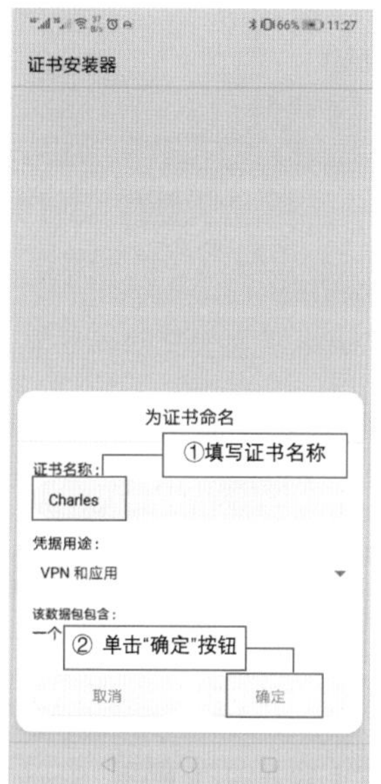

图 10.26 手机从 SD 卡安装证书

说明　不同品牌的手机安装 Charles_SSL 证书文件的方式会有所不同，所以需要读者根据使用的手机品牌寻找对应的安装方式。

（4）完成以上配置后，打开 Android 手机某个 App 的某个新闻网页，如图 10.27 所示。

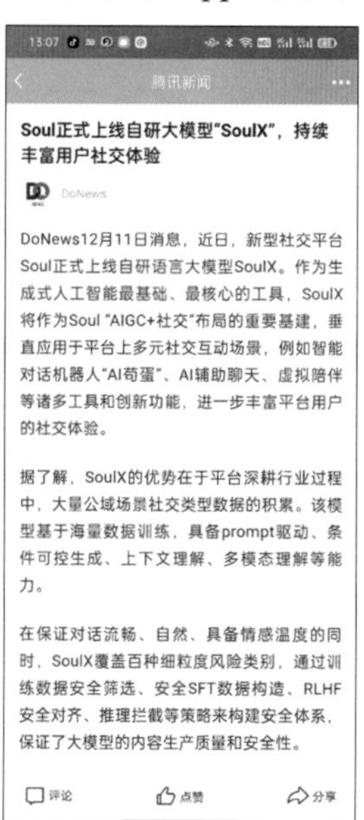

图 10.27 Android 手机中的新闻网页

（5）在 Charles 工具左侧的请求栏内，同时观察不断出现换色闪烁的最新请求，即可查询 Android 手机中新闻网页所对应的请求地址，如图 10.28 所示。

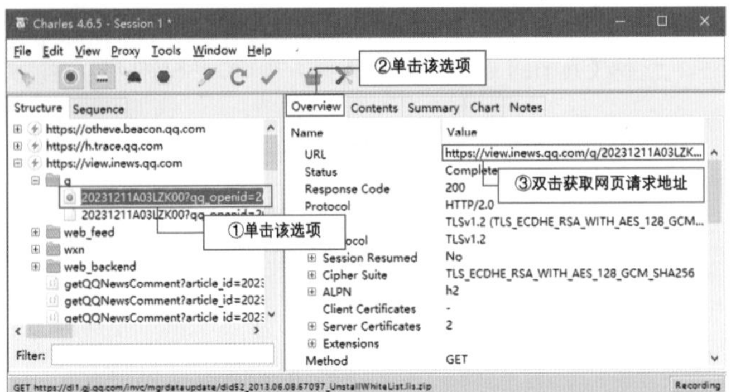

图 10.28 在 Charles 工具中获取 App 的网络请求地址

说明

在不确定 Charles 工具中所获取的请求地址是否正确时，可以对获取的地址在 PC 端浏览器中进行页面验证，验证结果如图 10.29 所示。

图 10.29 在 PC 端浏览器中验证获取的 App 请求地址

本章 e 学码：关键知识点拓展阅读

Fidder	SSL 代理
HTTPS	SSL 证书
IPv4 地址	无线局域适配器

第 11 章 识别验证码

本章概览

验证码是许多网站都采取的反爬虫机制，随着技术的发展。验证码出现了各种各样的形态，从一开始的几个数字，发展到随机添加几个英文字母，以及混淆曲线、彩色斑点、滑动拼图等，形态越来越复杂。本章将介绍如何使用 OCR 技术实现字符验证码的识别、如何使用第三方验证码识别平台识别验证码及滑动拼图验证码的校验工作。

知识框架

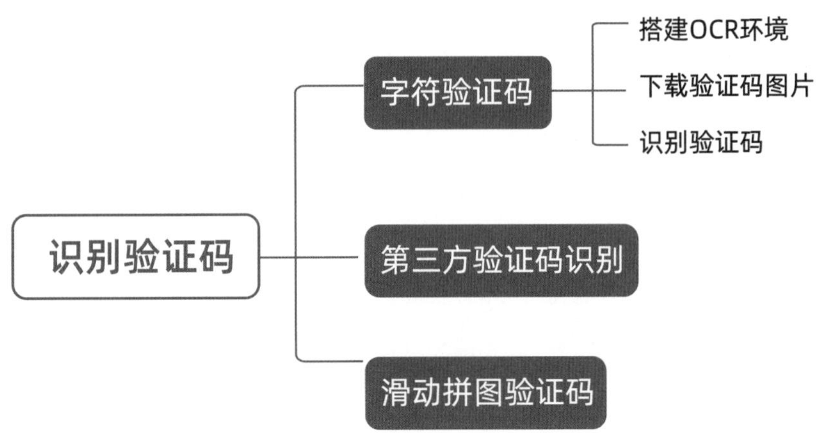

11.1 字符验证码

字符验证码的特点就是验证码中包含数字、字母或者掺杂着斑点与混淆曲线的图片验证码。识别此类验证码，首先需要找到验证码图片在网页 HTML 代码中的位置，然后将验证码下载，最后通过 OCR 技术进行验证码的识别工作。

11.1.1 搭建 OCR 环境

Tesseract-OCR 是一个免费、开源的 OCR 引擎，通过该引擎可以识别图片中的验证码，搭建 OCR 的具体步骤如下：

（1）打开 Tesseract-OCR 下载地址，然后选择与自己的操作系统相匹配的版本（这里以 Windows 64 位操作系统为例），如图 11.1 所示。

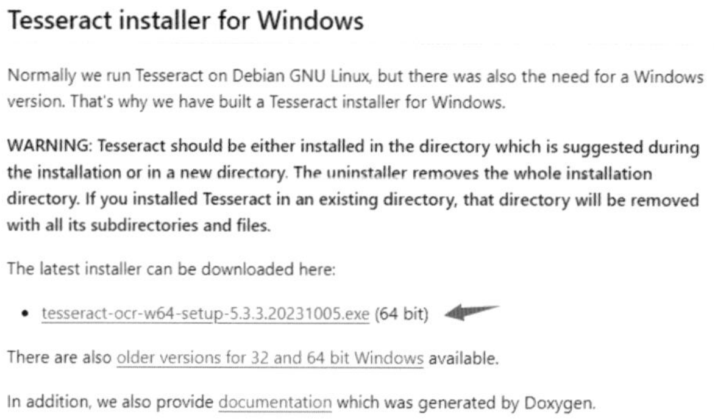

Tesseract installer for Windows

Normally we run Tesseract on Debian GNU Linux, but there was also the need for a Windows version. That's why we have built a Tesseract installer for Windows.

WARNING: Tesseract should be either installed in the directory which is suggested during the installation or in a new directory. The uninstaller removes the whole installation directory. If you installed Tesseract in an existing directory, that directory will be removed with all its subdirectories and files.

The latest installer can be downloaded here:

- tesseract-ocr-w64-setup-5.3.3.20231005.exe (64 bit)

There are also older versions for 32 and 64 bit Windows available.

In addition, we also provide documentation which was generated by Doxygen.

图 11.1 下载 Tesseract-OCR 安装文件

（2）Tesseract-OCR 文件下载完成后，默认安装即可。

（3）找到 Tesseract-OCR 的安装路径（默认为 C:\Program Files\Tesseract-OCR\tessdata），然后将安装路径添加至系统环境变量中，首选右键单击“此电脑”→选择“属性”→选择“高级系统设置”→选择“环境变量”，然后在上面的用户变量中单击“新建”按钮，在弹出的“新建用户变量”窗口中设置变量名与变量值，如图 11.2 所示。

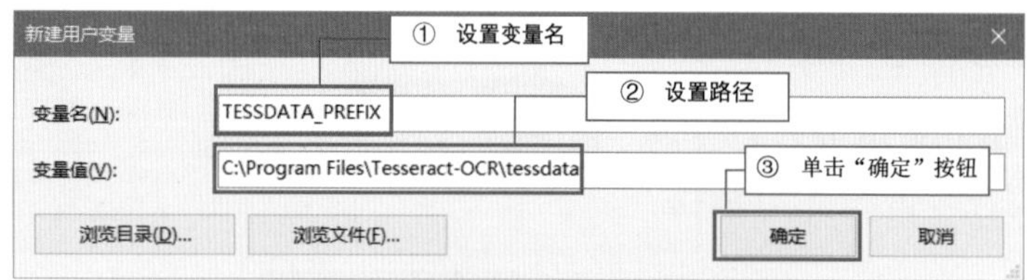

图 11.2 设置 Tesseract-OCR 的环境变量

Tesseract-OCR 环境变量配置完成以后，请重新启动 PyCharm 开发工具。

（4）安装 tesserocr 模块，安装命令如下：

```
pip install tesserocr
```

如果使用的是 Anaconda，并在安装 tesserocr 模块时出现了错误，可以使用如下命令：

```
conda install -c simonflueckiger tesserocr
```

11.1.2 下载验证码图片

实例 11.1　下载验证码图片　　（实例位置：资源包 \Code\11\01）

以测试网页地址（http://spider.mingribook.com/Spider/word）对应的网页为例，下载网页中的验证码图片，具体步骤如下：

（1）使用浏览器打开测试网页的地址，将显示如图 11.3 所示的字符验证码。

图 11.3　字符验证码

（2）打开浏览器“开发者工具”，然后在 HTML 代码中获取验证码图片所在的位置，如图 11.4 所示。

图 11.4　获取验证码在 HTML 代码中的位置

（3）对目标网页发送网络请求，并在返回的 HTML 代码中获取图片的下载地址，然后下载验证码图片，代码如下：

```
import requests                              # 导入网络请求模块
import urllib.request                        # 导入urllib.request模块
from fake_useragent import UserAgent         # 导入随机请求头
from bs4 import BeautifulSoup                # 导入解析HTML的模块
header = {'User-Agent':UserAgent().random}  # 创建随机请求头
url = 'http://spider.mingribook.com/spider/word/'  # 网页请求地址
# 发送网络请求
response = requests.get(url,header)
response.encoding='utf-8'                          # 设置编码方式
html = BeautifulSoup(response.text,"html.parser")  # 解析HTML
src = html.find('img').get('src')
img_url = url+src                                  # 组合验证码图片请求地址
urllib.request.urlretrieve(img_url,'code.png')     # 下载并设置图片名称
```

程序运行后，项目文件夹中将自动生成如图 11.5 所示的验证码图片。

图 11.5 验证码图片

11.1.3 识别验证码

实例 11.2 识别验证码 （实例位置：资源包 \Code\11\02）

验证码下载完成以后，如果没有安装 pillow 模块，则需要先通过 pip install pillow 安装一下，然后导入 tesserocr 模块与 Image 模块，再通过 Image.open() 方法打开验证码图片，接着通过 tesserocr.image_to_text() 函数识别图片中的验证码信息即可。示例代码如下：

```
import tesserocr                             # 导入tesserocr模块
from PIL import Image                        # 导入图像处理模块
img =Image.open('code.png')                  # 打开验证码图片
code = tesserocr.image_to_text(img)          # 将图片中的验证码转换为文本
print('验证码为：',code)
```

程序运行结果如下：

```
验证码为： uuuc
```

注意

在识别过程中，如果出现如图 11.6 所示的错误信息，说明验证码识别资源包路径无效，此时可以将 Tesseract-OCR 安装路径中的 tessdata 资源包复制在 Python 解释器的同级目录即可（如笔者的 Anaconda 路径“G:\Python\Anaconda3”）。

```
G:\Python\Anaconda3\python.exe G:\资源包\Code\test.py
Traceback (most recent call last):
  File "G:\资源包\Code\test.py", line 77, in <module>
    code = tesserocr.image_to_text(img)          # 将图片中的验证码转换为文本
           ^^^^^^^^^^^^^^^^^^^^^^^^^^^^^^^^

  File "tesserocr.pyx", line 2580, in tesserocr._tesserocr.image_to_text
RuntimeError: Failed to init API, possibly an invalid tessdata path: ./
```

图 11.6 资源包无效路径

OCR 的识别技术虽然很强大，但是并不是所有的验证码都可以这么轻松地识别出来，例如图 11.7 所示的验证码中就会掺杂着许多干扰线条，那么在识别这样的验证码信息时，就需要对验证码图片进行相应的处理并识别。

图 11.7 带有干扰线的验证码

如果直接通过 OCR 识别，识别结果将会受到干扰线的影响。下面我们通过 OCR 直接识别测试一下，识别代码与效果如下：

```
import tesserocr                             # 导入tesserocr模块
from PIL import Image                        # 导入图像处理模块
img =Image.open('code2.jpg')                 # 打开验证码图片
code = tesserocr.image_to_text(img)          # 将图片中的验证码转换为文本
print('验证码为：',code)
```

程序运行结果如下：

```
验证码为： YSGN.
```

通过以上测试可以发现，直接通过 OCR 技术识别后的验证码中多了一个“.”，遇到此类情况，首先可以将彩色的验证码图片转换为灰度图片测试一下。示例代码如下：

```
import tesserocr                      # 导入tesserocr模块
from PIL import Image                 # 导入图像处理模块
img =Image.open('code2.jpg')          # 打开验证码图片
img = img.convert('L')                # 将彩色图片转换为灰度图片
img.show()                            # 显示灰度图片
code = tesserocr.image_to_text(img)   # 将图片中的验证码转换为文本
print('验证码为：',code)
```

程序运行后，将自动显示如图 11.8 所示的灰度验证码图片。

图 11.8 验证码转换后的灰度图片

控制台中识别的验证码如下：

```
验证码为： YSGN.
```

接下来需要将转换为灰度后的验证码图片进行二值化处理，将验证码二值化处理后，再次通过 OCR 进行识别。示例代码如下：

```
import tesserocr                  # 导入tesserocr模块
from PIL import Image             # 导入图像处理模块
img =Image.open('code2.jpg')      # 打开验证码图片
img = img.convert('L')            # 将彩色图片转换为灰度图片
t = 155                           # 设置阀值
table = []                        # 二值化数据的列表
for i in range(256):              # 循环遍历
    if i <t:
        table.append(0)
    else:
        table.append(1)
img = img.point(table,'1')        # 将图片进行二值化处理
img.show()                        # 显示处理后的图片
code = tesserocr.image_to_text(img)   # 将图片中的验证码转换为文本
print('验证码为：',code)              # 打印验证码
```

程序运行后，将自动显示如图 11.9 所示的二值化处理后的验证码图片。

图 11.9 二值化处理后的验证码图片

控制台中识别的验证码如下：

```
验证码为： YSGN
```

说明

在识别以上具有干扰线的验证码图片时，可以做一些灰度和二值化处理，这样可以提高图片验证码的识别率，如果二值化处理后还是无法达到识别的精准性，可以适当上下调节一下二值化操作中的阈值。

11.2 第三方验证码识别

虽然 OCR 可以识别验证码图片中的验证码信息，但是识别效率与准确度不高是 OCR 的缺点。所以使用第三方验证码识别平台是一个不错的选择，不仅可以提高验证码识别效率，还可以提高验证码识别的准确度。使用第三方平台识别验证码是非常简单的，平台提供一个完善的 API 接口，根据平台对应的开发文档即可完成快速开发的需求，但每次验证码成功识别后，平台都会收取少量的费用。

验证码识别平台一般分为两种，分别是打码平台和 AI 开发者平台。打码平台主要是由在线人员进行验证码的识别工作，然后在较短的时间内返回结果。AI 开发者平台主要由人工智能来识别，例如百度 AI 及其他 AI 平台。

实例 11.3 第三方打码平台 （实例位置：资源包 \Code\11\03）

下面以打码平台为例，演示验证码识别的具体过程。

（1）在浏览器中打开打码平台某鹰网页，并且单击首页的“用户注册”按钮，如图 11.10 所示。

图 11.10 打码平台首页

（2）在用户中心的页面中填写注册账号的基本信息，如图 11.11 所示。

图 11.11 填写注册账号的基本信息

账号注册完成以后，可以联系平台的客服人员，申请免费测试的题分。

（3）账号注册完成以后，在网页的顶部导航栏中选择“开发文档”，然后在“常用开发语言示例下载”中选择“Python”，如图 11.12 所示。

图 11.12　选择开发语言示例

（4）在“Python 语言 Demo 下载”页面中，查看注意事项，然后单击“点击这里下载”即可下载示例代码，如图 11.13 所示。

图 11.13　下载示例代码

（5）在平台提供的示例代码中，已经将所有需要用到的功能代码都进行了封装处理，封装后的代码如下：

```
#!/usr/bin/env python
# coding:utf-8
import requests              # 网络请求模块
from hashlib import md5      # 加密

class Chaojiying_Client(object):

    def __init__(self, username, password, soft_id):
        self.username = username                    # 自己注册的账号
        password =  password.encode('utf8')         # 自己注册的密码
        self.password = md5(password).hexdigest()
        self.soft_id = soft_id                      # 软件ID
        self.base_params = {                        # 组合表单数据
            'user': self.username,
            'pass2': self.password,
            'softid': self.soft_id,
        }
        self.headers = {                            # 请求头信息
            'Connection': 'Keep-Alive',
            'User-Agent': 'Mozilla/4.0 (compatible; MSIE 8.0; Windows NT 5.1; Trident/4.0)',
        }
```

```
    def PostPic(self, im, codetype):
        """
        im: 图片字节
        codetype: 题目类型 参考 http://www.**ying.com/price.html
        """
        params = {
            'codetype': codetype,
        }
        params.update(self.base_params)          # 更新表单参数
        files = {'userfile': ('ccc.jpg', im)}    # 上传验证码图片
        # 发送网络请求
        r = requests.post('http://upload.**ying.net/Upload/Processing.php', data=params,
files=files, headers=self.headers)
        return r.json()    # 返回响应数据

    def ReportError(self, im_id):
        """
        im_id:报错题目的图片ID
        """
        params = {
            'id': im_id,
        }
        params.update(self.base_params)
        r = requests.post('http://upload.**ying.net/Upload/ReportError.php', data=params,
headers=self.headers)
        return r.json()
```

（6）在已经确保用户名完成充值的情况下，填写必要参数，然后创建示例代码中的实例对象，实现验证码的识别工作。示例代码如下：

```
if __name__ == '__main__':
    #用户中心>>软件ID 生成一个替换 96001
    chaojiying = Chaojiying_Client('某鹰用户名', '某鹰用户名的密码', '96001')
    im = open('a.jpg', 'rb').read() #本地图片文件路径 来替换 a.jpg 有时Windows系统需要//
    #1902 验证码类型  官方网站>>价格体系 3.4+版 print 后要加()
    print(chaojiying.PostPic(im, 1902))
```

（6）使用平台示例代码中所提供的验证码图片运行以上示例代码，程序运行结果如下：

```
{'err_no': 0, 'err_str': 'OK', 'pic_id': '3109515574497000001', 'pic_str': '7261', 'md5': 'cf
567a46b464d6cbe6b0646fb6eb18a4'}
```

说明

在程序运行结果中，pic_str 所对应的值为返回的验证码识别信息。

在发送识别验证码的网络请求时，代码中的“1902”表示验证码类型，该平台所支持的常用验证码类型如表 11.1 所示。

表 11.1　常用验证码类型

验证码类型	验证码描述
1902	常见的 4~6 位英文数字
1101~1020	1~20 位英文数字
2001~2007	1~7 位纯汉字
3004~3012	1~12 位纯英文
4004~4111	1~11 位纯数字
5000	不定长汉字、英文、数字
5108	8 位英文数字 (包含字符)
5201	拼音首字母，计算题，成语混合
5211	集装箱号 4 位字母 7 位数字
6001	计算题
6003	复杂计算题
6002	选择题四选一 (ABCD 或 1234)
6004	问答题，智能回答题
9102	单击两个相同的字，返回 :x1,y1|x2,y2
9202	单击两个相同的动物或物品，返回 :x1,y1|x2,y2
9103	坐标多选，返回 3 个坐标，如 :x1,y1|x2,y2|x3,y3
9004	坐标多选，返回 1~4 个坐标，如 :x1,y1|x2,y2|x3,y3

说明

表 11.1 中只列出了比较常用的验证码类型，详细内容可查询验证码平台官网。

11.3 滑动拼图验证码

滑动拼图验证码是在滑动验证码的基础上增加了滑动距离的校验，用户需要将图形滑块滑动至主图空缺滑块的位置，才能通过校验。以下面测试地址对应的网页为例，实现滑动拼图验证码的自动校验，具体步骤如下。

实例 11.4　滑动拼图验证码　（实例位置：资源包 \Code\11\04）

（1）使用浏览器打开测试网页的地址，将显示如图 11.14 所示的滑动拼图验证码。

图 11.14 滑动拼图验证码

（2）打开浏览器“开发者工具”，单击按钮滑块，然后在 HTML 代码中依次获取“按钮滑块”“图形滑块”“空缺滑块”所对应的 HTML 代码标签所在的位置，如图 11.15 所示。

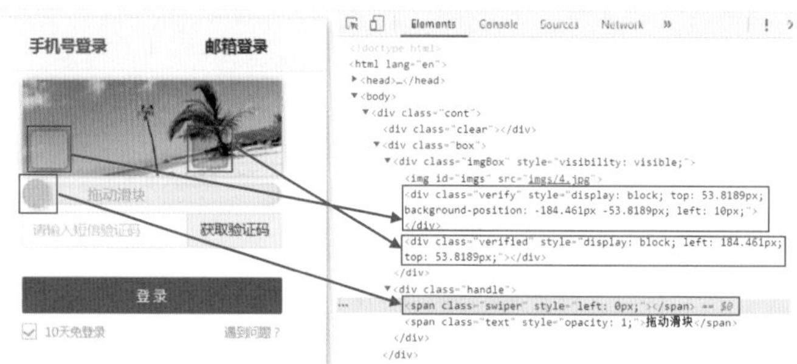

图 11.15 确定滑动拼图验证码的 HTML 代码位置

（3）拖动按钮滑块，完成滑动拼图验证码的校验，此时将显示如图 11.16 所示的 HTML 代码。

图 11.16 验证成功后 HTML 代码变化

说明

通过图 11.15 与图 11.16 可以看出，按钮滑块在默认情况下，left:0px，而图形滑块在默认情况下，left:10px。验证成功后，按钮滑块的 left 值为 174px，而图形滑块的 left 值为 184px。此时可以总结出整个验证过程的位置变化情况，如图 11.17 所示。

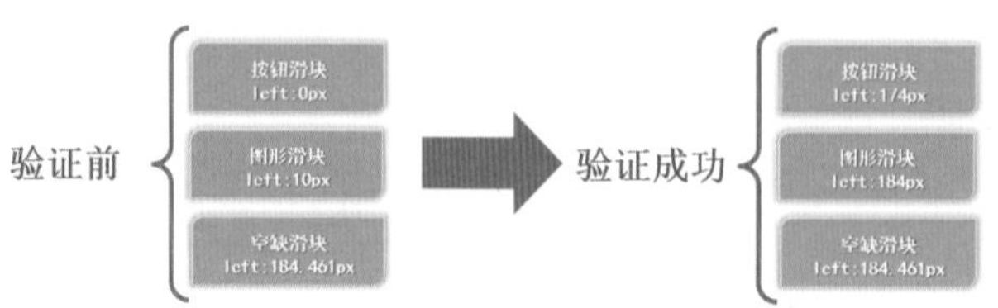

图 11.17 验证过程的位置变化

（4）通过按钮滑块的 left 值可以确认需要滑动的距离，接下来只需要使用 Selenium 模拟滑动的工作即可。实现代码如下：

```
from selenium import webdriver  # 导入webdriver
import re                       # 导入正则模块
from selenium.webdriver.common.by import By

driver = webdriver.Chrome()     # 谷歌浏览器
driver.get('http://spider.mingribook.com/spider/jigsaw/')   # 启动网页
swiper = driver.find_element(By.XPATH,
    '/html/body/div/div[2]/div[2]/span[1]')   # 获取按钮滑块
action = webdriver.ActionChains(driver)        # 创建动作
action.click_and_hold(swiper).perform()        # 单击并保证不松开
# 滑动0距离，不松手，不执行该动作无法获取图形滑块left值
action.move_by_offset(0,0).perform()
# 获取图形滑块样式
verify_style = driver.find_element(By.XPATH,
    '/html/body/div/div[2]/div[1]/div[1]').get_attribute('style')
# 获取空缺滑块样式
verified_style = driver.find_element(By.XPATH,
    '/html/body/div/div[2]/div[1]/div[2]').get_attribute('style')
# 获取空缺滑块left值
verified_left =float(re.findall('left: (.*?)px;',verified_style)[0])
# 获取图形滑块left值
verify_left =float(re.findall('left: (.*?)px;',verify_style)[0])
action.move_by_offset(verified_left-verify_left,0) # 滑动指定距离
action.release().perform()                         # 松开鼠标
```

程序运行后，将显示如图 11.18 所示的验证成功提示框。

图 11.18 验证成功提示框

本章 e 学码：关键知识点拓展阅读

OCR 技术　　二值化处理　　阈值

Python 解释器　　人工智能

第12章

Scrapy 爬虫框架

本章概览

使用 requests 与其他 HTML 解析库所实现的爬虫程序，只是满足了爬取数据的需求。如果想要更加规范地爬取数据，则需要使用爬虫框架。爬虫框架有很多种，如 PySpider、Crawley 等。而 Scrapy 爬虫框架则是一款爬取效率高、相关扩展组件多，可以让程序员将精力全部投入抓取规则及数据处理的优秀框架。本章将介绍如何使用 Scrapy 爬虫框架实现爬虫程序。

知识框架

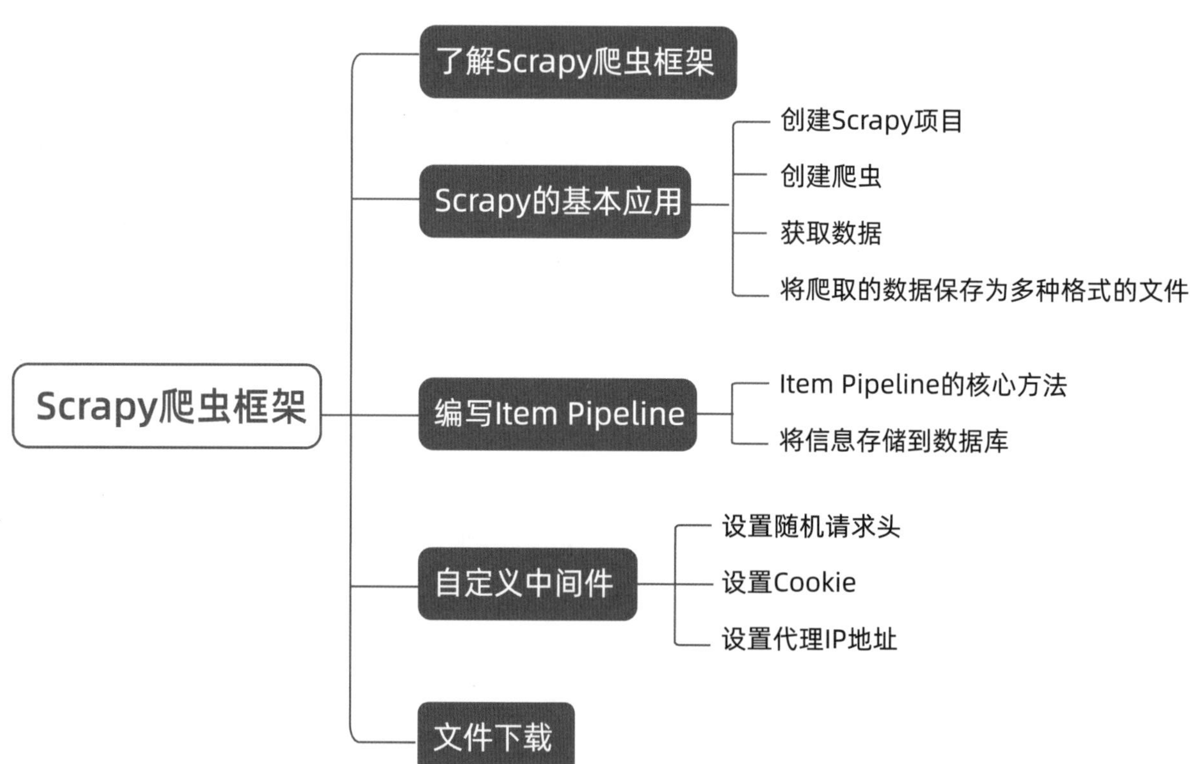

12.1 了解 Scrapy 爬虫框架

Scrapy 是一个为可以爬取网站数据、提取结构性数据而编写的开源框架。Scrapy 的用途非常广泛，不仅可以应用到网络爬虫，还可以用于数据挖掘、数据监测及自动化测试等。Scrapy 是基于 Twisted 的异步处理框架，架构清晰、可扩展性强，可以灵活地完成各种需求。Scrapy 框架的整体架构如图 12.1 所示。

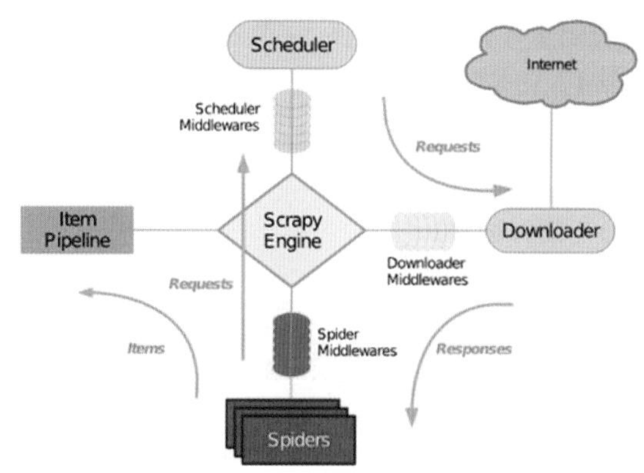

图 12.1　Scrapy 框架的整体架构

Scrapy 的工作流程主要包含以下几部分：

☑ Scrapy Engine（框架的引擎）：用于处理整个系统的数据流，触发各种事件，是整个框架的核心。

☑ Scheduler（调度器）：用于接收引擎发过来的请求，添加至队列，在引擎再次请求时，将请求返回给引擎。可以理解为从 URL 队列中取出一个请求地址，同时去除重复的请求地址。

☑ Downloader（下载器）：用于从网络下载 Web 资源。

☑ Spiders（网络爬虫）：从指定网页中爬取需要的信息。

☑ Item Pipeline（项目管道）：用于处理爬取后的数据，例如数据的清洗、验证及保存。

☑ Downloader Middlewares（下载器中间件）：位于 Scrapy 引擎和下载器之间，主要用于处理引擎与下载器之间的网络请求与响应。

☑ Spider Middlewares（爬虫中间件）：位于爬虫与引擎之间，主要用于处理爬虫的响应输入和请求输出。

☑ Scheduler Middewares（调度中间件）：位于引擎和调度之间，主要用于处理从引擎发送到调度的请求和响应。

12.2 Scrapy 的基本应用

12.2.1 创建 Scrapy 项目

在任意路径下创建一个保存项目的文件夹，例如，在 F:\PycharmProjects 文件夹内运行命令行窗口，然后输入“scrapy startproject scrapyDemo”即可创建一个名为“scrapyDemo”的项目，如图 12.2 所示。

```
管理员: Windows PowerShell
PS F:\PycharmProjects> scrapy startproject scrapyDemo
New Scrapy project 'scrapyDemo', using template directory 'G:\Python\Anaconda3\L
ib\site-packages\scrapy\templates\project', created in:
    F:\PycharmProjects\scrapyDemo

You can start your first spider with:
    cd scrapyDemo
    scrapy genspider example example.com
PS F:\PycharmProjects>
```

图 12.2 创建 Scrapy 项目

为了提高开发效率，笔者使用 PyCharm 第三方开发工具，打开刚刚创建的 scrapyDemo 项目。项目打开后，在左侧可以看到如图 12.3 所示的目录结构。

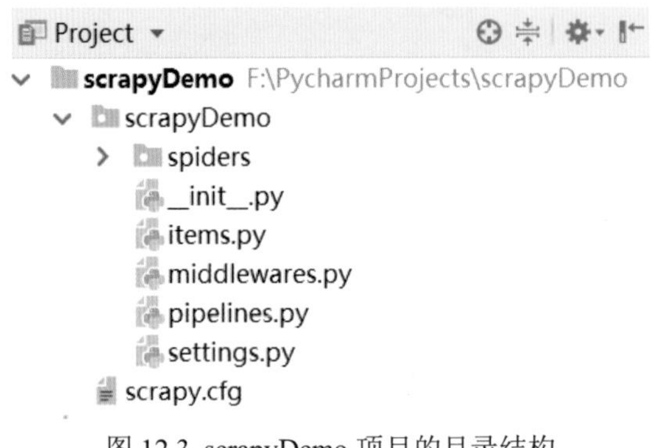

图 12.3 scrapyDemo 项目的目录结构

对目录结构中的文件说明如下：

☑ spiders（文件夹）：用于创建爬虫文件，编写爬虫规则。

☑ __init__ 文件：初始化文件。

☑ items 文件：用于数据的定义，可以寄存处理后的数据。

☑ middlewares 文件：定义爬取时的中间件，其中包括 SpiderMiddleware（爬虫中间件）、DownloaderMiddleware（下载器中间件）。

☑ pipelines 文件：用于实现清洗数据、验证数据、保存数据。

☑ settings 文件：整个框架的配置文件，主要包含配置爬虫信息、请求头、中间件等。

☑ scrapy.cfg 文件：项目部署文件，其中定义了项目的配置文件路径等相关信息。

12.2.2 创建爬虫

在创建爬虫时，首先需要创建一个爬虫模块文件，该文件需要放置在 spiders 文件夹中。爬虫模块是用于从一个网站或多个网站中爬取数据的类，它需要继承自 scrapy.Spider 类，scrapy.Spider 类提供了 start_requests() 方法来实现初始化网络请求，然后通过 parse() 方法解析返回的结果。scrapy.Spider 类中的常用属性与方法的含义如下：

☑ name：用于定义爬虫名称的字符串。Scrapy 通过这个爬虫名称进行爬虫的查找，所以这个名称必须是唯一的，不过我们可以生成多个相同的爬虫实例。如果爬取单个网站，一般会用这个网站的名称作为爬虫的名称。

☑ allowed_domains：包含了爬虫允许爬取的域名列表，当 OffsiteMiddleware 启用时，域名不在列表中的 URL 不会被爬取。

☑ start_urls：URL 的初始列表，如果没有指定特定的 URL，爬虫将从该列表中进行爬取。

☑ custom_settings：这是一个专属于当前爬虫的配置，是一个字典类型的数据，设置该属性会覆盖整个项目的全局，所以在设置该属性时必须在实例化前更新，必须定义为类变量。

☑ settings：这是一个 settings 对象，通过它，我们可以获取项目的全局设置变量。

☑ logger：使用 Spider 创建的 Python 日志器。

☑ start_requests()：该方法用于生成网络请求，它必须返回一个可迭代对象。该方法默认使用 start_urls 中的 URL 来生成 request，而 request 的请求方式为 GET，如果我们想通过 POST 方式请求网页，可以使用 FormRequest() 重写该方法。

☑ parse()：如果 response 没有指定回调函数，该方法是 Scrapy 处理 response 的默认方法。该方法负责处理 response 并返回处理的数据和下一步请求，然后返回一个包含 request 或 Item 的可迭代对象。

☑ closed()：当爬虫关闭时，该函数会被调用。该方法用于代替监听工作，可以定义释放资源或收尾操作。

实例 12.1　爬取网页代码并保存 HTML 文件　（实例位置：资源包 \Code\12\01）

下面以爬取图 12.4 所示的网页为例，实现爬取网页后将网页的代码以 HTML 文件的形式保存至项目文件夹。

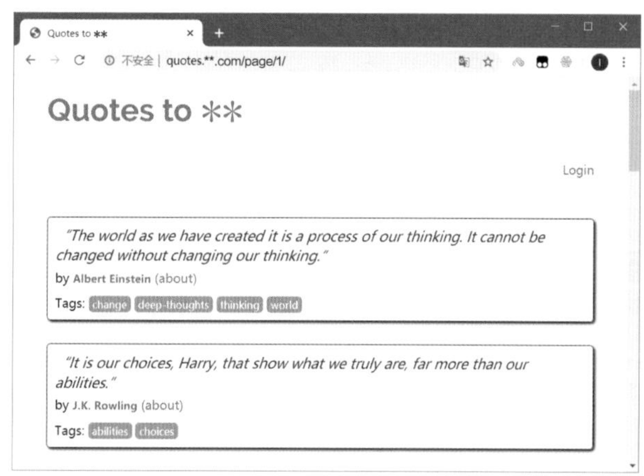

图 12.4　爬取的目标网页

在 spiders 文件夹中创建一个名为“crawl.py”的爬虫文件。在该文件中，首先创建 QuotesSpider 类，该类需要继承自 scrapy.Spider 类，然后重写 start_requests() 方法来实现网络的请求工作，接着重写 parse() 方法来实现向文件写入获取的 HTML 代码。示例代码如下：

```
import scrapy  # 导入框架


class QuotesSpider(scrapy.Spider):
    name = "quotes"  # 定义爬虫名称

    def start_requests(self):
        # 设置爬取目标的地址
        urls = [
            'http://quotes.**.com/page/1/',
            'http://quotes.**.com/page/2/',
        ]
        # 获取所有地址，有几个地址发送几次请求
        for url in urls:
            # 发送网络请求
            yield scrapy.Request(url=url, callback=self.parse)

    def parse(self, response):
        # 获取页数
```

```
        page = response.url.split("/")[-2]
        # 根据页数设置文件名称
        filename = 'quotes-%s.html' % page
        # 以写入文件模式打开文件，如果没有该文件，则将创建该文件
        with open(filename, 'wb') as f:
            # 向文件中写入获取的HTML代码
            f.write(response.body)
        # 输出保存文件的名称
        self.log('Saved file %s' % filename)
```

在运行 Scrapy 所创建的爬虫项目时，需要在命令窗口中输入"scrapy crawl quotes"，其中"quotes"是自己定义的爬虫名称。由于笔者使用了 PyCharm 第三方开发工具，所以需要在底部的 Terminal 窗口中输入运行爬虫的命令行，运行完成以后将显示如图 12.5 所示的信息。

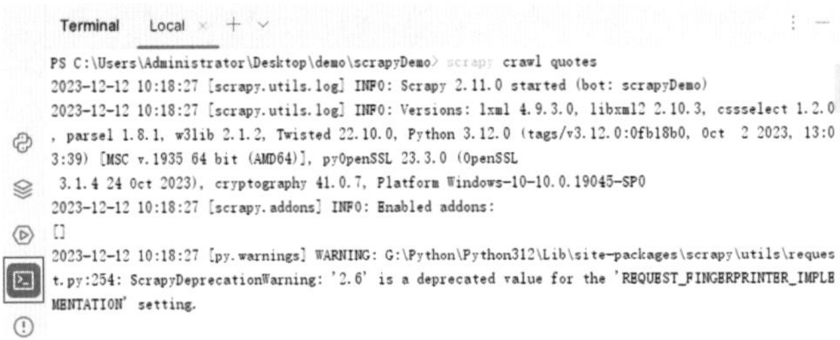

图 12.5 显示启动爬虫后的信息

如果要实现一个 POST 请求，可以使用 FormRequest() 函数来实现。示例代码如下：

```
import scrapy  # 导入框架
import json    # 导入json模块
class QuotesSpider(scrapy.Spider):
    name = "quotes"  # 定义爬虫名称
    # 字典类型的表单参数
    data = {'1': '能力是有限的，而努力是无限的。',
            '2': '星光不问赶路人，时光不负有心人。'}
    def start_requests(self):
        return [scrapy.FormRequest('http://httpbin.org/post',
                                   formdata=self.data,callback=self.parse)]

    # 响应信息
    def parse(self, response):
        response_dict = json.loads(response.text)  # 将响应数据转换为字典类型
        print(response_dict)                       # 打印转换后的响应数据
```

说明

除了在命令窗口中输入命令"scrapy crawl quotes"启动爬虫程序，Scrapy 还提供了可以在程序中启动爬虫的 API，也就是 CrawlerProcess 类。首先需要在 CrawlerProcess 初始化时传入项目的 settings 信息，然后在 crawl() 方法中传入爬虫的名称，最后通过 start() 方法启动爬虫。代码如下：

```
# 导入CrawlerProcess类
from scrapy.crawler import CrawlerProcess
# 导入获取项目设置信息
from scrapy.utils.project import get_project_settings
```

```python


# 程序入口
if __name__=='__main__':
    # 创建CrawlerProcess类对象并传入项目设置信息参数
    process = CrawlerProcess(get_project_settings())
    # 设置需要启动的爬虫名称
    process.crawl('quotes')
    # 启动爬虫
    process.start()
```

12.2.3 获取数据

Scrapy 爬虫框架，可以通过特定的 CSS 或者 XPath 表达式来选择 HTML 文件中的某一处，并且提取相应的数据。CSS（Cascading Style Sheet，层叠样式表）用于控制 HTML 页面的布局、字体、颜色、背景及其他效果。XPath 是一门可以在 XML 文档中根据元素和属性查找信息的语言。

1. CSS 提取数据

使用 CSS 提取 HTML 文件中的某一处数据时，可以指定 HTML 文件中的标签名称，例如获取 12.3.2 节示例中网页的 title 标签数据时，可以使用如下代码：

```python
response.css('title').extract()
```

获取结果如图 12.6 所示。

```
2023-12-12 10:29:50 [scrapy.core.engine] DEBUG: Crawled (200) <GET http://quotes.  *** .com/page/1/> (referer: None)
['<title>Quotes to Scrape</title>']
2023-12-12 10:29:51 [quotes] DEBUG: Saved file quotes-1.html
2023-12-12 10:29:51 [scrapy.core.engine] DEBUG: Crawled (200) <GET http://quotes.  *** .com/page/2/> (referer: None)
['<title>Quotes to Scrape</title>']
2023-12-12 10:29:51 [quotes] DEBUG: Saved file quotes-2.html
2023-12-12 10:29:51 [scrapy.core.engine] INFO: Closing spider (finished)
```

图 12.6　使用 CSS 提取 title 标签

说明

返回的内容为 CSS 表达式所对应节点的 list 列表，所以在提取标签中的数据时，可以使用以下代码：

```python
response.css('title::text').extract_first()
```

或者

```python
response.css('title::text')[0].extract()
```

2. XPath 提取数据

使用 XPath 表达式提取 HTML 文件中的某一处数据时，需要根据 XPath 表达式的语法规定来获取指定的数据信息。例如同样获取 title 标签内的信息时，可以使用如下代码：

```python
response.xpath('//title/text()').extract_first()
```

实例 12.2　使用 XPath 表达式获取多条信息　（实例位置：资源包 \Code\12\02）

下面通过一个示例来实现使用 XPath 表达式获取 12.3.2 节示例中的多条信息，示例代码如下：

```python
# 响应信息
```

```
def parse(self, response):
    # 获取所有信息
    for quote in response.xpath(".//*[@class='quote']"):
        # 获取名人名言文字信息
        text = quote.xpath(".//*[@class='text']/text()").extract_first()
        # 获取作者
        author = quote.xpath(".//*[@class='author']/text()").extract_first()
        # 获取标签
        tags = quote.xpath(".//*[@class='tag']/text()").extract()
        # 以字典形式输出信息
        print(dict(text=text, author=author, tags=tags))
```

说明

Scrapy 的选择对象中还提供了 .re() 方法，这是一种可以使用正则表达式提取数据的方法，可以直接通过 response.xpath().re() 方式进行调用，然后在 re() 方法中填入对应的正则表达式即可。

3. 翻页提取数据

实例 12.3 翻页提取数据 （实例位置：资源包 \Code\12\03）

以上示例中已经实现了获取网页中的数据，如果需要获取整个网页的所有信息，就需要使用翻页功能。例如，获取 12.3.2 节示例中整个网站的作者名称，可以使用以下代码：

```
# 响应信息
def parse(self, response):
    # div.quote
    # 获取所有信息
    for quote in response.xpath(".//*[@class='quote']"):
        # 获取作者
        author = quote.xpath(".//*[@class='author']/text()").extract_first()
        print(author)  # 输出作者名称

    # 实现翻页
    for href in response.css('li.next a::attr(href)'):
            yield response.follow(href, self.parse)
```

4. 创建 Items

实例 12.4 包装结构化数据 （实例位置：资源包 \Code\12\04）

爬取网页数据的过程，就是从非结构性的数据源中提取结构性数据。例如，在 QuotesSpider 类的 parse() 方法中已经获取了 text、author 及 tags 信息，如果需要将这些数据包装成结构化数据，那么就需要 scrapy 提供的 Item 类来满足这样的需求。Item 对象是一个简单的容器，用于保存爬取的数据信息，它提供了一个类似于字典的 API，用于声明其可用字段的便捷语法。Item 使用简单的类定义语法和 Field 对象来声明。在创建 scrapyDemo 项目时，项目的目录结构就已经自动创建了一个 items.py 文件，用来定义存储数据信息的 Item 类，它需要继承自 scrapy.Item。示例代码如下：

```
import scrapy

class ScrapydemoItem(scrapy.Item):
    # define the fields for your item here like:
```

```
    # 定义获取名人名言文字信息
    text = scrapy.Field()
    # 定义获取的作者
    author =scrapy.Field()
    # 定义获取的标签
    tags = scrapy.Field()

    pass
```

Item 创建完成以后，回到自己编写的爬虫代码中，在 parse() 方法中创建 Item 对象，然后输出 item 信息，示例代码如下：

```
# 响应信息
def parse(self, response):
    # 获取所有信息
    for quote in response.xpath(".//*[@class='quote']"):
        # 获取名人名言文字信息
        text = quote.xpath(".//*[@class='text']/text()").extract_first()
        # 获取作者
        author = quote.xpath(".//*[@class='author']/text()").extract_first()
        # 获取标签
        tags = quote.xpath(".//*[@class='tag']/text()").extract()
        # 创建Item对象
        item = ScrapydemoItem(text=text, author=author, tags=tags)
        yield item # 输出信息
```

12.2.4 将爬取的数据保存为多种格式的文件

在确保已经创建 Item 以后，便可以轻松地将爬取的数据保存成多种格式的文件，如 JSON、CSV、XML 等。

例如，当我们将每一个 Item 都写成 1 行 JSON 时，需要将数据写成后缀名为 .jl 或者 .jsonlines 的文件。可以在命令行窗口中输入下面的命令：

```
scrapy crawl quotes -o test.jl
```

或

```
scrapy crawl quotes -o test.jsonlines
```

说明

在上面的命令代码中，quotes 为启动爬虫的名称，test 表示保存后的文件名称，.jl 或 .jsonlines 表示保存文件的后缀名称。

如果需要将数据保存成 .json、.csv、.xml、. pickle、. marshal 文件，可以参考以下命令行代码：

```
scrapy crawl quotes -o test.json
scrapy crawl quotes -o test.csv
scrapy crawl quotes -o test.xml
scrapy crawl quotes -o test.pickle
scrapy crawl quotes -o test.marshal
```

如果我们不想通过命令行的方式保存各种格式的文件，可以使用 Scrapy 提供的 cmdline 子模块，该子模块中提供了 execute() 方法，该方法的参数为列表参数，所以我们将命令行代码拆分成列表即可。

示例代码如下：

```
from scrapy import cmdline    # 导入cmdline子模块
cmdline.execute('scrapy crawl quotes -o test.json'.split())
cmdline.execute('scrapy crawl quotes -o test.csv'.split())
cmdline.execute('scrapy crawl quotes -o test.xml'.split())
cmdline.execute('scrapy crawl quotes -o test.pickle'.split())
cmdline.execute('scrapy crawl quotes -o test.marshal'.split())
```

上面的示例代码不可同时执行，只能单条命令执行。

12.3 编写 Item Pipeline

当爬取的数据已经被存放在 Item 后，如果 Spider（爬虫）解析完 Response（响应结果），Item 就会被传递到 Item Pipeline（项目管道），然后在 Item Pipeline 中创建用于处理数据的类，这个类就是项目管道组件，通过执行一连串的处理即可实现数据的清洗、存储等工作。

12.3.1 Item Pipeline 的核心方法

Item Pipeline 的典型用途如下：

☑ 清理 HTML 数据。

☑ 验证抓取的数据（检查项目是否包含某些字段）。

☑ 检查重复项（并将其删除）。

☑ 将爬取的结果存储在数据库中。

在编写自定义 Item Pipeline 时，可以实现以下几种方法：

☑ process_item()：该方法是在自定义 Item Pipeline 时必须实现的方法。该方法需要提供两个参数，参数的具体含义如下：

- item 参数为 Item 对象（被处理的 Item）或字典。
- spider 参数为 Spider 对象（爬取信息的爬虫）。

process_item() 方法用于处理返回的 Item 对象，在处理时会先处理低优先级的 Item 对象，直到所有方法都调用完毕。如果返回 Deferred 或引发 DropItem 异常，那么该 Item 将不再进行处理。

☑ open_spider()：该方法是在开启爬虫时被调用的，所以可以在这个方法中进行初始化操作，其中 spider 参数就是被开启的 Spider 对象。

☑ close_spider()：该方法与上一方法相反，是在关闭爬虫时被调用的。在这个方法中，可以进行一些收尾工作，其中 spider 参数就是被关闭的 Spider 对象。

☑ from_crawler()：该方法为类方法，需要使用 @classmethod 进行标识，在调用该方法时，需要通过参数 cls 创建实例对象，最后需要返回这个实例对象。通过 crawler 参数可以获取 Scrapy 所有的核心组件，例如配置信息等。

12.3.2 将信息存储到数据库

实例 12.5 将数据存储到数据库 （实例位置：资源包 \Code\12\05）

了解了 Item Pipeline 的作用后，便可以将爬取的数据信息通过 Item Pipeline 存储到数据库，这里以实例 12.4 爬取的信息为例，将爬取的数据信息存储到 MySQL 数据库。实现的具体步骤如下：

（1）安装并调试 MySQL 数据库，然后通过 Navicat for MySQL 创建数据库，名称为“scrapy_data”，如图 12.7 所示。

图 12.7 创建“scrapy_data”数据库

（2）在“scrapy_data”数据库中创建名为“data”的数据表，如图 12.8 所示。

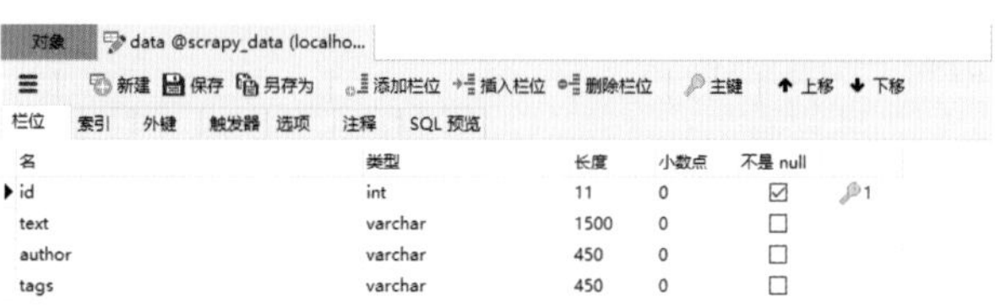

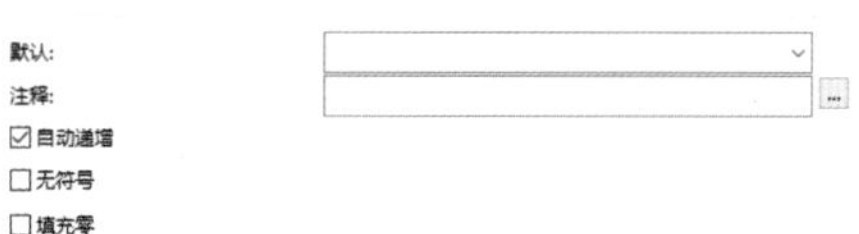

图 12.8 创建“data”数据表

（3）将实例 12.4 中 crawl.py 文件内创建 Item 对象的代码修改如下：

```
# 创建Item对象
item = ScrapydemoItem(text=text, author=author, tags=str(tags))
```

（4）在项目管道中将数据存储到 MySQL 数据库，打开 pipelines.py 文件，在该文件中导入 pymysql 数据库操作模块，然后通过 init 方法初始化数据库连接参数。代码如下：

```
import pymysql              # 导入数据库连接pymysql模块

class ScrapydemoPipeline(object):
    # 初始化数据库参数
    def __init__(self,host,database,user,password,port):
        self.host = host
        self.database = database
        self.user = user
        self.password = password
        self.port = port
```

注意

如果没有 pymysql 模块，则需要单独安装。

（5）重写 from_crawler() 方法，在该方法中返回通过 crawler 获取配置文件中数据库参数的 cls() 实例对象。示例代码如下：

```
@classmethod
def from_crawler(cls,crawler):
    # 返回cls()实例对象，其中包含通过crawler获取的配置文件中的数据库参数
    return cls(
        host=crawler.settings.get('SQL_HOST'),
        user=crawler.settings.get('SQL_USER'),
        password=crawler.settings.get('SQL_PASSWORD'),
        database = crawler.settings.get('SQL_DATABASE'),
        port = crawler.settings.get('SQL_PORT')
    )
```

（6）重写 open_spider() 方法，在该方法中实现启动爬虫时进行数据库的连接，以及创建数据库操作游标。示例代码如下：

```
# 打开爬虫时调用
def open_spider(self, spider):
    # 数据库连接
    self.db = pymysql.connect(host=self.host, user=self.user, password=self.password, database=self.database,port=self.port, charset='utf8')
    self.cursor = self.db.cursor()  # 创建游标
```

（7）重写 close_spider() 方法，在该方法中实现关闭爬虫时关闭数据库的连接。示例代码如下：

```
# 关闭爬虫时调用
def close_spider(self, spider):
    self.db.close()
```

（8）重写 process_item() 方法，在该方法中首先将 item 对象转换为字典类型的数据，然后将三列数据通过列表的形式转换成每条数据均为 [('text', 'author', 'tags')] 类型的数据，接着提交并返回 item。示例代码如下：

```
def process_item(self, item, spider):
    data = dict(item)  # 将item转换成字典类型
    # sql语句
    sql = 'insert into data (text,author,tags) values(%s,%s,%s)'
    # 执行插入多条数据
    self.cursor.executemany(sql, [(data['text'], data['author'], data['tags'])])
    self.db.commit()  # 提交
    return item       # 返回item
```

（9）打开 settings.py 文件，在该文件中找到激活项目管道的代码并解除注释状态，然后设置数据库信息的变量。示例代码如下：

```
# Configure item pipelines
# See https://doc.**.org/en/latest/topics/item-pipeline.html
# 配置数据库连接信息
SQL_HOST = 'localhost'
SQL_USER = 'root'
SQL_PASSWORD='root'
SQL_DATABASE = 'scrapy_data'
```

```
SQL_PORT = 3306
# 开启jd项目管道
ITEM_PIPELINES = {
    'scrapyDemo.pipelines.ScrapydemoPipeline': 300,
}
```

（10）打开 jdSpider.py 文件，在该文件中再次启动爬虫，爬虫程序执行完毕以后，打开 ranking 数据表，将显示如图 12.9 所示的数据信息。

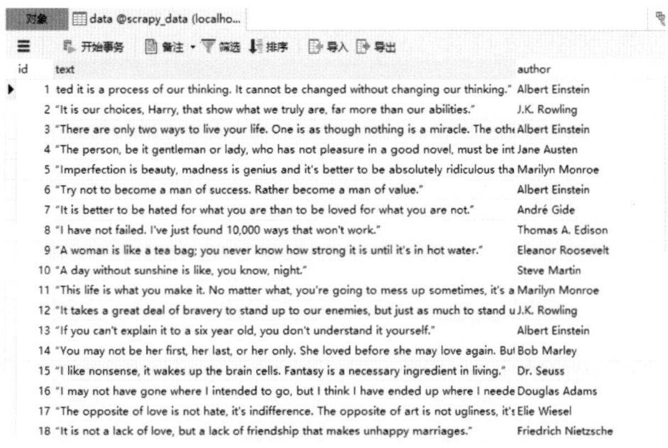

对象 | data @scrapy_data (localho...

开始事务 备注 筛选 排序 导入 导出

id	text	author
1	ted it is a process of our thinking. It cannot be changed without changing our thinking."	Albert Einstein
2	"It is our choices, Harry, that show what we truly are, far more than our abilities."	J.K. Rowling
3	"There are only two ways to live your life. One is as though nothing is a miracle. The oth	Albert Einstein
4	"The person, be it gentleman or lady, who has not pleasure in a good novel, must be int	Jane Austen
5	"Imperfection is beauty, madness is genius and it's better to be absolutely ridiculous tha	Marilyn Monroe
6	"Try not to become a man of success. Rather become a man of value."	Albert Einstein
7	"It is better to be hated for what you are than to be loved for what you are not."	André Gide
8	"I have not failed. I've just found 10,000 ways that won't work."	Thomas A. Edison
9	"A woman is like a tea bag; you never know how strong it is until it's in hot water."	Eleanor Roosevelt
10	"A day without sunshine is like, you know, night."	Steve Martin
11	"This life is what you make it. No matter what, you're going to mess up sometimes, it's a	Marilyn Monroe
12	"It takes a great deal of bravery to stand up to our enemies, but just as much to stand u	J.K. Rowling
13	"If you can't explain it to a six year old, you don't understand it yourself."	Albert Einstein
14	"You may not be her first, her last, or her only. She loved before she may love again. But	Bob Marley
15	"I like nonsense, it wakes up the brain cells. Fantasy is a necessary ingredient in living."	Dr. Seuss
16	"I may not have gone where I intended to go, but I think I have ended up where I neede	Douglas Adams
17	"The opposite of love is not hate, it's indifference. The opposite of art is not ugliness, it's	Elie Wiesel
18	"It is not a lack of love, but a lack of friendship that makes unhappy marriages."	Friedrich Nietzsche

图 12.9　插入数据库的排行数据

12.4　自定义中间件

Scrapy 中内置了多个中间件，不过在多数情况下，开发者都会选择创建一个属于自己的中间件，这样既可以满足自己的开发需求，还可以节省很多开发时间。在实现自定义中间件时，需要重写部分方法，因为 Scrapy 引擎需要根据这些方法名来执行并处理。如果没有重写这些方法，则 Scrapy 的引擎将会按照原有的方法执行，从而失去自定义中间件的意义。

12.4.1　设置随机请求头

设置请求头是爬虫程序中必不可少的一项设置，多数网站都会根据请求头内容制定一些反爬策略。在 Scrapy 框架中，如果只是简单地设置一个请求头，可以在当前的爬虫文件中以参数的形式添加在网络请求中。示例代码如下：

```
import scrapy  # 导入框架
class HeaderSpider(scrapy.Spider):
    name = "header"  # 定义爬虫名称

    def start_requests(self):
        # 设置固定的请求头
        self.headers = {'User-Agent':'Mozilla/5.0 (Windows NT 10.0; '
                                     'Win64; x64; rv:74.0) Gecko/20100101 
Firefox/74.0'}
        return [scrapy.Request('http://httpbin.org/get',
                               headers=self.headers,callback=self.parse)]

    # 响应信息
    def parse(self, response):
        print(response.text)      # 打印返回的响应信息
```

程序运行结果如图 12.10 所示。

```
{
  "args": {},
  "headers": {
    "Accept": "text/html,application/xhtml+xml,application/xml;q=0.9,*/*;q=0.8",
    "Accept-Encoding": "gzip,deflate",
    "Accept-Language": "en",
    "Host": "httpbin.org",
    "User-Agent": "Mozilla/5.0 (Windows NT 10.0; Win64; x64; rv:74.0) Gecko/20100101 Firefox/74.0",
    "X-Amzn-Trace-Id": "Root=1-5e859572-9d0333506e51afd083a57ca8"
  },
  "origin": "175.19.143.94",
  "url": "http://httpbin.org/get"
}
```

图 12.10 添加请求头后的响应结果

注意

在没有使用指定的请求头时，发送网络请求将使用 Scrapy 默认的请求头信息，信息内容如下：

```
"User-Agent": "Scrapy/2.8.0 (+https://scrapy.org)"
```

实例 12.6 设置随机请求头　　（实例位置：资源包 \Code\12\06）

对于实现多个网络请求时，最好是每发送一次请求更换一个请求头，这样可以避免请求头的反爬策略。对于这样的需求，可以通过自定义中间件的方式实现一个设置随机请求头的中间件。具体实现步骤如下：

（1）打开命令行窗口，首先通过“scrapy startproject header”命令创建一个名为“header”的项目，然后通过“cd header”命令打开项目最外层的文件夹，最后通过“scrapy genspider headerSpider quotes.toscrape.com”命令创建名为“headerSpider”的爬虫文件。命令行操作如图 12.11 所示。

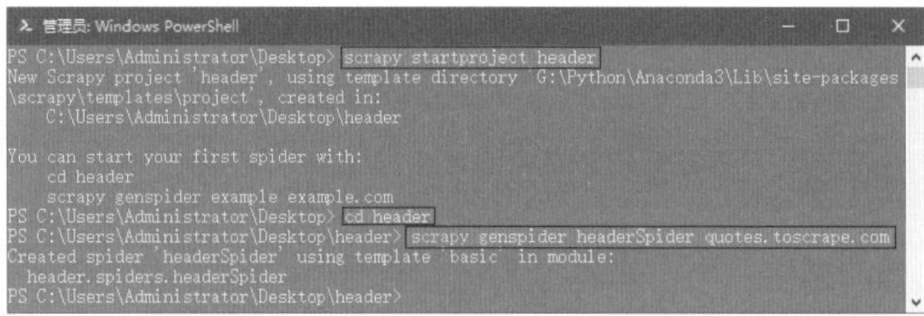

图 12.11 命令行操作

（2）打开 headerSpider.py 文件，配置测试网络请求的爬虫代码。示例代码如下：

```
def start_requests(self):
    # 设置爬取目标的地址
    urls = [
        'http://quotes.***.com/page/1/',
        'http://quotes.***.com/page/2/',
    ]

    # 获取所有地址，有几个地址就发送几次请求
    for url in urls:
        # 发送网络请求
        yield scrapy.Request(url=url,callback=self.parse)
def parse(self, response):
    # 打印每次网络请求的请求头信息
    print('请求信息为：',response.request.headers.get('User-Agent'))
    pass
```

（3）安装 fake-useragent 模块，然后打开 middlewares.py 文件，在该文件中首先导入 fake-useragent 模块中的 UserAgent 类，然后创建 RandomHeaderMiddleware 类并通过 init() 函数进行类的初始化工作。示例代码如下：

```
from fake_useragent import UserAgent  # 导入请求头类
# 自定义随机请求头的中间件
class RandomHeaderMiddleware(object):
    def __init__(self, crawler):
        self.ua = UserAgent()  # 随机请求头对象
        # 如果配置文件中不存在，就使用默认的Google Chrome请求头
        self.type = crawler.settings.get("RANDOM_UA_TYPE", "chrome")
```

（4）重写 from_crawler() 方法，在该方法中将 cls 实例对象返回。示例代码如下：

```
@classmethod
def from_crawler(cls, crawler):
    # 返回cls()实例对象
    return cls(crawler)
```

（5）重写 process_request() 方法，在该方法中实现设置随机生成的请求头信息。示例代码如下：

```
# 发送网络请求时调用该方法
def process_request(self, request, spider):
    # 设置随机生成的请求头
    request.headers.setdefault('User-Agent',getattr(self.ua, self.type))
```

（6）打开 settings.py 文件，在该文件中找到 DOWNLOADER_MIDDLEWARES 配置信息，然后配置自定义的请求头中间件，并把默认生成的下载中间件禁用，最后在配置信息的下面添加请求头类型。示例代码如下：

```
DOWNLOADER_MIDDLEWARES = {
    # 启动自定义随机请求头中间件
   'header.middlewares.RandomHeaderMiddleware':400,
    # 设为None，禁用默认创建的下载中间件
   'header.middlewares.HeaderDownloaderMiddleware': None,
}
# 配置请求头类型为随机，此处还可以设置为ie、Firefox及Chrome
RANDOM_UA_TYPE = "random"
```

（7）启动“headerSpider”爬虫，控制台将输出两次请求，并分别使用不同的请求头信息，如图 12.12 所示。

```
2023-12-12 13:13:43 [scrapy.core.engine] DEBUG: Crawled (200) <GET http://quotes.  ***  .com/page/1/> (referer: None)
请求信息为： b'Mozilla/5.0 (Windows NT 10.0; rv:102.0) Gecko/20100101 Firefox/102.0'
2023-12-12 13:13:43 [scrapy.core.engine] DEBUG: Crawled (200) <GET http://quotes.  ***  .com/page/2/> (referer: None)
请求信息为： b'Mozilla/5.0 (X11; Linux x86_64) AppleWebKit/537.36 (KHTML, like Gecko) Chrome/115.0.0.0 Safari/537.36'
```

图 12.12　输出请求头信息

说明

本次自定义中间件中重点需要重写 process_request() 方法，该方法是 Scrapy 发送网络请求时所调用的，参数 request 表示当前的请求对象，如请求头、请求方式及请求地址等信息。参数 spider 表示爬虫程序。该方法的返回值具体说明如下：

☑ None：最常见的返回值，表示该方法已经执行完成并向下执行爬虫程序。
☑ response：停止该方法的执行，开始执行 process_response() 方法。
☑ request：停止当前的中间件，将当前的请求交给 Scrapy 引擎重新执行。

☑ IgnoreRequest：抛出异常对象，再通过 process_exception() 方法处理异常，结束当前的网络请求。

12.4.2 设置 Cookie

熟练地使用 Cookie 在编写爬虫程序时是非常重要的，Cookie 代表着用户信息，如果需要爬取登录后网页的信息，就可以将 Cookie 信息保存，然后在第二次获取登录后的信息时就不需要再次登录了，直接使用 Cookie 进行登录即可。在 Scrapy 中，如果想在 Spider 文件中直接定义并设置 Cookie 参数，则可以参考以下示例代码：

```
# -*- coding: utf-8 -*-
import scrapy


class CookiespiderSpider(scrapy.Spider):
    name = 'cookieSpider'                          # 爬虫名称
    allowed_domains = ['httpbin.org/get']          # 域名列表
    start_urls = ['http://httpbin.org/get']        # 请求初始化列表
    cookies = {'CookiesDemo':'python'}             # 模拟Cookie信息

    def start_requests(self):
        # 发送网络请求，请求地址为start_urls列表中的第一个地址
        yield scrapy.Request(url=self.start_urls[0],cookies=self.cookies,callback=self.parse)

    # 响应信息
    def parse(self, response):
        # 打印响应结果
        print(response.text)
        pass
```

程序运行结果如图 12.13 所示。

```
{
  "args": {},
  "headers": {
    "Accept": "text/html,application/xhtml+xml,application/xml;q=0.9,*/*;q=0.8",
    "Accept-Encoding": "gzip, deflate, br, zstd",
    "Accept-Language": "en",
    "Cookie": "CookiesDemo=python",
    "Host": "httpbin.org",
    "User-Agent": "Scrapy/2.8.0 (+https://scrapy.org)",
    "X-Amzn-Trace-Id": "Root=1-6577ecf5-47237ea43732492a41db33c1"
  },
  "origin": "124.234.197.206",
  "url": "http://httpbin.org/get"
}
```

图 12.13 打印测试的 Cookie 信息

注意

以上示例代码中的 Cookie 是一个模拟测试使用的信息，并不是一个真实有效的 Cookie 信息，所以在使用时需要将 Cookie 信息设置为爬取网站对应的真实 Cookie。

12.4.3 设置代理 IP 地址

使用代理 IP 地址实现网络爬虫是有效解决反爬虫的一种方法，如果只是想在 Scrapy 中简单地应

用一次代理 IP 地址，可以使用以下代码：

```
# 发送网络请求
def start_requests(self):
    return [scrapy.Request('http://httpbin.org/get',callback = self.parse,
                           meta={'proxy':'http://117.88.177.0:3000'})]
# 响应信息
def parse(self, response):
    print(response.text)  # 打印返回的响应信息
    pass
```

程序运行结果如图 12.14 所示。


```
{
  "args": {},
  "headers": {
    "Accept": "text/html,application/xhtml+xml,application/xml;q=0.9,*/*;q=0.8",
    "Accept-Encoding": "gzip,deflate",
    "Accept-Language": "en",
    "Cache-Control": "max-age=259200",
    "Host": "httpbin.org",
    "User-Agent": "Scrapy/2.8.0 (+https://scrapy.org)",
    "X-Amzn-Trace-Id": "Root=1-5e86e2d7-d982d9be2f8b7227b34cb2a2"
  },
  "origin": "117.88.177.0",
  "url": "http://httpbin.org/get"
}
```


图 12.14　显示设置固定的代理 IP 地址

注意

在使用代理 IP 地址发送网络请求时，需要确保代理 IP 地址是一个有效的 IP 地址，否则会出现错误。

实例 12.7　随机代理中间件　（实例位置：资源包 \Code\12\07）

如果需要发送多个网络请求，可以自定义一个代理 IP 地址的中间件，在这个中间件中使用随机的方式从代理 IP 地址列表内随机抽取一个有效的代理 IP 地址，并通过这个有效的代理 IP 地址实现网络请求。实现的具体步骤如下：

（1）在 ipSpider.py 文件中编写爬虫代码，示例代码如下：

```
# 发送网络请求
def start_requests(self):
    return [scrapy.Request('http://httpbin.org/get',callback = self.parse)]
# 响应信息
def parse(self, response):
    print(response.text)  # 打印返回的响应信息
    pass
```

（2）打开 middlewares.py 文件，在该文件中创建 IpdemoProxyMiddleware 类，然后定义保存代理 IP 地址的列表，最后重写 process_request() 方法，在该方法中实现发送网络请求时随机抽取有效的代理 IP 地址，示例代码如下：

```
import random   # 导入随机模块

class IpRandomProxyMiddleware(object):
    # 定义有效的代理IP地址列表
```

```
    PROXIES = [
        '117.88.177.0:3000',
        '117.45.139.179:9006',
        '202.115.142.147:9200',
        '117.87.50.89:8118']
    # 发送网络请求时调用
    def process_request(self, request, spider):
        proxy = random.choice(self.PROXIES)          # 随机抽取代理IP地址
        request.meta['proxy'] = 'http://'+proxy      # 设置网络请求所使用的代理IP地址
```

（3）在 settings.py 文件中修改 DOWNLOADER_MIDDLEWARES 配置信息，先将默认生成的配置信息禁用，然后激活随机获取代理 IP 地址的自定义中间件，示例代码如下：

```
DOWNLOADER_MIDDLEWARES = {
    # 激活自定义随机获取代理IP地址的中间件
    'ipDemo.middlewares.IpRandomProxyMiddleware':200,
    # 禁用默认生成的中间件
   'ipDemo.middlewares.IpdemoDownloaderMiddleware': None
}
```

程序运行结果如图 12.15 所示。


```
{
  "args": {},
  "headers": {
    "Accept": "text/html,application/xhtml+xml,application/xml;q=0.9,*/*;q=0.8",
    "Accept-Encoding": "gzip,deflate",
    "Accept-Language": "en",
    "Host": "httpbin.org",
    "User-Agent": "Scrapy/2.8.0 (+https://scrapy.org)",
    "X-Amzn-Trace-Id": "Root=1-5e86ea32-f46f398867d1ac4894d9bd08"
  },
  "origin": "117.87.50.89",
  "url": "http://httpbin.org/get"
}
```


图 12.15 显示随机抽取的代理 IP 地址

说明

由于上面示例中的代理 IP 地址均为免费的代理 IP 地址，所以读者在运行示例代码时需要将其替换为最新可用的代理 IP 地址。

12.5 文件下载

Scrapy 提供了可以专门处理下载的 Pipeline（项目管道），其中包括 Files Pipeline（文件管道）及 Images Pipeline（图像管道）。两种项目管道的使用方式相同，只是在使用 Images Pipeline（图像管道）时，可以将所有下载的图片格式都转换为 JPEG、RGB 格式，以及设置缩略图。

以继承 Images Pipeline 类为例，可以重写以下 3 个方法：

☑ file_path()：该方法用于返回指定文件名的下载路径，第一个 request 参数是当前下载对应的 request 对象。

☑ get_media_requests()：该方法中的第一个参数为 Item 对象，这里可以通过 item 获取 url，然后将 url 加入请求列队，等待请求。

☑ item_completed()：单个 Item 完成下载后的处理方法，通过该方法可以实现筛选下载失败的图片。该方法中的第一个参数 results 就是当前 Item 对应的下载结果，其中包含下载成功或失败的信息。

实例 12.8 下载手机商品图片　（实例位置：资源包 \Code\12\08）

以下载手机商品图片为例，使用 Images Pipeline 下载图片的具体步骤如下：

（1）在命令行窗口中通过命令创建名为 imagesDemo 的 Scrapy 项目，然后在该项目中的 spiders 文件夹内创建 imagesSpider.py 爬虫文件，接着打开 items.py 文件，在该文件中创建存储商品名称与图片地址的 Field() 对象。代码如下：

```
import scrapy       # 导入scrapy模块

class ImagesdemoItem(scrapy.Item):
    wareName = scrapy.Field()  # 存储商品名称
    imgPath = scrapy.Field()   # 存储商品图片地址
```

（2）打开 imagesSpider.py 文件，在该文件中首先导入 json 模块，然后重写 start_requests() 方法实现获取 json 信息的网络请求，最后重写 parse() 方法，在该方法中实现商品名称与图片地址的提取。示例代码如下：

```
# -*- coding: utf-8 -*-
import scrapy        # 导入scrapy模块
import json          # 导入json模块
# 导入ImagesdemoItem类
from imagesDemo.items import ImagesdemoItem
class ImgesspiderSpider(scrapy.Spider):
    name = 'imgesSpider'                                # 爬虫名称
    allowed_domains = ['detail.**.com.cn']            # 域名列表
    start_urls = ['https://detail.**.com.cn/']  # 网络请求初始列表

    def start_requests(self):
        # 获取json信息的请求地址
        url = 'https://detail.**.com.cn/cell_phone_index/subcate57_0_list_1_0_1_2_0_1.html'
        yield scrapy.Request(url, self.parse)          # 发送网络请求

    def parse(self, response):
        img_all =response.xpath('//*[@id="J_PicMode"]//li/a/img') # 获取所有图片标签
        for img in img_all:
            item = ImagesdemoItem()  # 创建item对象
            item['wareName'] = img.attrib['alt'].replace('/','')  # 存储商品名称
            # 存储商品对应的图片地址
            item['imgPath'] = img.attrib['.src']
            yield item
```

（3）打开 pipelines.py 文件，在该文件中首先要导入 ImagesPipeline 类，然后让自己定义的类继承自 ImagesPipeline 类，接着重写 file_path() 方法与 get_media_requests() 方法，分别用于设置图片文件的名称及发送获取图片的网络请求。示例代码如下：

```
from scrapy.pipelines.images import ImagesPipeline     # 导入ImagesPipeline类
import scrapy                                          # 导入scrapy
class ImagesdemoPipeline(ImagesPipeline):              # 继承ImagesPipeline类
    # 设置文件保存的名称
    def file_path(self, request, response=None, info=None):
        file_name = request.meta['name']+'.jpg'  # 将商品名称设置为图片名称
```

```
            return file_name                                # 返回文件名称

        # 发送获取图片的网络请求
        def get_media_requests(self, item, info):
            # 发送网络请求并传递商品名称
            yield scrapy.Request(item['imgPath'],meta={'name':item['wareName']})
```

（4）在 settings.py 文件中激活 ITEM_PIPELINES 配置信息，然后在下面定义 IMAGES_STORE 变量并指定图片下载后所保存的位置。示例代码如下：

```
ITEM_PIPELINES = {
    # 激活下载手机商品图片的管道
    'imagesDemo.pipelines.ImagesdemoPipeline': 300,
}
IMAGES_STORE = './images'     # 此处的路径变量名称必须是固定的IMAGES_STORE
```

启动 imagesSpider 爬虫，下载完成后，打开项目结构中的 images 文件夹，将显示如图 12.16 所示的手机商品图片。

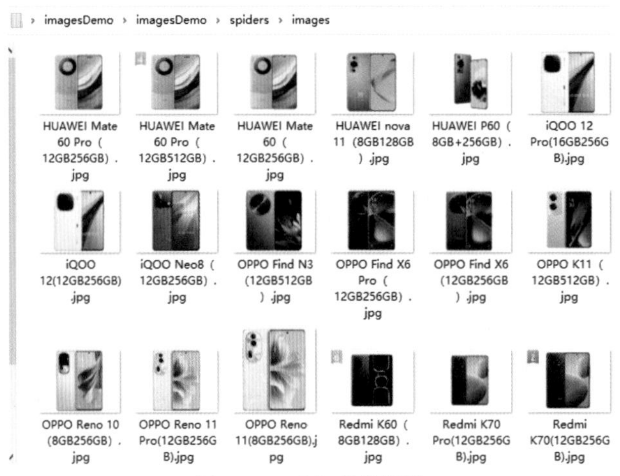

图 12.16 手机商品图片

本章 e 学码：关键知识点拓展阅读

Cookie	可迭代对象	数据流
XPath 表达式	设置请求头	异步处理
结构化数据	数据的清洗	

第13章

爬取编程 e 学网视频

本章概览

视频指将一系列静态影像以电信号的方式进行捕捉、记录、处理、储存、传送与重现等的各种技术。连续的图像变化每秒超过 24 帧画面以上时，根据视觉暂留原理，人眼无法辨别单幅的静态画面，看上去是平滑连续的视觉效果，这样连续的画面就叫作视频。本章将使用 requests 模块与正则表达式爬取编程 e 学网视频。

知识框架

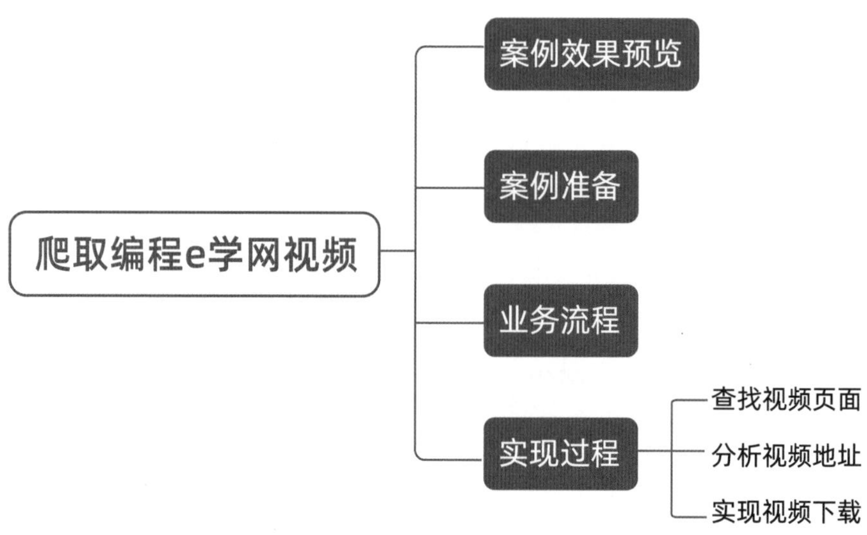

13.1 案例效果预览

编程 e 学网中的视频页面如图 13.1 所示，运行爬虫程序后，将自动下载如图 13.2 所示的 Java 视频 .mp4 文件。

图 13.1 网页中的视频

图 13.2 下载的 Java 视频 .mp4 文件

13.2 案例准备

本系统的软件开发及运行环境具体如下：

☑ 操作系统：Windows 10。

☑ 语言：Anaconda（Python 3.11）。

☑ 开发环境：PyCharm。

☑ 开发模块：requests、re。

13.3 业务流程

在编写爬取编程 e 学网视频的爬虫程序前，需要先了解实现该爬虫程序的业务流程。根据爬虫程序的业务需求，设计如图 13.3 所示的业务流程。

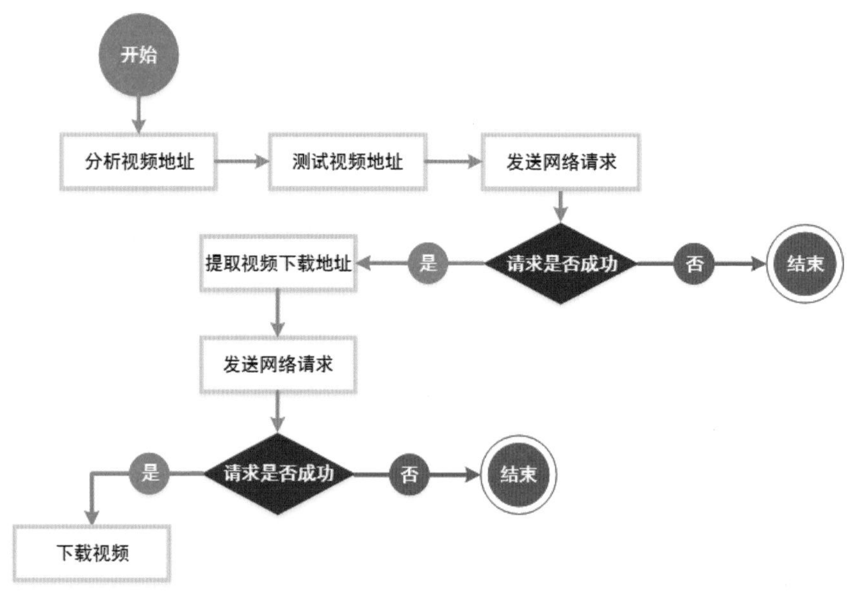

图 13.3 业务流程

13.4 实现过程

13.4.1 查找视频页面

既然是爬取视频，那么爬虫的第一步就是找到视频的指定页面，具体步骤如下：

（1）在浏览器中打开编程 e 学网地址，然后将页面滑动至下面的“精彩课程”区域，单击“第一课 初识 Java”，如图 13.4 所示。

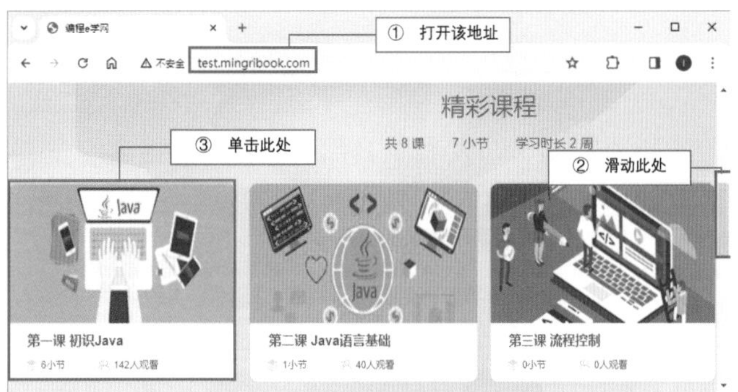

图 13.4 查看精彩课程

（2）在视频列表中找到第 1 节“什么是 Java”，然后单击“什么是 Java”，查看对应课程视频，如图 13.5 所示。

图 13.5 查看课程视频

（3）单击“什么是 Java”后，将自动打开当前课程的视频页面，如图 13.6 所示。

图 13.6 视频播放页面

此处需要保留当前页面的网络地址（http://test.mingribook.com/index/index/view/id/1.html），用于爬虫程序的请求地址。

因为在下载视频前需要先确定下载哪一个视频，所以实现爬虫的第一步就是查找需要下载的视频页面。

13.4.2 分析视频地址

在上一节中已经成功找到了视频播放页面，那么接下来只需要在当前页面的 HTML 代码中找到视频地址即可。

（1）按下“F12”键，打开浏览器“开发者工具”（这里使用谷歌浏览器），然后在顶部导航条中选择“Elements”选项，接着单击导航条左侧的图标，再选中播放视频的窗体，此时将显示视频窗体所对应的 HTML 代码位置。具体操作步骤如图 13.7 所示。

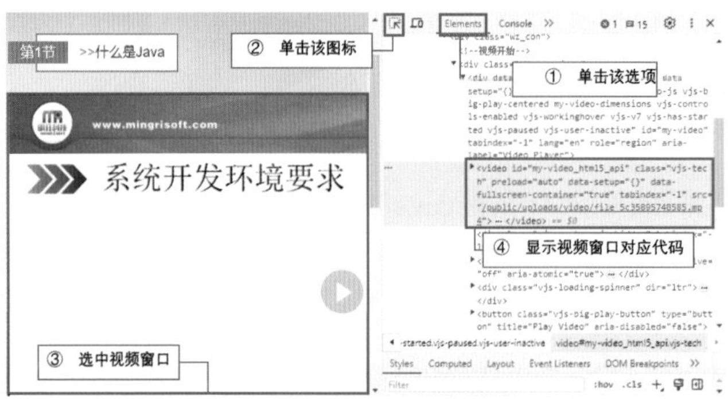

图 13.7 获取视频窗口对应的 HTML 代码

（2）在视频窗口对应的 HTML 代码中，找到 .mp4 结尾的链接地址，如图 13.8 所示。

图 13.8 找到视频链接

（3）由于 HTML 代码中的链接地址并不完整，所以需要将网站首页地址与视频链接地址进行拼接，如下所示：

```
http://test.mingribook.com/public/uploads/video/file_5c35895748585.mp4
```

因为下载视频时需要视频的下载地址，所以要在网页的 HTML 代码中找到视频的下载地址。如果 HTML 代码中的视频地址不完整，则需要根据地址规律拼接视频地址并进行测试。

13.4.3 实现视频下载

视频地址分析完成以后，接下来需要编写爬虫代码，首先需要定义视频播放页面的 URL 与请求头信息，然后通过 requests.get() 方法发送网络请求，接着在返回的 HTML 代码中，通过正则表达式匹配视频地址的数据 , 并将视频地址拼接完整，最后再次对拼接后的视频地址发送网络请求，通过 open() 函数将返回的视频二进制数据写成视频文件。示例代码如下：

```python
import requests              # 导入requests模块
import re                    # 导入re模块
# 定义视频播放页面的URL
url = 'http://test.mingribook.com/index/index/view/id/1.html'

# 定义请求头信息
headers = {'User-Agent':'Mozilla/5.0 (Windows NT 10.0; WOW64) AppleWebKit/537.36 (KHTML, like Gecko) Chrome/83.0.4103.61 Safari/537.36'}
response = requests.get(url=url,headers=headers)          # 发送网络请求
print(response.status_code)
if response.status_code==200:                             # 判断请求成功后
    # 通过正则表达式匹配视频地址
    video_url = re.findall('<source src="(.*?)" type="video/mp4">',response.text)[0]
    print(video_url)
    video_url='http://test.mingribook.com/'+video_url            # 将视频地址拼接完整
    print(video_url)
    video_response = requests.get(url=video_url,headers=headers) # 发送下载视频的网络请求
    if video_response.status_code==200:      # 如果请求成功
        data = video_response.content        # 获取返回的视频二进制数据
        file =open('java视频.mp4','wb')      # 创建open对象
        file.write(data)                     # 写入数据
        file.close()                         # 关闭
```

程序执行完成以后，将在项目文件目录下自动生成 Java 视频 .mp4”文件，如图 13.9 所示。

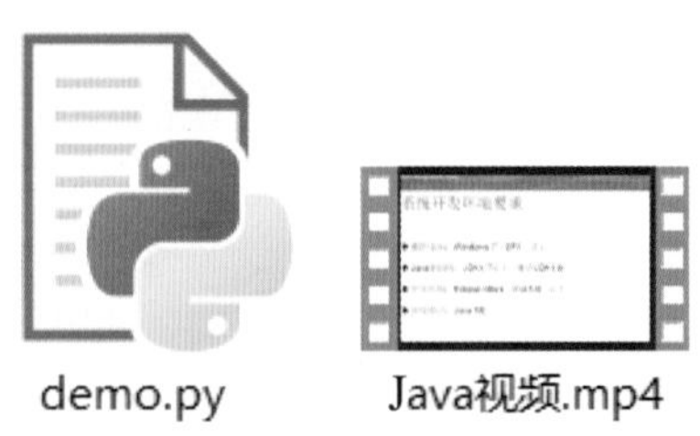

图 13.9 下载的 Java 视频 .mp4 文件

第 14 章

爬取某网站的手机数据

本章概览

MySQL 是一款开源的数据库软件，由于其免费的特性而得到了全世界用户的喜爱，是目前使用人数最多的数据库。不过该数据库并不像 SQLite3 那样轻量级，MySQL 数据库需要单独下载与安装，如果使用 Python 来控制 MySQL 数据库的一些操作，还需要单独安装数据库操作模块，如 PyMySQL。本节将使用 MySQL 数据库存储我们爬取的某网站的手机数据。

知识框架

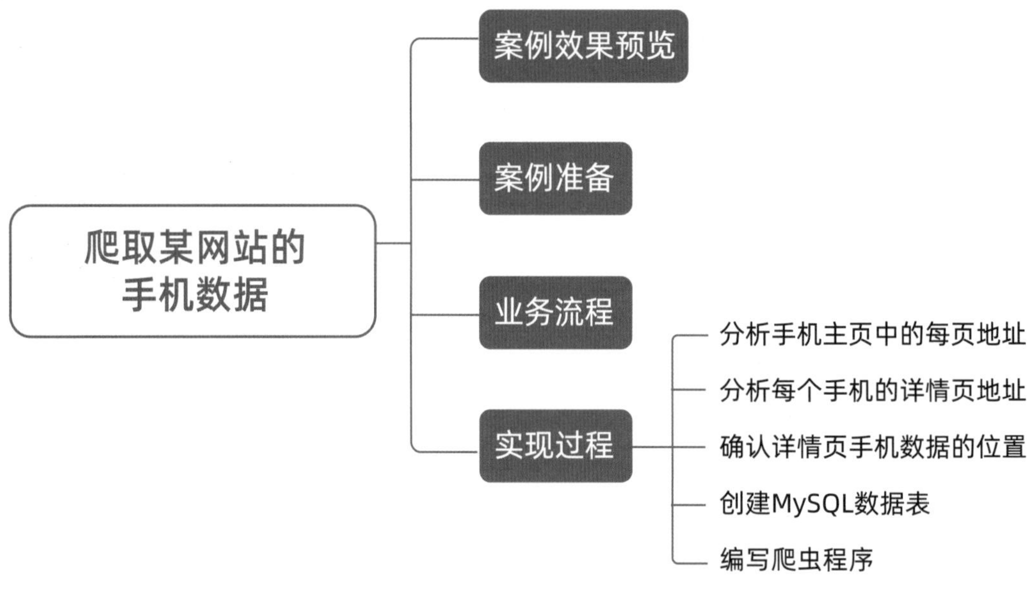

14.1 案例效果预览

启动爬虫程序后，将自动爬取某网站的手机数据，数据提取完成以后将自动插入 MySQL 数据库，如图 14.1 所示。同时也会自动下载手机封面图片，如图 14.2 所示。

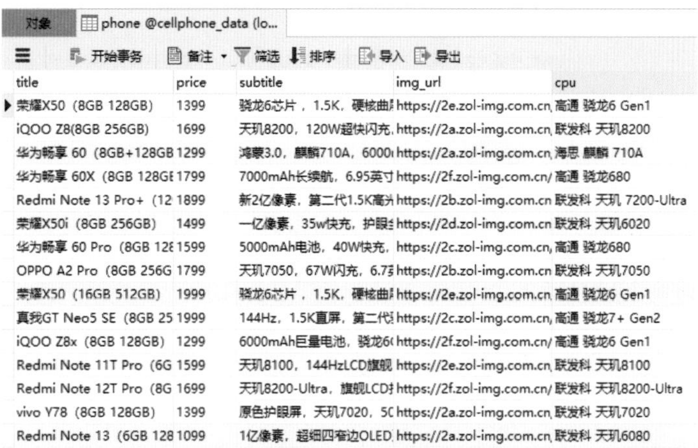

title	price	subtitle	img_url	cpu
荣耀X50（8GB 128GB）	1399	骁龙6芯片，1.5K，硬核曲	https://2e.zol-img.com.cn	高通 骁龙6 Gen1
iQOO Z8(8GB 256GB)	1699	天玑8200，120W超快闪充	https://2a.zol-img.com.cn	联发科 天玑8200
华为畅享 60（8GB+128GB	1299	鸿蒙3.0，麒麟710A，6000	https://2a.zol-img.com.cn	海思 麒麟 710A
华为畅享 60X（8GB 128G	1799	7000mAh长续航，6.95英寸	https://2f.zol-img.com.cn/	高通 骁龙680
Redmi Note 13 Pro+（12	1899	新2亿像素，第二代1.5K高	https://2b.zol-img.com.cn	联发科 天玑 7200-Ultra
荣耀X50i（8GB 256GB）	1499	一亿像素，35w快充，护眼	https://2d.zol-img.com.cn	联发科 天玑6020
华为畅享 60 Pro（8GB 12	1599	5000mAh电池，40W快充，	https://2c.zol-img.com.cn	高通 骁龙680
OPPO A2 Pro（8GB 256G	1799	天玑7050，67W闪充，6.7	https://2b.zol-img.com.cn	联发科 天玑7050
荣耀X50（16GB 512GB）	1999	骁龙6芯片，1.5K，硬核曲	https://2e.zol-img.com.cn	高通 骁龙6 Gen1
真我GT Neo5 SE（8GB 25	1999	144Hz，1.5K直屏，第二代	https://2c.zol-img.com.cn	高通 骁龙7+ Gen2
iQOO Z8x（8GB 128GB）	1299	6000mAh巨量电池，骁龙6	https://2f.zol-img.com.cn/	高通 骁龙6 Gen1
Redmi Note 11T Pro（6G	1599	天玑8100，144HzLCD旗舰	https://2e.zol-img.com.cn	联发科 天玑8100
Redmi Note 12T Pro（8G	1699	天玑8200-Ultra，旗舰LCD	https://2f.zol-img.com.cn/	联发科 天玑8200-Ultra
vivo Y78（8GB 128GB）	1399	原色护眼屏，天玑7020，5	https://2a.zol-img.com.cn	联发科 天玑7020
Redmi Note 13（6GB 128	1099	1亿像素，超细四窄边OLED	https://2a.zol-img.com.cn	联发科 天玑6080

图 14.1 爬取某网站的手机数据

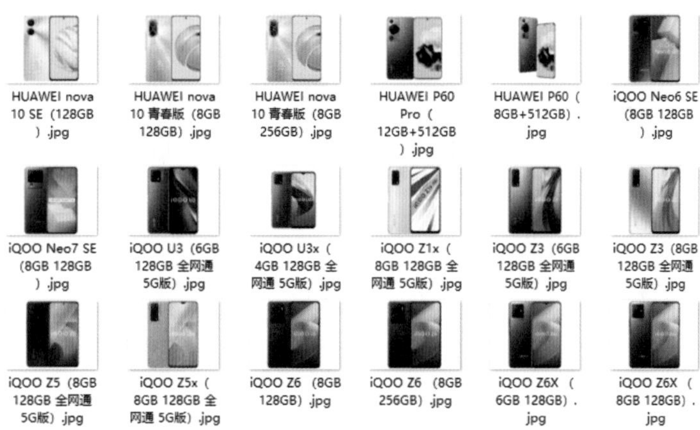

图 14.2 手机封面图片

14.2 案例准备

本系统的软件开发及运行环境具体如下：

☑ 操作系统：Windows 10。

☑ 语言：Anaconda（Python 3.11）。

☑ 开发环境：PyCharm。

☑ 模块：requests_html、pymysql、random、time、os。

14.3 业务流程

在编写爬取某网站手机数据的爬虫程序前，需要先了解实现该爬虫程序的业务流程。根据爬虫程序的业务需求，设计如图 14.3 所示的业务流程。

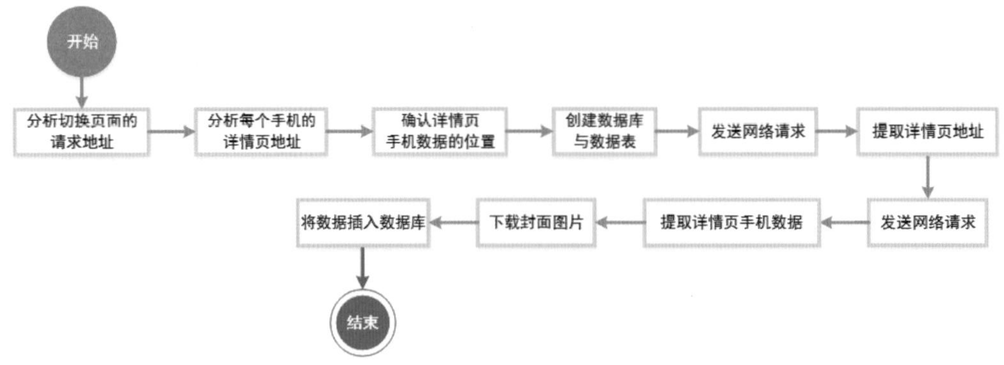

图 14.3 业务流程

14.4 实现过程

14.4.1 分析手机主页中的每页地址

在爬取某网站的手机数据时，首先需要确认手机主页地址，如图 14.4 所示。

图 14.4 确认手机主页地址

查看当前手机主页的所有页码数量，然后切换页码，确认请求地址中控制页码数量的关键参数，如图 14.5 所示。

图 14.5 确认手机主页的所有页码数量和请求地址中控制页码数量的关键参数

14.4.2 分析每个手机的详情页地址

在手机的主页中，确认每个手机的详情页地址所在 HTML 代码中的标签位置，如图 14.6 所示。

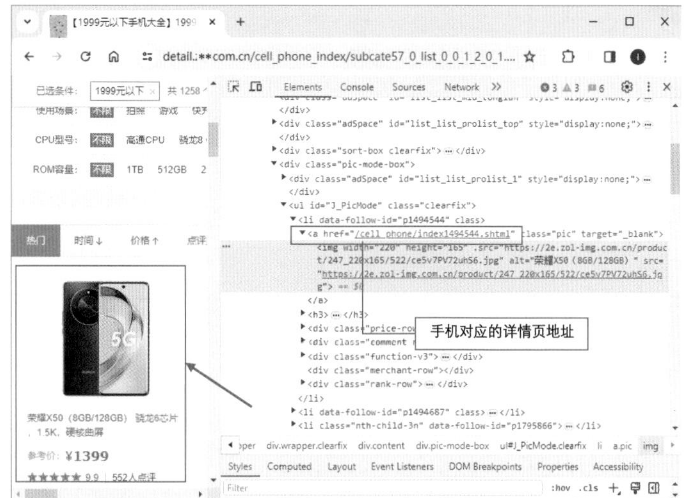

图 14.6 确认每个手机的详情页地址所在 HTML 代码中的标签位置

指点迷津　因为每个手机的相关信息都显示在详情页中，所以需要将每个手机的详情页地址都找到。

14.4.3 确认详情页手机数据的位置

在手机主页中，选择一个手机，然后在该手机的详情页中确认手机的主标题、副标题、参考价格及封面图片所对应的代码位置，如图 14.7 所示。

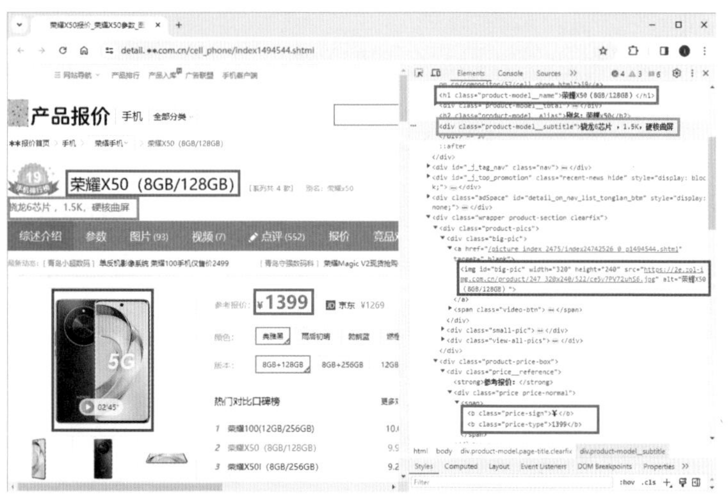

图 14.7 确认指定信息所对应的代码位置

将手机详情页向下滑动，然后分别获取 CPU、后置摄像头、前置摄像头、内存、电池、屏幕及分辨率等手机参数所对应的代码位置，如图 14.8 所示。

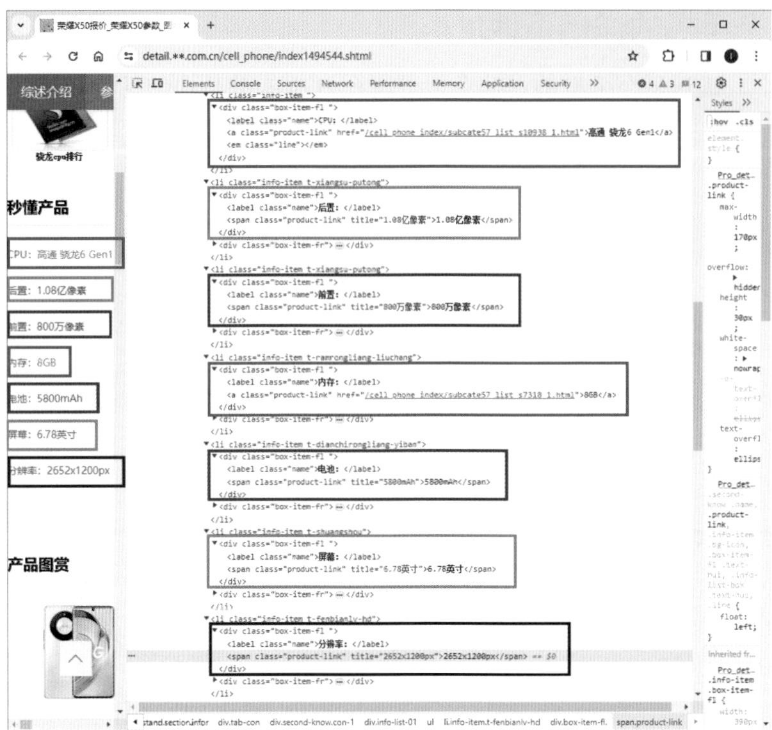

图 14.8 确认手机参数所对应的代码位置

14.4.4 创建 MySQL 数据表

根据需要爬取数据的需求，创建一个名为 cellphone_data 的 MySQL 数据库，如图 14.9 所示，然后在该数据库中创建名为 phone 的数据表，数据表结构如图 14.10 所示。

图 14.9 创建数据库

名	类型	长度	小数点	不是 null
title	varchar	255	0	☐
price	varchar	25	0	☐
subtitle	varchar	255	0	☐
img_url	varchar	255	0	☐
cpu	varchar	255	0	☐
rear_camera	varchar	255	0	☐
front_camera	varchar	255	0	☐
memory	varchar	255	0	☐
battery	varchar	255	0	☐
screen	varchar	255	0	☐
resolving_power	varchar	255	0	☐

图 14.10　创建的数据表结构

14.4.5 编写爬虫程序

编写爬虫程序的代码，首先导入爬虫程序所需要使用的模块，然后依次创建请求地址、会话请求对象、MySQL 数据库连接及创建游标对象，示例代码如下：

```
import requests_html        # 网络请求模块
from pymysql import *       # 数据库操作模块
import random               # 随机数模块
import time                 # 时间模块
import os                   # 导入系统模块
info_url = []               # 保存所有详情页的请求地址
# 主页地址
url = 'https://detail.**.com.cn/cell_phone_index/subcate57_0_list_0_0_1_2_0_{page}.html'
session = requests_html.HTMLSession()       # 创建会话对象
# 创建connection连接MySQL数据库
conn = connect(host='localhost', port=3306, database='cellphone_data', user='root',
               password='root', charset='utf8')
#创建cursor对象
cs1 = conn.cursor()
```

创建 get_header() 方法，在该方法中实现获取随机请求头信息，示例代码如下：

```
# 获取随机请求头信息
def get_header():
        headers = ['Mozilla/5.0 (Windows NT 6.1) AppleWebKit/537.36 (KHTML, like Gecko) Chrome/41.0.2228.0 Safari/537.36',
                   'Mozilla/5.0 (Macintosh; Intel Mac OS X 10_10_1) AppleWebKit/537.36 (KHTML, like Gecko) Chrome/41.0.2227.1 Safari/537.36',
                   'Mozilla/5.0 (X11; Linux x86_64) AppleWebKit/537.36 (KHTML, like Gecko) Chrome/41.0.2227.0 Safari/537.36',
                   'Opera/9.80 (X11; Linux i686; Ubuntu/14.10) Presto/2.12.388 Version/12.16',
                   'Mozilla/5.0 (compatible; MSIE 9.0; Windows NT 6.0) Opera 12.14',
                   'Mozilla/5.0 (Windows NT 6.1; WOW64; rv:40.0) Gecko/20100101 Firefox/40.1']
```

```
        ua = random.choice(headers)       # 随机抽取一个请求头信息
        header = {'User-Agent':ua}        # 组合请求头信息
        return header                     # 返回请求头信息
```

创建 get_info_url() 方法，在该方法中实现获取详情页的请求地址 , 示例代码如下：

```
# 获取详情页的请求地址
def get_info_url(url, page):
    header = get_header()          # 获取随机请求头信息
    url = url.format(page=page)  # 替换切换页面的URL
    response = session.get(url=url,headers=header)   # 发送网络请求
    html = requests_html.HTML(html=response.text)    # 解析HTML
    # 将获取的详情页请求地址追加到列表中
    info_url.extend(html.xpath('//a[@class="pic"]/@href'))
```

创建 sql_insert() 方法，在该方法中实现将爬取的数据插入 MySQL 数据库 , 示例代码如下：

```
# 向数据库插入数据
def sql_insert(data):
    # 执行SQL语句
    query = f'insert into phone (title,price,subtitle,img_url,cpu,rear_camera,front_camera,memory,battery,screen,resolving_power)' \
            f'values(%s, %s, %s, %s, %s,%s, %s, %s, %s, %s,%s)'
    # 插入的值
    values = (data[0],data[1],data[2],data[3],data[4],data[5],data[6],data[7],data[8],data[9],data[10])
    cs1.execute(query, values)   # 执行SQL语句
    # 提交之前的操作，如果之前已经执行过多次execute，那么就都进行提交
    conn.commit()
```

创建 get_info() 方法，在该方法中先向手机对应的详情页发送网络请求，然后提取每个手机的主标题、副标题、参考价格、封面图片地址等信息 , 示例代码如下：

```
# 获取每个详情页的信息
def get_info(dir_name,infos):
    for i in infos:                         # 遍历所有的详情页地址
        try:
            header = get_header()       # 循环一次就获取一个随机请求头信息
            url = "https://detail.**.com.cn/" + i             # 拼接URL地址
            print(url)
            response = session.get(url=url, headers=header)  # 发送详情页的网络请求
            # 获取主标题（手机品牌基本配置）
            title = response.html.xpath('//h1[@class="product-model__name"]/text()')[0]
            # 获取参考价格
            price = response.html.xpath('//b[@class="price-type"]/text()')[0]
            # 获取副标题（手机特点）
            subtitle = response.html.xpath('//div[@class="product-model__subtitle"]/text()')[0]
            # 封面图地址
            img_url = response.html.xpath('//img[@id="big-pic"]/@src')[0]
```

```
            # 根据属性值获取所有参数对应的标签
            parameter = response.html.xpath('//*[@class="product-link"]/text()')
            print(title,price,subtitle,img_url,parameter)
            # CPU
            cpu = parameter[0]
            # 后置摄像头
            rear_camera =parameter[1]
            # 前置摄像头
            front_camera = parameter[2]
            # 内存
            memory = parameter[3]
            # 电池
            battery = parameter[4]
            # 屏幕
            screen = parameter[5]
            # 分辨率
            resolving_power = parameter[6]
            title = title.replace('/',' ')        # 将标题中的特殊符号替换
            download_img(dir_name,title,img_url)  # 下载图片
            # 将数据插入数据库
            sql_insert([title,price,subtitle,img_url,cpu,rear_camera,front_camera,memory,battery,screen,resolving_power])
            #产生一个2~3的随机数字
            t = random.randint(2,3)
            print("数据已插入等待", t, "秒！")
            time.sleep(t)          # 随机等待时间
        except Exception as e:
            print("错误",e)
            continue               # 出现异常跳过当前循环，让爬虫继续爬取下一个页面
```

创建 download_img() 方法，在该方法中首先判断一下保存图片的目录是否存在，如果不存在就创建一个，然后使用 open() 函数将图片保存至本地磁盘中，示例代码如下：

```
# 下载图片
def download_img(dir_name, img_name, img_url):
    if os.path.exists(dir_name):     # 判断文件夹是否存在
        header = get_header()        # 获取随机请求头
        # 向图片地址发送网络请求
        img_response = session.get(url=img_url,headers=header)
        # 通过open()函数，将图片二进制数据写入文件夹
        open(dir_name + "/" + img_name + ".jpg", "wb").write(img_response.content)
    else:                            # 没有指定的文件夹就创建一个，然后下载图片到指定文件夹
        os.mkdir(dir_name)
        header = get_header()
        img_response = session.get(url=img_url, headers=header)
        open(dir_name + "/" + img_name + ".jpg", "wb").write(img_response.content)
```

创建程序入口，利用 for 循环遍历分类节目网页对应的页码。在 for 循环中，首先调用获取详情页请求地址的 get_info_url() 方法，当获取所有手机详情页地址以后，调用获取手机详情信息并将信息插入数据库的 get_info() 方法，最后关闭游标对象与数据库连接，示例代码如下：

```
if __name__ == '__main__':
    for i in range(1,28):                       # 根据分类网页的页数，进行循环遍历
        get_info_url(url=url,page=i)            # 调用自定义函数获取详情页请求地址
        t = random.randint(1,2)                 # 随机秒数
        print("第",i,"页地址已获取,等待",t,"秒钟")
        time.sleep(t)                           # 等待随机秒数
    get_info("手机图片",info_url)               # 获取详情信息并插入数据库
    # 关闭cursor对象
    cs1.close()
    # 关闭connection对象
    conn.close()
```

爬虫程序运行完成以后，打开 phone 数据表，将显示具体的数据内容，打开项目文件夹中的"手机图片”文件夹，将显示封面图片。数据内容和封面图片详见 14.1 节的图 14.1 和图 14.2。

第15章 爬取北、上、广、深租房信息

本章概览

北、上、广、深指的是北京、上海、广州及深圳。这 4 个城市在中国大陆城市中处于综合实力和竞争力最领先的层次，又被称作一线城市，拥有雄厚的经济基础和可观的政治资源，对周边多个省份具有非常大的辐射能力，有雄厚的教育资源、深厚的文化，还具有繁华、美丽的夜景，以及极为便利的交通和独特的城市魅力。

北、上、广、深是大家梦寐以求的一线城市，那么在以上城市租房每月大概需要多少钱呢？本章将带大家使用 Python 爬取北、上、广、深的租房信息。

知识框架

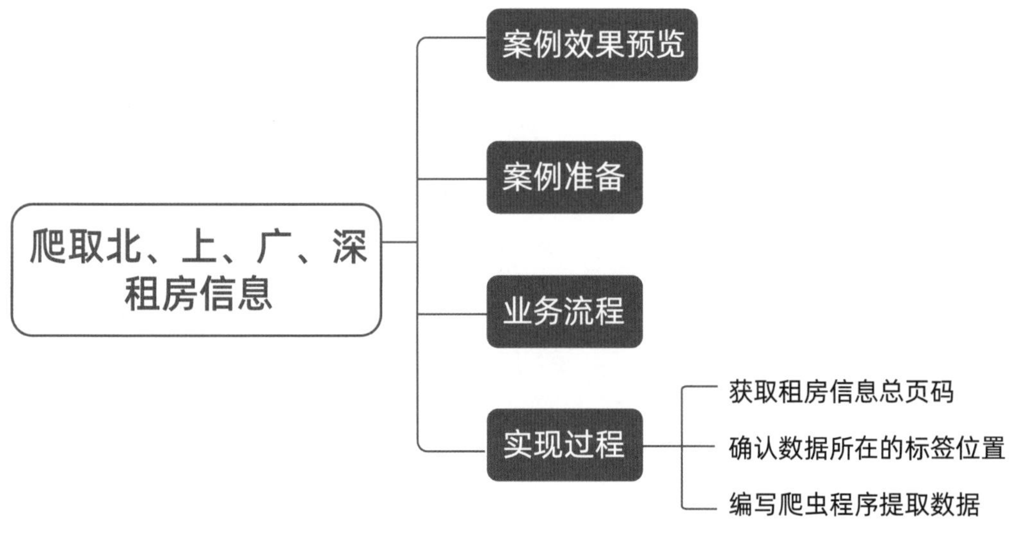

15.1 案例效果预览

启动爬虫程序后，在控制台输入需要爬取的城市名称（如北京），然后按下“回车”键将自动爬取北京每一页的租房信息，如图 15.1 所示。数据爬取完成后，将自动保存至 CSV 文件，如图 15.2 所示。

```
请输入需要下载租房信息的城市名称！北京
租房信息总页码获取成功！
200
获取https://bj.**.com/zufang/pg1rco11rs北京/页信息！
写入第1页数据！
200
获取https://bj.**.com/zufang/pg2rco11rs北京/页信息！
写入第2页数据！
200
获取https://bj.**.com/zufang/pg3rco11rs北京/页信息！
写入第3页数据！
```

图 15.1　输入需要下载的城市名称

图 15.2　下载后的租房信息

15.2 案例准备

本系统的软件开发及运行环境具体如下：

☑ 操作系统：Windows 10。

☑ 语言：Anaconda（Python 3.11）。

☑ 开发环境：PyCharm。

☑ 模块：requests、lxml、pandas、aiohttp、fake_useragent、asyncio。

15.3 业务流程

在编写爬取北、上、广、深租房信息的爬虫程序前，需要先了解实现该爬虫程序的业务流程。根据爬虫程序的业务需求，设计如图 15.3 所示的业务流程。

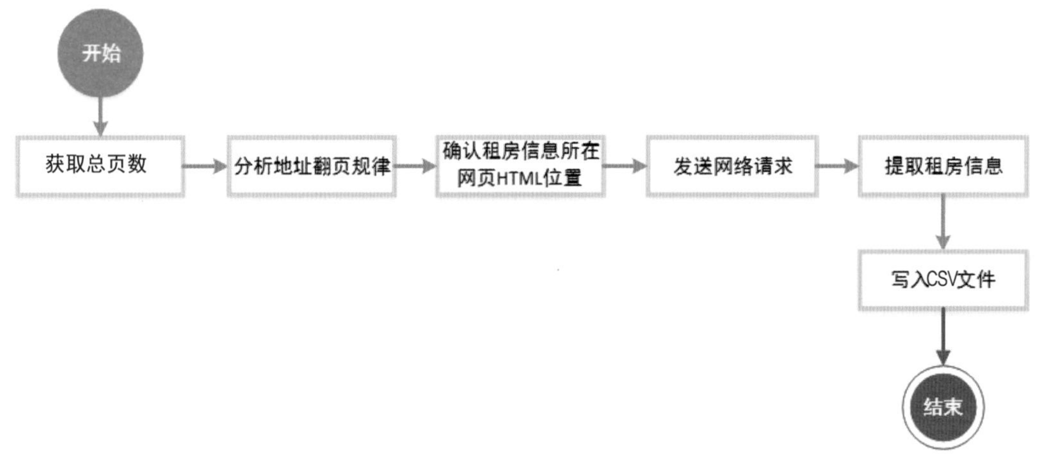

图 15.3　业务流程

15.4 实现过程

实现爬取北、上、广、深租房信息的爬虫程序时，首先需要分析北京、上海、广州及深圳这 4 个城市的租房网页地址，然后获取当前城市租房信息的总页数，接着根据总页数循环遍历爬取每页中所需要的租房信息，最后将信息整合并写入文件。

15.4.1 获取租房信息总页码

打开某租房网站首页地址，然后在左上角切换选择的城市，在搜索框上方选择“找租房”，直接单击“开始找房”按钮。操作流程如图 15.4 所示。

图 15.4 找上海租房信息操作流程

（2）打开租房信息页面后，依次选择“整租”→“**”条件选项，如图 15.5 所示。

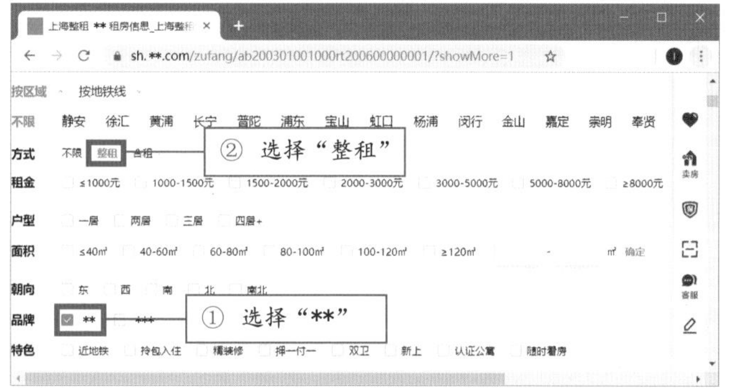

图 15.5 选择条件选项

根据测试，北京、上海、广州及深圳的租房信息网页地址中开头的两个字母分别为“北京：bj”“上海：sh”“广州：gz”“深圳：sz”，具体地址信息如表 15.1 所示：

表 15. 1 各地区租房信息网页地址

地区名称	网络地址
北京	https://bj.**.com/zufang/ab200301001000rt200600000001rs 北京 /
上海	https://sh.**.com/zufang/ab200301001000rt200600000001rs 上海 /
广州	https://gz.**.com/zufang/ab200301001000rt200600000001rs 广州 /
深圳	https://sz.**.com/zufang/ab200301001000rt200600000001rs 深圳 /

（3）单击租房信息网页的“下一页”按钮，观察地址中页码的位置与规律，如图 15.6 所示。

图 15.6 找到地址中页码的位置与规律

（4）有了爬取目标的地址与翻页规律后，创建 Python 文件，在该文件中导入需要使用的模块。示例代码如下：

```
from fake_useragent import UserAgent  # 导入伪造头部信息的模块
import asyncio           # 异步io模块
import aiohttp           # 异步网络请求模块
import requests          # 导入网络请求模块
from lxml import etree   # 导入lxml解析HTML的模块
import pandas            # 导入pandas模块
```

（5）创建 HomeSpider 类，在该类中首先创建 __init__() 方法，在该方法中首先创建一个保存数据的列表，然后通过 UserAgent().random 随机生成浏览器头部信息。示例代码如下：

```
class HomeSpider():      # **爬虫的类
    def __init__(self):  # 初始化
        self.data = []   # 创建数据列表
        self.headers = {"User-Agent": UserAgent().random}  # 随机生成浏览器头部信息
```

（6）在 HomeSpider 类中创建异步网络请求的 request() 方法，在该方法中首先创建异步网络请求对象，然后通过实例对象中的异步方法 get 发送网络请求，最后在判断网络请求成功的情况下返回请求结果。示例代码如下：

```
async def request(self, url):  # 异步网络请求的方法
    async with aiohttp.ClientSession() as session:  # 创建异步网络请求对象
        try:
            # 根据传递的地址发送网络请求
            async with session.get(url, headers=self.headers, timeout=3) as response:
                print(response.status)
                if response.status == 200:           # 如果请求码为200，则说明请求成功
                    result = await response.text()  # 获取请求结果中的文本代码
                    return result
        except Exception as e:
            print(e.args)       # 打印异常信息
```

（7）在 HomeSpider 类中创建 get_page_all() 方法，在该方法中通过 requests.get() 方法先发送一次网络请求，然后解析返回的 HTML 代码，获取当前城市租房信息的总页数。示例代码如下：

```
def get_page_all(self, city):  # 请求一次，获取租房信息的所有页码
    city_letter = self.get_city_letter(city)  # 获取城市对应的字母
    url = 'https://{}.**.com/zufang/ab200301001000rco11rt200600000001rs{}/'\
        .format(city_letter, city)
    response = requests.get(url, headers=self.headers)  # 发送网络请求
    if response.status_code == 200:
        html = etree.HTML(response.text)  # 创建一个XPath解析对象
        # 获取租房信息的所有页码
        page_all = html.xpath('//*[@id="content"]/div[1]/div[2]/@data-totalpage')[0]
        print('租房信息总页码获取成功！')
        return int(page_all) + 1
    else:
        print('获取租房信息所有页码的请求未成功！')
```

（8）在 HomeSpider 类中创建 get_city_letter() 方法，该方法用于获取北京、上海、广州、深圳所对应的英文字母。示例代码如下：

```
# 获取北京、上海、广州、深圳对应的字母
def get_city_letter(self, city_name):
    city_dict = {'北京': 'bj', '上海': 'sh', '广州': 'gz', '深圳': 'sz'}
    return city_dict.get(city_name)  # 返回城市名称对应的英文字母
```

（9）创建程序入口，首先通过 input() 方法获取用户输入的城市名称，然后创建 HomeSpider 爬虫类对象，最后调用 HomeSpider 类中的 get_page_all() 方法获取指定城市租房网页的所有页码。示例代码如下：

```
if __name__ == '__main__':
    input_city = input('请输入需要下载租房信息的城市名称！')
    home_spider = HomeSpider()                      # 创建爬虫类对象
    page_all = home_spider.get_page_all(input_city)  # 获取所有页码
    print(page_all)                                  # 打印所有页码信息
```

运行程序，首先输入需要下载租房信息的城市名称，然后按下“回车”键将显示如下信息：

```
请输入需要下载租房信息的城市名称！上海
租房信息总页码获取成功！
101
```

由于接下来需要循环抓取每一页的租房信息，所以在返回结果中做了 +1 的计算。

因为租房信息的页码是不固定的，所以每次爬取信息前都先获取一下总页数，然后根据总页数进行循环请求获取所有页面的租房信息。

15.4.2 确认数据所在的标签位置

（1）分析租房信息数据的位置，在租房信息的网页中按下“F12”键，打开浏览器“开发者工具”选项，单击左上选择标签的按钮，然后选择网页中需要获取的信息即可。以获取租房信息中的“标题”为例，获取方式如图 15.7 所示。

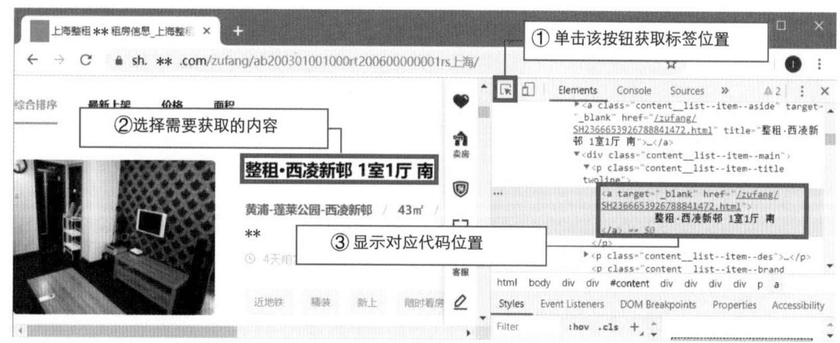

图 15.7 获取指定信息对应的代码位置

（2）找到信息对应的代码位置后，在标签 <a> 处，单击鼠标右键，在菜单中依次选择“Copy”→“Copy XPath”选项，获取信息代码中对应的 XPath 位置。操作如图 15.8 所示。

图 15.8 获取信息代码对应的 XPath 位置

说明

获取租房信息标题的 XPath 位置为“//*[@id=” content”]/div[1]/div[1]/div[1]/div/p[1]/a”。

（3）由于我们需要爬取每页中所有的标题信息，因此需要对标题信息所对应的 XPath 位置进行修改。首先需要删除 XPath 位置中第 3 个 div 所对应的固定索引，删除后获取当前页面中所有第 3 个 div 下面的内容，然后需要在 XPath 位置的最后添加“/text()”表示获取标签中的文本信息。租房信息标题的 XPath 位置修改后如下：

```
//*[@id="content"]/div[1]/div[1]/div/div/p[1]/a/text()
```

说明

根据以上获取租房信息标题 XPath 位置的提取方式，依次获取区域、价格、面积及楼层信息的 XPath 位置。标签位置如图 15.9 所示。

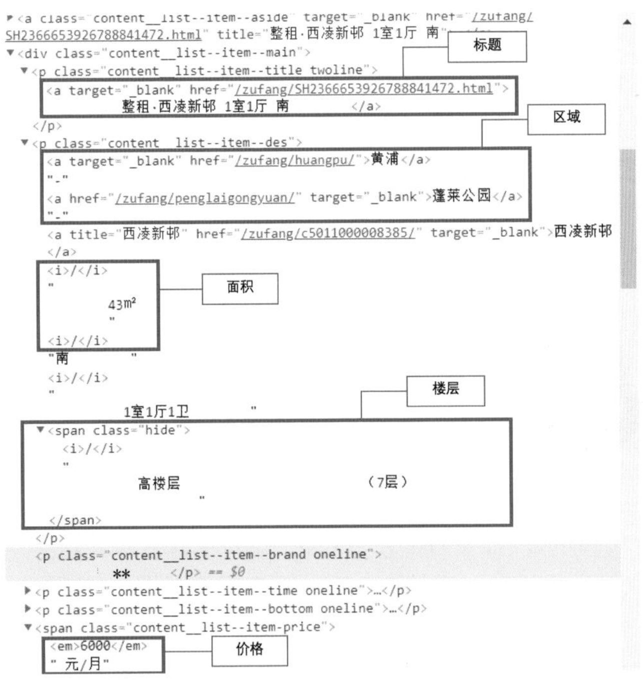

图 15.9 标签位置

15.4.3 编写爬虫程序提取数据

（1）在 HomeSpider 类中创建 remove_spaces() 方法，该方法用于删除字符串中的空格与换行符。示例代码如下：

```
# 删除字符串中的空格与换行符
def remove_spaces(self, info):
    info_list = []  # 保存去除空格后的字符串
    for i in info:  # 循环遍历包含空格信息
        x=i.replace(' ', '').replace('\n', '')
        if x =='':
            pass
        else:
            info_list.append(x)  # 将去除空格后的字符串添加至列表
    return info_list              # 返回去除空格后的信息
```

（2）在 HomeSpider 类中创建 combined_region() 方法，该方法用于将大区域、小区域信息进行合并。示例代码如下：

```
# 将大区域、小区域合并
def combined_region(self, big_region, small_region):
    region_list = []  # 保存组合后的区域信息
    # 循环遍历大、小区域，并将区域组合
    for a, b in zip(big_region, small_region):
        region_list.append(a + '-' + b)
    return region_list
```

（3）在 HomeSpider 类中创建异步 parse_data_all() 方法，在该方法中根据总页数循环解析页面，并抓取租房信息的标题、区域、面积、楼层及价格信息，最后将获取的信息创建成 DataFrame 对象，并将每页信息写入 CSV 文件。示例代码如下：

```
# 解析数据
async def parse_data_all(self, page_all, city):
    for i in range(1,page_all):  # 根据租房信息的总页数，分别对每一页信息都发送网络请求
        city_letter = self.get_city_letter(city)  # 获取城市对应的字母
        url = 'https://{}.**.com/zufang/ab200301001000pg{}rco11rt200600000001rs{}/'.format(city_letter,i, city)
        html_text = await self.request(url)        # 发送网络请求，获取HTML代码
        html = etree.HTML(html_text)               # 创建一个XPath解析对象
        print('获取'+url+'页信息！')
        title_all = html.xpath('//*[@id="content"]/div[1]/div[1]/div/div/p[1]/a/text()')  # 获取每页中所有标题
        big_region_all = html.xpath('//*[@id="content"]/div[1]/div[1]/div/div/p[2]/a[1]/text()')  # 获取每页中所有大区域
        small_region_all = html.xpath('//*[@id="content"]/div[1]/div[1]/div/div/p[2]/a[2]/text()')  # 获取每页中所有小区域
        square_all = html.xpath('//*[@id="content"]/div[1]/div[1]/div/div/p[2]/text()[5]')  # 获取每页中所有房子的面积
        floor_all = html.xpath('//*[@id="content"]/div[1]/div[1]/div/div/p[2]/span/text()[2]')  # 获取每页中所有房子的楼层
        price_all = html.xpath('//*[@id="content"]/div[1]/div[1]/div/div/span/em/text()')  # 获取每页中所有房子的价格
```

```
        title_list = self.remove_spaces(title_all)     # 删除标题信息中的空格与换行符
        region_list = self.combined_region(big_region_all, small_region_all)  # 组合后的区域信息
        square_list = self.remove_spaces(square_all)  # 删除面积信息中的空格与换行符
        floor_list = self.remove_spaces(floor_all)     # 删除楼层信息中的空格与换行符
        price_list = self.remove_spaces(price_all)     # 删除价格信息中的空格与换行符
        # 每页数据
        data_page = {'title': title_list,
                     'region': region_list,
                     'price': price_list,
                     'square': square_list,
                     'floor': floor_list}
        print('写入第'+str(i)+'页数据！')
        df = pandas.DataFrame(data_page)               # 创建DataFrame数据对象
        df.to_csv('{}租房信息.csv'.format(city),mode='a', encoding='utf_8_sig',index=None)  # 写入每页数据
```

（4）在 HomeSpider 类中创建 start() 方法，在该方法中首先创建一个 loop 对象，然后调用 run_until_complete() 方法运行 parse_data_all() 方法，执行解析并抓取每页租房的信息。示例代码如下：

```
# 启动异步
def start(self, page_all, city):
    loop = asyncio.get_event_loop()        # 创建loop对象
    # 开始运行
    loop.run_until_complete(self.parse_data_all(page_all, city))
```

（5）在程序入口处添加代码，调用 start() 方法启动整个爬虫程序。示例代码如下：

```
home_spider.start(page_all, input_city)          # 启动爬虫程序
```

运行程序后，首先需要输入下载租房信息的城市，如图 15.10 所示，然后爬虫程序运行完成后，将自动生成对应城市名称的租房信息 CSV 文件，文件内容如图 15.11 所示。

```
请输入需要下载租房信息的城市名称！北京
租房信息总页码获取成功！
200
获取https://bj.**.com/zufang/pg1rco11rs北京/页信息！
写入第1页数据！
200
获取https://bj.**.com/zufang/pg2rco11rs北京/页信息！
写入第2页数据！
200
获取https://bj.**.com/zufang/pg3rco11rs北京/页信息！
写入第3页数据！
```

图 15.10 输入需要下载的城市名称

图 15.11 下载后的租房信息